JN051985

中学理科用語を
ひとつひとつわかりやすく。

［新装版］

Gakken

はじめに

「理科の勉強で大切なのは，理科用語だ」といわれたら意外でしょうか。

理科とは，「筋道をたてて，科学的に考えること」といわれますが，そのために必要なものが「用語」の知識です。

例えば，自動車は，たくさんの部品が複雑に組み合わさってできていますが，部品に問題があってはうまく動きませんね。適切な部品が正しくはたらいてこそ，自動車が動くのです。

理科の「用語」は大事な「部品」にあたります。この部品を正しく組み合わせて「科学的に考える」ことができるようになるのです。

まずは，ひとつひとつの用語をしっかり理解することが大切です。そうすると，原理や法則など，理科の本質が自然とわかるようになってきます。

この本では，中学生が理科を勉強するときに必要な用語を，シンプルな図やイラストをたくさん使って，やさしいことばでわかりやすく説明してあります。

授業や家で勉強するとき，この本をいつもかたわらにおいて，わからない用語が出てきたら，すぐに調べるようにしましょう。

この本を使って，理科が得意になるよう，心から応援しています。

学研プラス

もくじ

巻末資料 237

「単位」「公式, 法則, きまり」「実験器具」「周期表」「物質」「試薬・指示薬」「実験」「化学反応式・電離式」「生命を維持するはたらき」「生物の分類」「遺伝と進化」「震度階級」「津波の発生・災害の記録」「岩石・鉱物・火山」「地層・地形」「化石」「天気図記号」「雲」「季節と天気図」「太陽系の天体」「月の運動」「金星の運動」「四季の星座」

この本の使い方

　中学理科の用語は, 小学のときに比べ, 物理, 化学, 生物, 地学といった, より理科・科学的な系統に分けて学んでいきます。本書では, それぞれの用語を, この4つの系統に分けて, 科学的なつながりを考えてならべています。

単元名

項目名

1 見出し語

2 重要ランク

3 解説中の要点

4 参考の図表

5 リンク

6 ！マーク

7 発展マーク

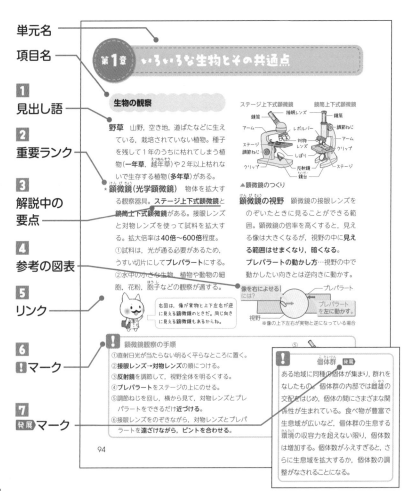

生物の観察

野草　山野, 空き地, 道ばたなどに生えている, 栽培されていない植物。種子を残して1年のうちに枯れてしまう植物(**一年草, 越年草**)や2年以上枯れないで生存する植物(**多年草**)がある。

＊**顕微鏡(光学顕微鏡)**　物体を拡大する観察器具。**ステージ上下式顕微鏡**と**鏡筒上下式顕微鏡**がある。接眼レンズと対物レンズを使って試料を拡大する。拡大倍率は**40倍～600倍**程度。
①試料は, 光が通る必要があるため, うすい切片にしてプレパラートにする。
②水中の小さな生物, 植物や動物の細胞, 花粉, 胞子などの観察が適する。

右図は, 像が実物と上下左右が逆に見える顕微鏡のときだ。同じ向きに見える顕微鏡もあるからね。

！顕微鏡観察の手順
①直射日光が当たらない明るく平らなところに置く。
②接眼レンズ→対物レンズの順につける。
③反射鏡を調節して, 視野全体を明るくする。
④プレパラートをステージの上にのせる。
⑤調節ねじを回し, 横から見て, 対物レンズとプレパラートをできるだけ近づける。
⑥接眼レンズをのぞきながら, 対物レンズとプレパラートを遠ざけながら, ピントを合わせる。

ステージ上下式顕微鏡　　鏡筒上下式顕微鏡
接眼レンズ
鏡筒
レボルバー
アーム
対物レンズ
調節ねじ
ステージ
調節ねじ
しぼり
クリップ
反射鏡
鏡台
▲顕微鏡のつくり

顕微鏡の視野　顕微鏡の接眼レンズをのぞいたときに見ることができる範囲。顕微鏡の倍率を高くすると, 見える像は大きくなるが, 視野の中に**見える範囲はせまくなり, 暗くなる。**

プレパラートの動かし方…視野の中で動かしたい向きとは逆向きに動かす。

プレパラート
プレパラートを左に動かす。
視野
※像の上下左右が実物と逆になっている場合

⑤

！個体群 発展
ある地域に同種の個体が集まり, 群れをなしたもの。個体群の内部では雌雄の交配をはじめ, 個体の間にさまざまな関係性が生まれている。食べ物が豊富で生息域が広いなど, 個体群の生息する環境の収容力を超えない限り, 個体数は増加する。個体数がふえすぎると, さらに生息域を拡大するか, 個体数の調整がなされることになる。

94

> 授業の予習や復習でわからない用語があったときや，テスト前にまとめて用語をチェックしたいときに使えて便利。
> 調べ学習などでは，巻末の索引から探すといいよ。

特 長

---

1 見出し語　基礎的な理解やテストで役立つ，約2000語をピックアップしてあります。

---

2 重要ランク　定期テストや高校入試によく出る用語がひとめでわかるようにしてあります。

（例）　★★ **焦点距離**
しょうてんきょり

★ **全反射**
ぜんはんしゃ

臨界角
りんかいかく

---

3 解説中の要点　解説文にある重要用語は，意味を理解するためのポイントになる部分は黒い太文字にしてあります。

---

4 参考の図表　理解のために必要なイラスト，図版，写真なども豊富に入れてあります。しっかりイメージをつかめます。

---

5 リンク
[➡p.10]
用語によっては，いくつかの分野や学年で学ぶものもあります。また，巻末の資料編で，まとめて覚えておくと覚えやすく，理解が深まる用語もあります。上手に活用してください。

---

6 !マーク　まとめて押さえておいた方がよい用語や，間違えやすい用語をイラストや図・グラフなどで整理しています。

---

7 発展マーク　さらに詳しく知ってほしい発展的な内容や用語を，取り上げています。

巻　末　資　料

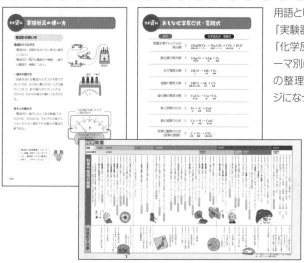

用語として扱えなかった「実験器具の使い方」や「化学反応式」などをテーマ別にまとめて，知識の整理がしやすいページになっています。

巻末折込

理科で学習する発見，発明を年代を追って知ることができます。

さ　く　い　ん

本文の見出し語は太字で，解説中に出てきた重要用語は細い文字で示してあります。

> さくいんの用語を見ながら，意味が答えられるか，チェックしてみると理解度がわかるよ。

物理

光の性質

★ **光源**　自ら光を出すもの。電球, 蛍光灯, ろうそくの炎, 太陽など。

光の直進　光がまっすぐに進むこと。空気, 水, ガラス, 真空などの**透明で均一なところを進むとき, 光は直進する。**

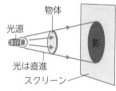

▲光の進み方

★ **光の反射**　光が鏡や水面などの**表面や境界面(空気と透明な物体との境目)に当たってはね返ること。**

▲光を感じる2つの場合

法線　ある面に対して垂直に立てた線。(右上の, 光の反射の法則の図, 参照)

★ **入射角**　差しこむ光(**入射光**)が面に当たるとき, **法線と入射光のなす角。**

★ **反射角**　面で反射した光(反射光)が**法線となす角。**

★ **入射光**　鏡や水面などの表面や境界面に当たっていく光のこと。

入射する光を入射光というんだね。

★ **反射光**　光を鏡や水面などの表面や境界面に当て, 反射したあとの光のこと。

▲入射光と反射光

★★ **光の反射の法則**　光が物体の表面で反射するとき, **入射角＝反射角の関係**が成り立つこと。

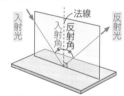

▲光の反射の法則

★★ **光の屈折**　光がある**透明**な物質から別の透明な物質へ進むとき, **境界面で光が折れ曲がる**こと。ただし境界面に垂直に入る光は屈折せず直進する。

入射角＞屈折角

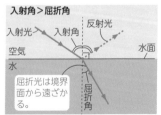

屈折光は境界面から遠ざかる

▲空気中→水中へ進む光

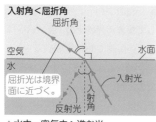

入射角＜屈折角

屈折角　屈折光は境界面に近づく。　空気　水面　水　入射光　反射光　入射角

▲水中→空気中へ進む光

屈折光　光が透明な物質から別の透明な物質へ進むときに，その境界面で屈折したあとの光のこと。

★ **屈折角**　境界面で屈折した光（屈折光）が法線となす角。空気中から水中やガラス中に進む光では，**入射角＞屈折角**で，反対に水中やガラス中から空気中に進む光では，**入射角＜屈折角**となる。

屈折率 発展　光が透明な物質から別の透明な物質へ進むとき，光がどれくらい屈折するかを表す値。2つの物質（n_1，n_2）を通る光の屈折率なので，**相対屈折率**ともいう。また，n_1が真空のときの屈折率を**絶対屈折率**という。

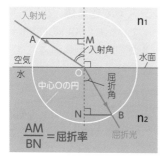

入射光　n_1　A　M　入射角　空気　水面　水　O　屈折角　中心Oの円　N　B　n_2　屈折光

$$\frac{AM}{BN}＝屈折率$$

▲屈折率

★ **全反射**　光が水中やガラス中から空気中に進むとき，入射角が一定の角度（臨

界角）をこえると，境界面で全部反射して空気中には出てこない現象。

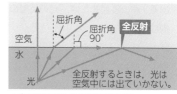

空気　屈折角　屈折角90°　**全反射**　水　光　全反射するときは，光は空気中には出ていかない。

▲全反射するときの光の進み方

臨界角　屈折角が90°になるときの入射角を臨界角という。臨界角は物質ごとに決まっている。光が水中から空気中に向かうときの臨界角は，約48°である。

光ファイバー　屈折率の異なる2種類の細いガラスやプラスチック繊維でできている。光が2種類の繊維の境界面で全反射を繰り返しながら進み，外に出ないので，光を遠くまで届けることができる。インターネットなどの光通信に使用される。

©CORVET

▲光ファイバー

★ **像**　鏡やスクリーンなどにうつって見える物体の姿を像という。像には**実像**と**虚像**があり，**鏡にうつって見える像は虚像**である。

9

乱反射 でこぼこした表面で**光が四方八方に反射**すること。この場合でも、ある1点に注目すれば、**光の反射の法則**は成り立っている。自ら光らない物体がどの方向からも見えるのは、乱反射の光が目に達するためである。これに対し、でこぼこしていない平面で同じ方向に反射する場合を**正反射**という。

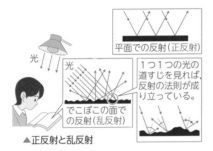

光

平面での反射（正反射）

1つ1つの光の道すじを見れば、反射の法則が成り立っている。

でこぼこの面での反射（乱反射）

▲正反射と乱反射

凸レンズのはたらき

★ **凸レンズ** ガラスなどの**透明**な物質をみがいて、**中央部を周辺部より厚く**したレンズ。**透過**する光を集める効果があり、虫めがねや老眼鏡、遠視用めがねにも使われている。逆に周辺部が厚く中央部がへこんでいるレンズを**凹**レンズ〔➡p.11〕という。

光源装置 レンズやスリットを使い、広がりにくい光を出せるようにした装置。

★ **凸レンズの軸（光軸）** 凸レンズに対して垂直で、凸レンズの**中心**を通る直線。この光軸に平行な光は、凸レンズを通り、光軸上の1点（**焦点**）に集まる。

★ **焦点** 光軸に平行な光が凸レンズで**屈折**して集まる光軸上の1点。焦点は凸レンズの**両側**に1点ずつある。

★ **焦点距離** 凸レンズの**中心**から**焦点**までの距離。レンズの素材と球面の形状で決まり、一般に素材が同じなら、凸レンズの中央部と周辺部の厚さの差が大きいほど焦点距離は短くなる。

★ **凸レンズの性質** 凸レンズを通る代表的な光の進み方には**3通り**がある。
①光軸に平行な光は凸レンズで屈折し、反対側の**焦点**を通る。
②焦点を通り、凸レンズで屈折した光は、レンズを出て光軸と**平行**に進む。
③凸レンズの中心を通る光は、**そのまま直進**する。

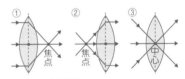

① ② ③

焦点 焦点 中心

▲凸レンズの性質

★ **凸レンズでできる像** 凸レンズによってできる像は、物体の位置によって、次の図や表のようになる。

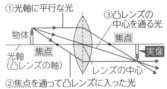

①光軸に平行な光

③凸レンズの中心を通る光

物体

焦点

光軸（凸レンズの軸）

焦点

レンズの中心

実像

②焦点を通って凸レンズに入った光

▲凸レンズを通る光と像（物体が焦点距離の2倍の位置の例）

★ **実像** 凸レンズを通った光が集まって、

スクリーンにうつる像。スクリーンにうつしたとき，もとの物体とは**上下・左右が逆（倒立）**になる。

★ **虚像** スクリーンにうつらない見かけの像。凸レンズを通してもとの物体と**同じ向き（正立）**に，**実物より大きく**見える。

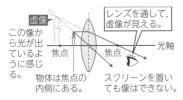

▲凸レンズで見える虚像

倒立実像 実物と同じ向きを**正立**というのに対し，**上下・左右が逆向き**であることを**倒立**という。物体が焦点距離より遠い位置では，凸レンズを通してできる実像は，すべて倒立の実像（**倒立実像**）になる。

〈着目点〉
・物体が焦点上にあるときは，像はできない。
・できる像の大きさは，焦点距離の2倍の位置を境に変わる。
・物体が焦点距離の2倍の位置のとき，物体の大きさ＝できる像の大きさ。

正立虚像 物体が焦点距離より近い位置にあるときにできる虚像は，すべて実物と同じ向きの虚像（**正立虚像**）になる。

実像と虚像のちがいを覚えておこう。

凸レンズでの屈折 凸レンズの厚さを考えると，光はレンズに入るときと出るときの**2度屈折**しているが，作図では，中心を通る光軸に垂直な面で**1度だけ屈折する**ようにかいてよい。

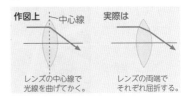

▲凸レンズでの屈折

凹レンズ 中央部がへこんでいるレンズ。近視用めがねはこの形状である。

▲レンズの種類

物体の位置		できる像	向き	大きさ	できる像の位置
焦点距離の2倍より離れている		実像	倒立	実物より小さい	焦点と焦点距離の2倍の間
焦点距離の2倍		実像	倒立	実物と同じ	焦点距離の2倍
焦点距離の2倍と焦点の間		実像	倒立	実物より大きい	焦点距離の2倍より離れた位置
焦点上		像はできない			
焦点より近い		虚像	正立	実物より大きい	（スクリーンにはうつらない）

▲物体の位置と像の関係

レンズの公式　物体から凸レンズの中心までの距離を a，凸レンズの中心から像までの距離を b，凸レンズの焦点距離を f としたとき，次の関係が成り立つ。

$$\frac{1}{a}+\frac{1}{b}=\frac{1}{f}$$

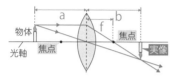

▲レンズの公式

★ **プリズム**　主に三角柱のガラス。白色光を当てると，境界面で屈折し，単色光に分散する。

▲プリズム　©CORVET

全反射プリズム　全反射を利用して，入射した光の方向を変えるプリズム。

▲全反射プリズム

白色光　さまざまな色の光が一様に混ざっている光。

単色光　白色光をプリズムなどで分散した，赤・緑・青といった1つの色しかない光のこと。

可視光線　ヒトが見ることができる光のこと。波長が長いほうから順に，赤・橙・黄・緑・青・紫色の光（単色光）になる。可視光線よりも**波長**[⇒p.14]の長いもの（**赤外線**）と，波長の短いもの（**紫外線**）は，どちらもヒトの目では見られない。

光の分散　白色光をプリズムに入射させると，**波長**[⇒p.14]によって屈折率が異なるため，それぞれの色の光（スペクトル）が分かれて出てくる現象。

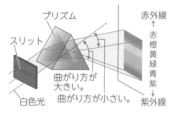

▲プリズムによる光の分散

★ **光の3原色**　赤色・緑色・青色の光をさまざまな割合で混ぜ合わせることで，あらゆる色をつくることができる。この3色を光の3原色といい，3色を同じ割合で混ぜると白色に見える。テレビ画面は，この原理を利用している。

▲光の3原色　©CORVET

スペクトル 発展　光の**波長**[⇒p.14]の順に並んだ色の帯のこと。さまざまな色が連続して並んだものを**連続スペク**

トルという。

©CORVET

▲太陽光のスペクトル（連続スペクトル）

> **！ 日常で観察できる光の分散**
>
> 日常で観察できる光の分散として虹（にじ）が
> あげられる。虹は，空気中の水滴に入
> 射（しゃ）した太陽光が，さまざまな色の光に分
> かれることでできる。このとき，水滴が
> プリズムのはたらきをしている。

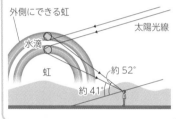

外側にできる虹
太陽光線
水滴
虹
約52°
約41°

音の性質

★ **音の性質（音の伝わり方）** 音は，物体
がこきざみにゆれ，その**振動**（しんどう）が空気，
水，物体などに**次々に伝わって（波）**，耳
にとどいて聞こえる。振動を伝えるも
のがない**真空では，音は伝わらない。**

ブザー
プロペラ
真空計
リボン
空気をぬく

空気をぬくと音は聞こえにくくなり，空気を入れていくと聞こえてくる。

▲空気と音の伝わり方

音の3要素 音の性質を決める3つの
要素。音の大きさ，音の高さ，音色（おんいろ）の
3つによって音は表すことができる。

音源（おんげん） 振動し音を発生するもの，**発音体**（はつおんたい）。

★ **波** 物体そのものは移動せず，**振動が
次々と伝わっていく現象。** 例）水面の
木の葉が波にゆれても上下するだけで
波紋（はもん）と同時に進むことはない。ロープ
を上下に大きく動かすと山型が走るよ
うに進むが，ロープは移動しない。

木の葉

▲波の性質

音波（おんぱ） 空気中や水中などを，音として伝
わっていく波のこと。さえぎるものが
なければ，音源から**同心円状**（どうしんえんじょう）に広がっ
て伝わる。

振動（しんどう） ふりこのように，物体が同じとこ
ろを往復する運動。

★ **振幅**（しんぷく） 物体が静止状態から振動する最
大の振れ幅（ふ・はば）のこと。**振幅が大きいほど
音は大きく，小さいほど音は小さい。**

中心からの振れ幅が振幅

1往復が1回の振動になる。

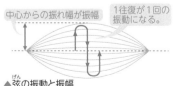

▲弦（げん）の振動と振幅

振動数（周波数）（しんどうすう・しゅうはすう） 物体が**1秒間に振動**
する回数。単位は**ヘルツ（Hz）**。音の高

低は振動数のちがいで生じ，**振動数が多いほど高音，少ないほど低音**である。

波長 波の山から山，または谷から谷までの距離を表す。

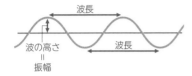
▲波長

周期 物体が1回振動するのにかかる時間。単位は秒（s）。振動数 $= \dfrac{1}{\text{周期}}$

低周波発振器 発展 低周波（振動数の少ない波）を発生させる装置。任意に振動数を変えることができる。

ヘルツ（Hz） 振動数の単位。音の高さを表す数値で，ラジオなどの**電磁波**（→p.42）の**周波数**の単位にも使われる。
1kHz（キロヘルツ）＝1000Hz，1MHz（メガヘルツ）＝1000000Hz。

デシベル（dB） 振幅の大きさを表す指標。音の大きさなどを比べるときに用いる。

超音波 ヒトが聞こえる音は約20～20000Hzで，これをこえる振動数の音。**ヒトは音として感じない**がコウモリやイルカは超音波を出し，聞き分けられる。また医療（エコーとよばれる診断装置）などにも応用されている。

★ **音の伝わる速さ** 空気中を**1秒間に約340mの速さ**で伝わる。気温が高いほど速くなる。また音を伝える物質によっても速さは変わり，水中では1500m/sと空気中の約4倍で伝わる。

物質	速さ〔m/s〕
水	1500
ガラス	5440
鉄	5950
海水	1513
水素	1270
大理石	6100

▲いろいろな物質中での音の速さ

★ **モノコード** 共鳴箱に，**弦を1本張って音が出るようにした装置**。**ことじ**（弦を支えるしきり）を動かしたり，ねじを回すことで，**弦の長さや張る強さを変えて音の高さを調節**できる。弦を強くはじくほど振幅が大きくなり，音が大きくなる。弦を短くするか，強く張るほど振動数が多くなり，音が高くなる。また，弦が細いほど音が高くなる。

弦の張り方を変える。
ことじを動かして，はじく弦の長さを変える。
▲モノコード

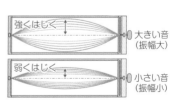
強くはじく
大きい音（振幅大）
弱くはじく
小さい音（振幅小）
▲モノコードの弦の振幅と音の大きさ

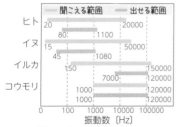

	聞こえる範囲	出せる範囲
ヒト	20～20000	
イヌ	15～50000	80～1100
イルカ	150～150000	7000～120000
コウモリ	1000～120000	1000

振動数〔Hz〕

▲生物が発する音，聞こえる音

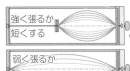

▲モノコードの弦の振動数と音の高さ

★ **音さ** たたくことで，**特定の高さ(固有振動数)の音**を出す，U字形の金属製の道具。

▲音さ

オシロスコープ 電気信号を通じて，**音の大小，高低を波の形で画像に表す装置**。現在は，コンピュータを利用した装置が増えてきている。

★ **共鳴** 音の高さ(振動数)が同じ2つの音さの共鳴箱どうしを向かい合わせ，一方を鳴らすともう一方も鳴り出す。この現象を共鳴という。(➡共振)

共振 発展 振動する物体の，最も振動しやすい振動数と等しい振動が外部から加わると，大きく振動する現象。特に音の共振のことを，共鳴という。

固有振動(数) 発展 物体には外部から力を加える(たたく，ゆらす等)と，決まった振動数で振動する特性がある。これを物体の「固有振動数」という。丈夫な建築物も，その建物の固有振動数でゆらされると，倒壊してしま

うことがある。

うなり 発展 振動数がわずかに異なる2つの音が鳴っているとき，音がくり返し大きくなったり小さくなったりして聞こえる現象。

音の反射 やまびこなどで体験するように，音(音の波)には**反射する性質**がある。運動会などで使うメガホンには，音を反射させて一定の方向に送り，遠くまでとどけるはたらきがある。

音の屈折 空気から水など伝わる媒体が変化したり，媒体の温度が変化したりすると，音の伝わる方向が曲がる。

音の干渉 複数の音が共存すると，互いに強めたり，弱めたりする場所が生まれる。

音の回折 発展 音を壁などの障害物でさえぎっても，その背後に波がまわりこんで，障害物のうしろにいても音が聞こえる現象。波の波長が長くなればなるほど，背後にまわりこむ角度が大きくなる。

ドップラー効果 音源と観測者で運動の状態が互いに異なるとき，音源から出る音の**振動数が一定でも，聞こえる音の高さがちがって聞こえる現象**。通過する救急車のサイレンなどで体験する。

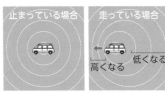

▲サイレンを鳴らして走る救急車

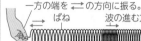

縦波（疎密波）と横波

物体の振動が波の進行方向と等しい波を縦波，波の進行方向と垂直である波を横波という。縦波は疎密波ともよばれる。

一方の端を ⇄ の方向に振る。

ばね　　　波の進む方向

（波が詰まっていない部分）疎の部分　密の部分（波が詰まっている部分）

力のはたらき

★★ **力** 物体に対する力のはたらきには，次の3つがある。①物体の形を変える。②物体の運動のようすを変える。③物体を支える。

また，力には**向き**と**大きさ**がある。

★ **力の大きさ** 物体を動かしたり，変形させたりする大きさ（量）のこと。力の3要素の1つ。単位はニュートン〔N〕。

力の矢印 物体にはたらくさまざまな力を，模式的に1本の矢印で表す。

ニュートン〔N〕 力の大きさの単位。1Nの力は，約100gの物体にはたらく重力の大きさに等しい。

★ **力の3要素** 力は次の**3要素**で表す。①**力のはたらく点（作用点）**…矢印の根元 ②**力の向き**…矢印の向き ③**力の大きさ**…矢印の長さ

力は矢印で表せる。

●作用点…**矢印の根元**
●向　き…**矢印の向き**
●大きさ…**矢印の長さ**

▲力の3要素

作用線 力の向きにそった**作用点を通る直線**をいう。

作用点 力のはたらく点で，力の矢印の根元（矢印の始点）で表す。

★ **ばねばかり** ばねののびが，ばねに加えた力の大きさに**比例する（フックの法則）**ことを利用して，力の大きさをはかる器具。

弾性の力（弾性力，ばねの力） 変形した物体が，もとにもどろうとするとき，ほかの物体におよぼす力。

弾性限界 ばねは，**引っぱり続けると変形し，もとにもどらなくなる**。この限界を弾性限界という。

塑性 発展 物体に力を加えたとき，物体が変形したままもとの形にもどらずに，変形した状態のままになっている性質のこと。弾性限界をこえた物体にあてはまる性質。

ばねの自然長 ばねに力を加える前の自然な長さ。のび縮みによって，ばねは自然長にもどろうとしてほかに力をおよぼす。

ばね定数 ばねに力を加えたとき，力の大きさとばねののびの関係は，一次関数で表せる。このときの比例定数 k のこと。

★ **フックの法則** ばねののびは加えた力の大きさに比例する法則。イギリスの物理学者ロバート・フックが発見した。$f = kx$　（f；力の大きさ〔N〕，k；ばね定数，x；ばねののび〔m〕）

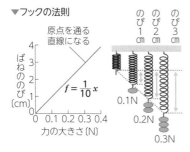

▼フックの法則

原点を通る
直線になる

ばねののび〔cm〕

$f = \frac{1}{10}x$

力の大きさ〔N〕

のび1cm 0.1N
のび2cm 0.2N
のび3cm 0.3N

張力 糸におもりをつり下げているとき，糸が物体を引く力。おもりが動かないとき，張力と重力はつり合っている。

★**2力のつり合い** 力がはたらいていても動かないとき，**力はつり合っている**という。

2力のつり合いの条件 ①2力の**大きさが等しい**。②2力の**向きが反対**。③2力が**同一直線上にある**(作用線が一致)。

つり合う2力

同一直線上

力の大きさが等しく，向きが反対

物体

力の大きさが 30N ならば 30N である。

▲つり合う2力

★**抗力** 面から受ける力で，垂直抗力と摩擦力に分かれる。摩擦力がはたらいていないとき，垂直抗力と等しくなる。

★**垂直抗力** 面に接する物体が，**面から**

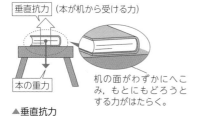

垂直抗力 (本が机から受ける力)

本の重力

机の面がわずかにへこみ，もとにもどろうとする力がはたらく。

▲垂直抗力

受ける垂直方向の力。机に置いた本が重力で落ちずに静止しているのは，重力と反対向きに同じ大きさの**垂直抗力**を机の接触面から受けているから。

★**摩擦力** ざらざらした面上で物体を引くと，逆向きにはたらく力。動き出すまでは**静止摩擦力**，動いているときは**動摩擦力**がはたらく。このとき，**静止摩擦力>動摩擦力**である。

加えた力　摩擦力

引く力と逆向き

面にあるでこぼこに引っかかる。

物体

▲摩擦力

静止摩擦力 物体に力を加えても，物体が静止して，動かない状態のときの摩擦力。

最大静止摩擦力 静止している物体が動き出す直前の限界の摩擦力のこと。

動摩擦力 物体が運動しているとき，物体の運動をさまたげる向きにはたらく摩擦力。

★**磁石の力(磁力)** 磁石のN極とS極が引き合う力，磁石が鉄を引き寄せる力(**引力**)，磁石のN極とN極，S極とS極がしりぞけ合う力(**斥力**)を磁石の力(磁力)という。**離れていてもはたらく力**。

電気の力 電気には＋(正)と－(負)があり，同じ種類の電気(＋と＋，－と－)がしりぞけ合う力(**斥力**)や，＋と－が引き合う力(**引力**)がある。**離れていてもはたらく力**である。

★**力の見つけ方** 物体にはたらく力は，

どの物体について考えるのかを決め、次の順序で見つけるとよい。

①**離れていてもはたらく力**…重力、電気・磁石の力 ②**物体にふれてはたらく力**…弾性力、抗力、浮力など ③**加速度運動している観測者が物体を見たときに、物体にはたらいているように見える「見せかけの力」**…遠心力など。それらを矢印で図示して、つり合いや運動のようすを考える。

★★**重力** 地球の中心に向かって、地球が物体を引く力。**地球上のすべての物体に離れていてもはたらく。万有引力**のひとつ。単位は**ニュートン**〔N〕。重力は**鉛直下向き**にはたらく（水平面に垂直な方向を**鉛直**という）。

重力の大きさ（**重さという**）は、物体の**質量**に比例し、地球の中心から離れるほど小さくなる。月での重力が地球より小さい（約$\frac{1}{6}$）のは、月の質量が地球より小さいためである。

▲糸でおもりをつり下げたとき

★★**重さ** 物体にはたらく**重力の大きさ**を、重さ（または**重量**）という。**ばねばかり**ではかれる量。単位は**ニュートン**〔N〕。地球は完全な球形ではなく、運動もしているので重力は場所によってちがい、重さが異なる。同じ物体でも、北極・南極より赤道に近づくほど軽く、海面より高い山のほうが軽くなる。

★★**質量** はかる場所で変わらない、**物体そのものの量**。上皿てんびんではかれる量。単位はキログラム〔kg〕。 **➡p.34「運動の第2法則」**

> ! **重さ（重量）について** 発展
> 重さ（重量）は、その物体と地球が引き合う重力の大きさで、**質量×重力加速度**（9.8〔m/s²〕）となる。たとえば、100gの物体にはたらく重力の大きさ（重さ）は、1N（正確には0.1kg×9.8m/s²で0.98〔N〕）となる。また、同じ100gでも、月での重力加速度は1.6〔m/s²〕となるので、重さは0.16〔N〕となり、地球の$\frac{1}{6}$程度になる。

★**引力** 物体どうしがたがいに引き合う力。万有引力のほか、磁石のN極とS極、＋と－の電気の間にはたらく力も引力。

万有引力 質量のある物体すべてにはたらく、たがいに引き合う力を**万有引力**という。特に地球が**物体を引く力を重力**という。万有引力f〔N〕はたがいの質量m_1、m_2〔kg〕の積に比例し、物体間の距離r〔m〕の2乗に反比例する。

$$f=\frac{G×(m_1×m_2)}{r^2} \ (G;万有引力定数)$$

第2章 電流とその利用

回路と電流・電圧

★★ **回路(電流回路)** 電流が流れる道すじ。

★ **電流** 回路を流れる電気を電流という。単位は**アンペア[A]**や**ミリアンペア[mA]**。

★ **電流の向き** 電源の+極から出て，電球などを通り，電源の一極へ入る向き。

★★ **直列つなぎ(直列回路)** 電流の通り道が**1本**になるようなつなぎ方。その回路を**直列回路**という。

▼直列回路

1つの豆電球をはずと，ほかの豆電球も消える。

電流の通り道は1本

★★ **並列つなぎ(並列回路)** 電流の通り道が**2本以上**に枝分かれしたつなぎ方。その回路を**並列回路**という。

▼並列回路

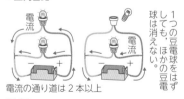

1つの豆電球をはずしても，ほかの豆電球は消えない。

電流の通り道は2本以上

★★ **電圧** 回路に電流を流そうとするはたらき。単位は**ボルト[V]**や**ミリボルト[mV]**。

★ **電気用図記号** 電気器具や部品を図に表すために決められた記号。

回路図では，電気用図記号を用いるよ。

| 電池または直流電源(長いほうが+極) | 電球 | 電気抵抗(抵抗器，電熱線) | スイッチ |
| 電流計 | 電圧計 | 接続しない導線 | 接続する導線 |

▲電気用図記号

★★ **回路図** **電気用図記号**を使って**回路**を図に表したもの。下の図のようにそれぞれの電気器具を，電気用図記号に置きかえ，導線は直線で表す。

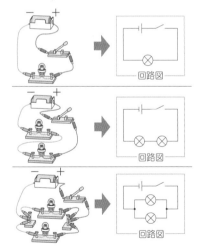

回路図

回路図

回路図

★ **電源** 電池や電源装置など，回路に電流を流す装置。

★ **導線** 電流を流すための金属の線。ふ

19

つう，電気をよく通す銅線などのまわりを**絶縁**素材でおおったもの。

絶縁 電気を通さないこと。

電源装置 電圧を自由に変えられる装置。直流と交流の切りかえもでき，乾電池のような**使用中の電圧低下がない。**

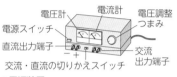

電圧計　電流計　電圧調整つまみ
電源スイッチ
直流出力端子　　　　　　　　　交流
　　　　　　－　＋　　　　　出力端子
交流・直流の切りかえスイッチ

▲電源装置

> ！　電源装置の使い方
>
> 電源スイッチが入っていないことを確かめてから，コンセントにプラグをつなぐ。＋端子，－端子を回路につなぐ。電源スイッチを入れ，電圧調整つまみを回し，電圧の大きさを調節する。

手回し発電機 ハンドルを回して内部にある**モーター**の軸を回転させ，**電流を発生させる装置。**

スイッチ 電流回路中に入れて，回路をつないだり切ったりできる電気器具。例）スイッチを2個使うと階段の上下どちらでも切り/入りができる。

1階の
スイッチ
2階の
スイッチ
⊗ 切れた状態。
どちらのスイッチを
変えても点灯する。

▲階段のスイッチの回路図の例

★**導体** 銅のように**電流を通しやすい物質。**金属には**自由電子**〔➡p.26〕が多く，**電気抵抗**が少ない。

★**不導体（絶縁体）** ゴムやガラスのように**電気抵抗がとても大きく電流がほとんど流れない物質。**

★**半導体** 電気を通す**導体**と通さない**不導体との中間の性質をもつ物質**，またそれを使った素子（電子部品）。**シリコン**（Si）が有名。ダイオード，トランジスタ，ICなど電気製品や電子部品などに多く使われている。

★**発光ダイオード（LED）** 電気を流すと**発光する半導体**でできた素子。電流の流れには**方向性**（＋→－）があり，逆には流れない。同じ明るさを得るのに，電球より消費電力が少ない上に，発熱が少なく寿命が長い。クリスマスイルミネーションや信号機にも使われている。

★**電流計** **電流の強さ**をはかる電気計器。はかる部分に**直列につなぐ。**電気用図記号は**Ⓐ**〔➡p.19〕。

★**電圧計** **電圧の大きさ**をはかる電気計器。はかる部分に**並列につなぐ。**電気用図記号は**Ⓥ**〔➡p.19〕。

テスター 切りかえスイッチと端子があり，1つの器具で電流・電圧・抵抗などを測定できる小型の電気計器。**回路計**ともいう。針が指す値を読むアナログ型と，数値が液晶で表示されるデジタル型がある。

★ 直列回路の電流・電圧

電源の＋極から出た電流は，電球や電熱線を通りぬけても変化せず，1周する回路のどの点ではかっても同じになる。一方，各部分に加わる電圧の合計は電源の電圧に等しい。

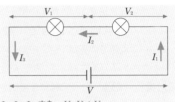

$I_1=I_2=I_3$　また，$V=V_1+V_2$

★ 並列回路の電流・電圧

回路の中の1点に流れこむ電流の合計と，流れ出す電流の合計は等しい（**キルヒホッフの第1法則**）。また各部分に加わる電圧は，電源の電圧と等しい。

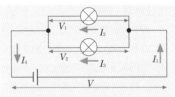

$I_1=I_2+I_3=I_4$　また，$V=V_1=V_2$

ブレーカー

決められた一定量以上の電流や異常な電流が流れると，**自動的に回路を切る（遮断する）**装置。電流制限器，または単に遮断器ともいう。電気製品の破損や火災を防ぐため，家庭や工場に設置されている。

家電を同時に使ったとき，はたらくことがあるね。

と等しい。

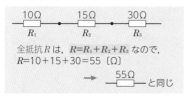

全抵抗Rは，$R=R_1+R_2+R_3$なので，
$R=10+15+30=55$〔Ω〕
→ $55Ω$ と同じ

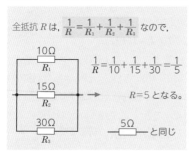

全抵抗Rは，$\dfrac{1}{R}=\dfrac{1}{R_1}+\dfrac{1}{R_2}+\dfrac{1}{R_3}$なので，

$\dfrac{1}{R}=\dfrac{1}{10}+\dfrac{1}{15}+\dfrac{1}{30}=\dfrac{1}{5}$

$R=5$となる。

$5Ω$ と同じ

抵抗が3つ以上で**直列と並列の混合接続の合成抵抗**は，いきなりまとめずに，まず2つを先に計算し，順に進めれば，最後に全合成抵抗になる。

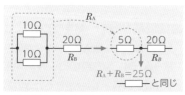

$R_A+R_B=25Ω$ と同じ

▲混合接続の合成抵抗の計算例

★オームの法則 電熱線を流れる**電流I〔A〕は，電熱線の両端にかかる電圧V〔V〕に比例し，抵抗R〔Ω〕に反比例するという法則。**

$$V〔V〕=R〔Ω〕×I〔A〕$$

または，変形して

$$I=\dfrac{V}{R}, \quad R=\dfrac{V}{I}$$

内部抵抗 発展 電源や計器などに含まれる電気抵抗。電流の変化を小さくするため，電流計内の抵抗は小さく，電圧計に流れる電流を小さくするため，電圧計内の抵抗は大きい。通常，この抵抗はないものとして考える。電池にも内部抵抗があり，電池の電圧が弱くなると内部抵抗は上昇する。抵抗が小さい回路での実験では，電池の内部抵抗の影響が大きいので，注意する。

接触抵抗 発展 2つの導体を接触させて電流を流したとき，その境目に生じる電気抵抗。回路の実験で，注意したい。

エナメル線 導線をエナメルの被膜でつつんだ電線。エナメルは絶縁体であり，耐熱性に優れているので，電気機器のコイルの巻き線などに使われる。

電気伝導率 発展 電気伝導度ともいい，電気の通りやすさを表す指標である。これは**抵抗率と逆数の関係**にあり，抵抗率が低い＝電気伝導率が高くなる。電気伝導率は，電気回路だけでなく，化学の分野でも使われ，イオンなどの電解質の電気伝導度の指標としても使われる。

抵抗率 発展 物体の長さ1m，断面積$1m^2$あたりの抵抗値。物質の種類によって異なる，物質固有のもの。単位は**オームメートル**（Ω・m）。抵抗率が低い物質ほど，電気伝導率が高いといえる（電気伝導率は抵抗率の逆数）。物質では，銀（Ag）の抵抗率が最も小

さく，$1.58 \times \left(\dfrac{1}{10}\right)^8$ Ω·m（20℃），これに銅（Cu）が続く。抵抗率から，**物体の長さが短いほど，断面積が大きいほど電気抵抗は小さくなる。**

たとえば，鉄（Fe）は銅よりも6倍ほど抵抗率が高いが，同じ長さの銅線と同じ電気抵抗にするには，鉄線の断面積を6倍にすればよいことになる。

ショート（ショート回路）
電源の＋極と－極を，抵抗や電球をはさまず直接つなぐこと。またはそのような回路。大きな電流が流れ，発熱などの危険がある。

超伝導物質 ［発展］
温度を下げていくと**電気抵抗が0になる物質。**ふつう，金属の抵抗は温度が下がるほど小さくなるが，0にはならない。超伝導状態では，電流を流しても熱を生じず，強力な磁石をつくることができるため，リニアモーターカーなどに利用されている。

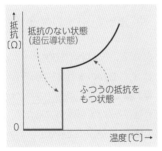

▲超伝導

電気とそのエネルギー

★**電力**　電流が流れて熱や光，音を出したり，物体を動かしたりするはたらきを表す量。単位は**ワット（W）**。電圧1Vで1Aの電流が流れるときの電力は1Wで，**電力P〔W〕は電圧V〔V〕と電流I〔A〕の積**で表される。

$$P〔W〕= V〔V〕\times I〔A〕$$

また，オームの法則の式$V = RI$より，

$$P = I^2 \times R \quad \text{または，} \quad P = \dfrac{V^2}{R}$$

1秒間に行う仕事を**仕事率**[➡p.35]というが，**電気が1秒間にする仕事をとくに電力**という。

★**電力量**　ある時間に消費した電力の量で，**電力$P \times$時間t**で表される。電力1Wで1秒間使うとき，**電力量Wは1ジュール〔J〕**。

$$W〔J〕= P〔W〕\times t〔s〕 \quad （s\cdots秒）$$

電力量の単位にはJのほかに，**Ws（ワット秒，**1Ws＝1J），**Wh（ワット時，**1Wh＝3600J），**kWh（キロワット時）**が使われる。

ワット　1秒間あたりに消費する電気エネルギーの量を表す単位。1Wは，電気が1秒間あたりに1Jの仕事をすること。

$$1〔W〕= 1〔J/s〕 \quad （s\cdots秒）$$

電気のする仕事率として考えることができるね。

積算電力量計　各家庭に設置されている電力量をはかる計器。kWhの単位で計測し，表示されている。

★熱量(ねつりょう)　熱をエネルギーの量として表したもので，電力P×時間tで表す。単位は電力量と同じ**ジュール(J)**。1Wの**電力P**で1秒間に発生する**熱量Q**は1J。

$$Q(J) = P(W) \times t(s) \qquad (s\cdots秒)$$

例）800Wの電熱器を1分間使用したとき発生する熱量は，

800(W)×60(s)=48000(J)

また，熱量の単位には**カロリー(cal)**が使われることもある。

1cal=約4.2J

ジュール熱　電熱線に電流を流すと熱を発生し温度が上がる。この熱を**ジュール熱**という。

★ジュールの法則　電熱線で発生する**熱量Q(J)は，電流I(A)と電圧V(V)と時間t(s)の積に比例する**関係をいう。

$$Q = V \times I \times t \quad V \times I = Pなので$$

$$Q = P \times t \qquad とも表せる。$$

また，オームの法則式$V=RI$で変形して表すこともできる。

$$Q = I^2 \times R \times t, \quad Q = \frac{V^2 \times t}{R}$$

ワット時(Wh)　電力量を表す単位。1Wの電力を1時間消費したときの電力量が1Whである。

1Wh＝1W×(60×60)s＝3600J

ジュール毎秒(J/s)　1秒間に消費する電力を表す単位。1J/s＝1W

カロリー　熱量を表す単位。1カロリーは，水1gの温度を1℃上昇させるのに必要な熱量である。1cal＝約4.2J。

電熱線　電気抵抗(ていこう)が大きく，電流を流すと**発熱しやすい**金属線。ニッケル(Ni)とクロム(Cr)が主成分の合金**ニクロム**などが用いられる。

ニクロム線　ニッケルとクロムを中心とした合金の針金。電気抵抗が大きい。電熱線としてよく使われる。

❗ 電力量と熱量 [発展]

電熱線は電気エネルギーの一部を，熱エネルギーに変換(へんかん)するものといえるので，電熱線から発生する熱量(熱エネルギー)は，電力量(電気エネルギー)に等しい。

たとえば，電熱線を水に入れて電流を流したとき，その水の質量と上昇(じょうしょう)温度から，熱量を求めてみよう。

水100(g)が5(℃)上昇したとすると

100(g)×5(℃)×1(cal/g・℃)
=500(cal)

500(cal)×4.2=2100(J)

これは，70Wの電力を30秒間使用した電力量に等しい。実際の実験では，熱が逃げるなどの損失があるため，熱量の値よりも水温の上昇は小さくなる。

電流が導線を流れるとき，電子が原子(陽子)にぶつかって，熱が出るんだ。

静電気と電流

静電気 異なる2種類の物質を**摩擦し**たとき物体が帯びる電気。摩擦電気ともいう。＋と－の電気があり、同じ電気はしりぞけ合い(斥力)、異なる電気は引き合う(引力)。離れていてもはたらく力。

摩擦電気 摩擦により生じる電気。ストローをティッシュペーパーなどで摩擦すると、ストローとティッシュペーパーは電気を帯びる。

帯電 物体に**静電気**がたまり、**電気を帯びること。**

はく検電器 ある物体が、電気を帯びているかどうかを判別する装置。透明なガラスびんの中にうすい金属はくを数枚合わせて垂らしてあり、金属板に近づけた物体の帯電をはくの開き具合で見る。数値でははかることができない。電気の斥力・引力を応用した原理のため、**電源は不要**。手で金属板をさわると人体が**アース**となり、はくは閉じる。

▶ はく検電器

（図：金属板、せん、金属棒、スズはく、ガラス）

アース（接地） 電気機器と地面(アース)を銅線などでつないで余分な電気を逃がし、機器の異常な帯電を防ぐこと。

放電 物体にたまった電気が流れ出したり、電気が空間を移動したりする現象。金属製のドアノブに指を近づけたときバチっと音がして痛いのは、ふれる直前に空気中を電気が流れる**火花放電**が起きたためである。また、**雷は多量の電気を帯びた積乱雲** [➡p.203] と地面との間の空気中を電気が流れる現象である。

放電管 両端に電極があり、ネオン(Ne)や水銀(Hg)の蒸気などの気体を密封したガラス管。電圧をかけると特徴的な色で発光する。

真空放電管（クルックス管） 管内の空気圧を10万分の1気圧程度の、真空に近づけた放電管。電極間に高電圧をかけると**真空放電**が起こる。

電子線（陰極線） 真空放電管(クルックス管)の－(陰)極から出る－の電気を帯びた粒子の流れ。これは**電子の流れで陰極線**ともよばれ、空間を流れる電流のようすを示す。

▼電子線

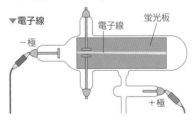

（図：－極、電子線、蛍光板、＋極）

エックス線（X線） きわめて波長の短い電磁波で、物質を透過するため、医療現場で使用されている。レントゲンによって発見されたので、**レントゲン線**とよばれることもある。[➡p.42]

真空ポンプ 密閉容器内の気体をぬいて真空にするための吸引装置。

誘導コイル 電磁誘導〔➡p.28〕を利用して数万Vの高電圧を得ることができる。鉄しんにつけた2つの**コイル**のうち，巻数の少ないほうに電流を流し，巻数の多いコイルから高電圧を得る。

電子 －（負）の電気をもった非常に小さな粒子。原子核〔➡p.80〕のまわりにあり，**原子**を構成している。電子の流れが**電流の正体**であるが，電子が発見されるより前に，電流は＋極から－極への流れと決められたため，電流の流れる向きは電子の流れと逆向きである。

自由電子 金属内部にあって**自由に動き回れる電子**。金属が導体であるのはこの自由電子があるから。

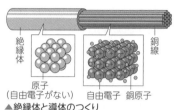

絶縁体　原子（自由電子がない）　自由電子　銅原子　銅線

▲絶縁体と導体のつくり

電流がつくる磁界

磁極 磁石の両端の鉄片を引きつける力が最も強い部分。N極とS極がある。磁石の中央（磁極の中間）は磁力が弱い。

磁力 磁石の力。磁極の間や鉄片にはたらく力。

磁界（磁場） 磁力がはたらく空間。

磁場 磁界のこと。磁針は磁場の向きをさすので，磁場の中に磁針を置き，N極のさす向きに動かしていくと，1つの線を描いている。

磁界の向き 磁界の中で磁針のN極がさす向き。棒磁石では**N極から出てS極に向かう**向き。

★磁界の強さ 磁界の中の各点での**磁力の強さ**を, その点での磁界の強さという。磁力の大きい場所ほど**磁界**が強い。

★磁力線 磁界の向きにそってかいた線。途中で枝分かれや交差はしない。

磁力が強い

磁界の向き
→N極から出てS極に向かう

▲磁力線

★電流がつくる磁界 まっすぐな導線に電流を流すと, その導線を中心に**同心円状の磁界**ができる。このとき電流の向きを右ねじが進む向きにすると, ねじを回す向きに磁界ができる。

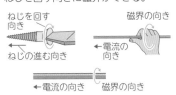

ねじを回す向き

磁界の向き

ねじの進む向き

←電流の向き

←電流の向き 磁界の向き

▲電流による磁界の向き

★右ねじの法則 電流のつくる磁界の向きは, 電流の向きを右ねじの進む方向とすると, そのねじを回す向きに等しい。

永久磁石 外部から電流や磁界の影響を受けなくても, 自ら永久に磁力を発生し続ける磁石。

地磁気 地球がもつ磁気。方位磁針のN極が必ず北を向くのは, 地球が大きな磁石と考えられ, 北極側がS極, 南極側がN極である。

★コイル 導線を一方向に何度も巻いたもの。また, コイルの筒の中に鉄しんを入れたものが**電磁石**である。

★コイルがつくる磁界 コイルに直流電流を流すと, コイルの内側では**同じ向きに平行な磁界**ができ, 外側には棒磁石と同じような磁界ができる。また, コイルの**巻数が多いほど, 電流が強いほど, 磁界は強くなる。**

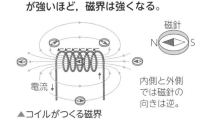

磁針

N S

電流↓

内側と外側では磁針の向きは逆。

▲コイルがつくる磁界

★右手の法則 コイルがつくる磁界では, 右手の親指以外の4本の指先を電流の向きに合わせてコイルをにぎると, **親指の向きがコイルの内側の磁界の向きと一致**する。

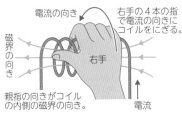

電流の向き

右手の4本の指で電流の向きにコイルをにぎる。

磁界の向き

右手

親指の向きがコイルの内側の磁界の向き。

電流

▲コイルに生じる磁界（右手の法則）

ソレノイドコイル 導線を長く密に巻いた円筒状のコイル。

★電磁石 コイルに**鉄しん**を入れ, 電流を流すと磁力が生じる。これを電磁石という。コイルだけのときより磁力が

非常に強くなる。

★ **磁針** 磁石を針で支え，自由に回転できるようにしたもの。**方位磁針**ともいう。

磁界中の電流が受ける力

★ **フレミングの左手の法則** 磁界の中で導線に電流が流れたとき，**電流が磁界から受ける力の向き，磁界の向き，電流の向きの関係を表す法則**。左手の親指・人さし指・中指をたがいに直角に開き，中指を電流の向き，人さし指を磁界の向きにすると，電流（の流れる導体）が磁界から受ける力の向きは親指の向きになる。

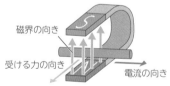

▲フレミングの左手の法則

★ **モーター（電動機）** 磁石の間にコイルを入れ，**電流が磁界から受ける力を利用して，コイルが回転するようにした装置**。**ブラシ**と**整流子**によって，コイルに流れる電流の向きを半回転ず

つ連続的に変えられ，同じ方向に回転が続くしくみ。

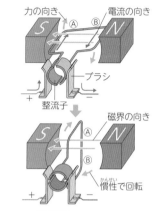

▲モーター（電動機）

電磁誘導と発電

★ **電磁誘導** コイルの中の**磁界を変化させると，コイルに電流を流そうとする電圧が生じる**現象。コイルに検流計をつなぎ棒磁石を出し入れすると，コイルに電流が流れて針が振れる。

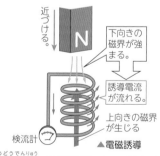

▲電磁誘導

★ **誘導電流** 電磁誘導によって流れる電流。

誘導電流の性質

(1)**向き**…コイルに磁石を**入れる**か**出す**か，また，出入りする磁極が**N極**か**S極**かで，**逆向きになる**。

(2)**強さ**…①磁石の**磁力**が強く，②コイルの**巻数**が多いほど，また③磁界の**変化が速い**(磁石を速く動かす)ほど，強い。④磁界の変化がない(磁石を止める)と流れない。

> コイルの中に磁石を出し入れすることで，交流の電流が生じるよ。

★ レンツの法則　誘導電流は，**磁界の変化をさまたげる向きに流れる**という法則。

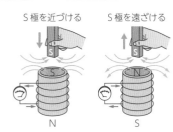

▲レンツの法則(誘導電流の向き)

スピーカーのしくみ　音の電気信号(電流)がコイルに流れ，コイル内の磁石によって電流に応じた力でコイルが振動し，連動するコーン紙から音が出る。**マイクロホン**も同じ原理で，逆に音から電気信号をとり出す。

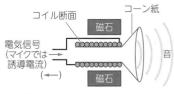

▲スピーカーのしくみ

★★ 検流計　非常に弱い電流を検出できる計器。**＋端子**から入る電流では指針が**＋側**に，**−端子**から入る電流では**−側**に振れる。

★★ 発電機　電磁誘導を利用して電流をとり出す装置。コイルの中で**連続的に磁界を変化**させ，誘導電流を発生し続ける。

★ 直流　一定の向きに流れる電流。乾電池や直流電源装置の電流。

★★ 交流　向きと強さが周期的に変化する電流。家庭のコンセントの電流。

周波数　交流電流で1秒間にくり返される，電流の向きが変化する回数。単位は振動数[→p.13]と同じ**ヘルツ(Hz)**を使う。

> 日本で供給される電気(交流)は，2種類の周波数があるよ。東日本では50Hz，西日本では60Hzなんだ。これは明治時代に，東と西で異なるタイプの発電機を導入したためなんだ。

力の合成・分解

★力のつり合い いくつかの力がはたらいていても，物体が動かず**静止しているとき，力がつり合っている**という。このとき加わっている力の**合力は0**である。

★力の合成 複数の力と同じはたらきをする1つの力を**合力**といい，合力に置きかえることを**力の合成**という。

①2力の向きが等しいとき

②2力の向きが逆のとき

③2力の向きが異なるとき

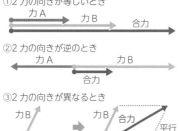

▲力の合成(力Aと力B)

★力の分解 1つの力を，それと同じはたらきをする2つ以上の力に分けることを**力の分解**という。

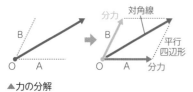

▲力の分解

★合力 複数の力と同じはたらきをする(置きかえられる)1つの力を**合力**という。

★分力 力の分解によって得られた1つ1つの力を，もとの力の**分力**という。

★力の平行四辺形の法則 1点にはたらく2力は，これらを2辺とする**平行四辺形の対角線で表される**1つの力で置きかえることができる。また，1つの力は，これを対角線とする**平行四辺形の2辺に分ける**ことができる。これを**力の平行四辺形の法則**という。

> **!**
> ### n個の力のつり合い
> 複数のn個の力がつり合っているとき，それらの力の作用線は1点で交わり，合力＝0である。また，それらの力を表す矢印を平行移動させてつなぐと，閉じたn角形になる。
>
>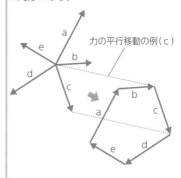
>
> a～eの5つの矢印を平行移動させてつなげると五角形ができる。

力のはたらく点 作用点。力を矢印で表すとき，矢印の出発点が力のはたらく点（作用点）である。

> **!**
>
> **力の矢印** 発展
>
> 力の矢印で表現できる3要素「大きさ，向き，作用点」の考え方は，物体の運動だけでなく，ほかの力（電気の力，磁石の力）でも応用されている。
>
> たとえば，磁力線の場合は，向き（流れ）を「矢印の線」でつなぎ，磁界の強さを「線の密度」で表現している。磁石の力は，磁石の周辺全体に力が及んでいる場所（磁界）ができるため，このように表現する。

重心（じゅうしん） その物体の重力の作用点。その物体を重心で支えると，重力によってその物体が動き始めない点である。物体を1点でつるしたとき，その糸の延長線上に重心がある。さらに，同じ物体を異なる1点でつるしたとき，糸の延長線上の交点が重心となる。

水中の物体にはたらく力

★ **圧力**（あつりょく） 1m²あたりの面積を垂直に押す力。単位は**パスカル**〔Pa〕。1Pa＝1N/m²

$$圧力〔Pa〕＝\frac{面を垂直に押す力〔N〕}{力がはたらく面積〔m²〕}$$

パスカル〔Pa〕 圧力の大きさを表す単位。

★ **ヘクトパスカル**〔hPa〕 100Pa＝1hPa（ヘクトパスカル）で，**気圧**などで使う単位。

★ **水圧** **水の重さ**によって生じる**圧力**（あつりょく）で，**水の深さに比例**する。水圧は物体表面にはたらき，水中のある1点では，あらゆる方向から同じ水圧がかかる。

★ **浮力**（ふりょく） 物体が水の中で受ける**上向きの力**。物体の水中につかっている部分の体積（物体が押しのけた水の体積）が大きいほど浮力は大きい。また全体が完全に水没（すいぼつ）すると，**深さに関係なく浮力は一定**である。

> ピンポン玉を水に沈めようとしても，手をはなすと勢いよく浮かんでくるね。

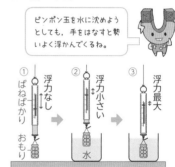

▲浮力

アルキメデスの原理 物体にはたらく浮力の大きさは，**物体が押しのけた分の液体の重さに等しい**という原理。液体を気体に置きかえてもこの原理は成り立つ。古代ギリシャの科学者アルキメデスが，王冠（おうかん）が純金でできているかどうかを壊（こわ）さず見分けたという逸話（いつわ）がある。

表面張力（ひょうめんちょうりょく） 表面積をできるだけ小さくするように液体表面ではたらく力。水

銀や水には特にこの傾向が強く，アメ
ンボが水に浮くのもこの力による。水
に洗剤などの界面活性剤を入れると，
表面張力が小さくなる。

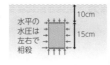
浮力の仕組み

図のような直
方体の物体が
水中に沈んだ
とき，物体の
底面と上面では水圧に差が出る。この
差は物体の高さに比例する。浮力は，
底面積と水圧の差の積に等しいから，
浮力は沈んだ物体の体積によって決ま
ることになる。

パスカルの原理　容器などに閉じこめ
られた液体や気体の一部に圧力を加え
ると，どの部分にも同じ大きさで圧力
がはたらくこと。

▶パスカルの原理

シャルルの法則　発展　圧力が一定の
とき，気体を加熱すると気体の体積は増
加し，冷却すると減少する。つまり気体
の絶対温度と体積は比例の関係にある。

ボイルの法則　発展　温度が一定のと
き，気体に圧力を加えると気体の体積
は減少し，圧力を下げると体積は増加
する。つまり気体の圧力と体積は反比
例の関係にある。

運動の速さと向き

★**速さ**　一定時間に物体が動く距離。

$$速さ〔m/s〕= \frac{移動距離〔m〕}{時間〔s〕}$$

$$時間〔s〕= \frac{移動距離〔m〕}{速さ〔m/s〕} \quad （s…秒）$$

$$移動距離〔m〕= 速さ〔m/s〕× 時間〔s〕$$

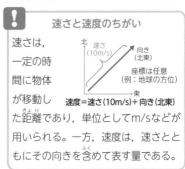
速さと速度のちがい

速さは，
一定の時
間に物体
が移動し
た距離であり，単位としてm/sなどが
用いられる。一方，速度は，速さとと
もにその向きを含めて表す量である。

★**記録タイマー**　一定の間隔で打点を
打つ装置。物体の運動のようすを連続
記録できる。**打点間隔は交流電源の周
波数で決まる**ものが多く，**50Hzの東
日本で**$\frac{1}{50}$**秒，60Hzの西日本で**$\frac{1}{60}$
秒が多い。

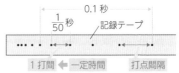
（1秒間に50回打点する記録タイマー）
▲記録タイマーの記録の例

ストロボ装置（ストロボスコープ）

瞬間的に点灯する光源を，一定間隔で

くり返し発光させることができる装置。

★ **ストロボ写真**

ストロボ装置を
使って撮影され
た写真。物体の
運動のようすをコ
マ送り画像のよ
うに記録できる。

▲自由落下するボール
のストロボ写真

★ **平均の速さ** ある区間内または時間内
で，途中の速さの変化を考えず，ずっと
同じ速さであるとみなしたときの速さ。

60km 走るのに要した時間が 2 時間の例

ＡＢ間の平均の速さ$=\dfrac{60}{2}=30$〔km/h〕

Ｃでは瞬間の速さ 50〔km/h〕

▲平均の速さと瞬間の速さ

★ **瞬間の速さ** 刻々と変化する瞬間ごと
の速さ。ごく短い時間の移動距離で求
める。

★ **作用・反作用の法則** ある物体にほ
かの物体が力を加えるとき，必ず同時
に，**一直線上**にある**同じ大きさで逆向
き**の力がほかの物体にもはたらく。

壁が押し返す力(反作用)　壁を押す力(作用)

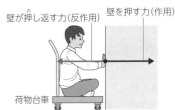

荷物台車

▲作用・反作用の法則

力と運動

★ **運動** 物体が動き，時間とともに位置が
変化すること。**速さ**と動く**向き**で表す。

★ **等速直線運動** 一定の速さで一直線
上を動く運動。このとき**物体の移動距
離は経過した時間に比例する。**

移動距離〔m〕＝速さ〔m/s〕×時間〔s〕

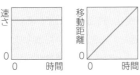

▲等速直線運動での速さと移動距離

★ **慣性** 物体がもっている，現在の**運動
の状態**をそのまま続けようとする性質。

★ **慣性の法則** 物体に力がはたらいて
いないとき，または力がつり合ってい
るとき，①静止している物体→そのま
ま**静止し続ける**。②運動している物体
→そのままの速さで**等速直線運動**を続
ける。これを**慣性の法則**という。

急発進すると…

からだは静止
し続けようと
するため，後
ろにたおれる。

進行方向

急ブレーキだと…

からだは運動
を続けようと
するため，前
のめりになる。

進行方向

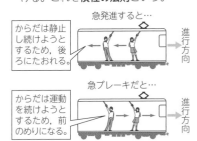
▲慣性の法則

加速するとき，減速するとき
に，からだに感じられる力だ。

ニュートンの運動の法則は3つある。第1法則が「**慣性の法則**」[➡p.33]，第3法則が「**作用・反作用の法則**」[➡p.33]である。

残りの第2法則では「**力を加えると物体の運動に変化・加速度が生じる。加速度は力の向きに生じ，その大きさは力の大きさに比例し，その物体の質量に反比例する**」としている。

「運動の変化」とは，たとえば力を加えることで等速直線運動から加速度運動(※)へ，物体の運動状態が変わることを意味する。第1法則の「**力を加えなければ物体は等速直線運動を続ける**」と，第2法則の「**力を加えると物体は加速度運動をする**」が，補完し合う関係になっていることがわかるだろう。さらに「加速度は質量に**反比例する**」ことから，「**力を加えたときの動かしにくさの量**」として，第2法則が「**質量**」を定義していることがわかる。

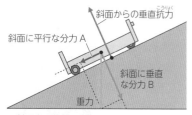

▲斜面上の物体にはたらく力

は分力B＝0で，**自由落下運動**となる。

加速度 1秒間に変化する速さの変化量のことを加速度といい，速さの変化量を時間で割って求める。単位は**メートル毎秒毎秒**〔m/s^2〕。

等加速度直線運動 斜面にそった物体の運動は，しだいに速く（または，遅く）なる運動で，加速度（速さの変化の割合）は一定である。このように**直線上を加速度一定のまま進む運動**を等加速度直線運動という。

★ **自由落下運動** **重力**だけがはたらいて物体が**鉛直下向き**に自然に落ちる運動。等加速度直線運動の1つで，速さはしだいに速くなるが，加速度は物体の質量に関係なく一定である。

▲落下する球

★ **斜面にそった運動** 斜面上の物体にはたらく**重力**は，斜面に平行で下り坂方向の**分力A**と，斜面に垂直な下向きの**分力B**に分けられる。分力Aがはたらき続けるため，**斜面を下る物体の速さはしだいに速くなる。斜面を上る物体の速さはしだいに遅くなり**，やがて**静止**し，下り出す。

また，斜面の角度が90°になった場合

仕事とエネルギー

★★ **仕事** 物体に力を加えて，その力の向きに物体を移動させたとき，力が物体に対して仕事をしたという。理科でい

う仕事は，はたらくことを表す日常語の仕事と区別する。

☆ **仕事の大きさ** 単に仕事ともいう。加えた力の大きさと，力の向きに動いた距離との積で表す。単位は**ジュール**〔J〕（電力量や熱量を表すジュールと同じ単位）。1Nの力で1m移動させた仕事を1Jという。

---

①仕事の計算式は，

仕事〔J〕＝力の大きさ〔N〕×力の向きに動いた距離〔m〕

②物体を引き上げるときの仕事は，

仕事〔J〕＝物体の重さ〔N〕×引き上げた距離〔m〕

③摩擦のある床面で物体をゆっくりと動かすときの仕事は，

仕事〔J〕＝摩擦力とつり合う力〔N〕×力の向きに動いた距離〔m〕

☆☆ **仕事率** 単位時間にする仕事の大きさを仕事率という。単位は**ワット**〔W〕〔➡p.23〕。1秒間に1Jの仕事をする仕事率は，1〔J/s〕＝1〔W〕。〔➡p.24〕

$$仕事率〔W〕＝\frac{仕事の大きさ〔J〕}{仕事にかかった時間〔s〕}$$

馬力 昔使われていた仕事率の単位。平均的な馬1頭の仕事率で，1馬力＝735.5W。

☆ **滑車** 中央に軸のある円盤で，外周に糸やベルトをかけ荷物を持ち上げた

り，**回転運動**を伝える道具。

☆ **定滑車** 別の物体に**固定**され，その場で回転するだけの滑車。力の**向きを変えられる**が，**大きさは変えられない**。

☆ **動滑車** 別の物体に固定されず，回転とともに**軸が移動する**滑車。加える（引く）力は$\frac{1}{2}$になるが，引く距離は**2倍になる**。

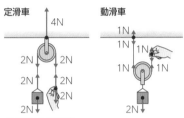

▲定滑車と動滑車
※滑車の質量は無視できるものとする。

輪軸 半径の異なる円盤の軸をそろえて貼り合わせたもの。**てこの原理**のように，大きな円盤に力を加えると，小さな円盤に大きな力が加わる。直接力を加えるほか，外周に糸やベルトを巻きつけた装置もある。自転車の変速機，水道の蛇口，ドライバーも輪軸の利用。

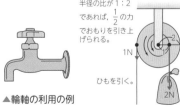

半径の比が1：2であれば，$\frac{1}{2}$の力でおもりを引き上げられる。

ひもを引く。

▲輪軸の利用の例

☆ **斜面を使った仕事** 物体を持ち上げるとき，真上に引き上げるよりも斜

面を使ったほうが**加える力は少なくて**すむが，**物体を引く距離は長くなる**。階段脇（わき）に設置された車いす用スロープなどの例がある。

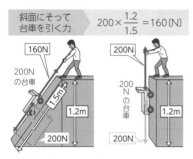

斜面にそって台車を引く力　$200 \times \dfrac{1.2}{1.5} = 160$〔N〕

160N
200Nの台車
1.5m
1.2m
200N

200N
200Nの台車
1.2m
200N

▲斜面を使った仕事の比較

☆**てこ**　棒の一点（**支点**）を中心に，**棒を回転できるようにしたもの**。作用点や**力点**の位置を変えて小さな力を大きな力に変えたり，小さな動きを大きな動きに変えたりできる。

▼てこの原理

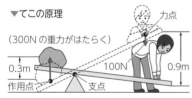

力点
（300Nの重力がはたらく）
0.3m
作用点
100N
支点
0.9m

☆**仕事の原理**　道具や斜面を利用してもしなくても，**仕事の大きさは同じで**あること。

どっちの道を通っても仕事の量は変わらないよ

エネルギー　動かしたり変形させた

り，ほかの物体に**仕事をする能力**をいう。単位は仕事と同じ，**ジュール**〔J〕。

☆**位置エネルギー**　高いところにある物体がもつエネルギー。物体の**質量**と**高さ**に比例する。

位置エネルギー〔J〕＝物体にはたらく重力〔N〕×基準面からの高さ〔m〕

基準面　位置エネルギーを計算するときの，**高さが0の面**。

☆**運動エネルギー**　運動している物体がもつエネルギー。**質量**に比例し，**速さ**が速いほど大きい。

運動エネルギー〔J〕＝$\dfrac{1}{2}$×質量〔kg〕×速さ〔m/s〕×速さ〔m/s〕

☆**力学的エネルギー**　ある物体のもつ**位置エネルギーと運動エネルギーの和**。

☆**力学的エネルギーの保存**　位置エネルギーと運動エネルギーはたがいに移り変わるが，**その和は常に一定に保たれる**。これを**力学的エネルギー保存の法則**という（摩擦（まさつ）や空気の抵抗（ていこう）などがないものとする）。

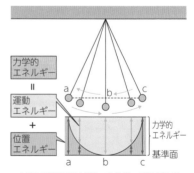

力学的エネルギー
＝
運動エネルギー
＋
位置エネルギー

a　b　c

力学的エネルギー
基準面
a　b　c

▲ふりこの運動での力学的エネルギーの移り変わり

第**4**章 科学技術と人間

さまざまなエネルギーとその変換

* **音エネルギー** 音のもつエネルギー。
  大きな音が窓ガラスを振動させる。

* **熱エネルギー** 熱のもつエネルギー。
  水に熱を加えて水蒸気にしタービンを
  回すことができ，また物体に仕事をし
  て**摩擦面**に熱エネルギーを生じる。

* **光エネルギー** 光のもつエネルギー。
  光電池に光を当てると発電する。また
  植物は光によって**光合成**を行うことが
  できる。

* **電気エネルギー** 電気のもつエネル
  ギー。**モーター**〔➡p.28〕に電流を流す
  と，回転運動して仕事ができる。

  弾性エネルギー 伸ばされたり縮めら
  れたりした**ゴムやばねのもつエネルギ
  ー**。もとにもどろうとして物体に力を
  およぼし動かすことができる。

* **化学エネルギー** 物質がもとからも
  っているエネルギー。ガスや石油な

ど，化学変化で燃えて熱や光が発生す
る。電池〔➡p.89〕では，化学エネルギー
を電気エネルギーに変換する。

* **核エネルギー** ウランなどの**原子核**
  〔➡p.80〕が**核分裂**〔➡p.43〕するときに得
  られるエネルギー。**原子力発電**〔➡p.39〕
  などに利用されている。

* **エネルギーの保存** いろいろなエ
  ネルギーがたがいに移り変わっても，
  エネルギーの総和は常に一定に保たれ
  ること。

* **エネルギーの変換効率** エネルギー
  が移り変わるとき，はじめのエネルギ
  ーに対し，損失分を差し引いた有効に
  利用できるエネルギーの割合。

* **伝導(熱伝導)** 熱の伝わり方の1つ。温
  度の異なる物体が接しているとき，高温
  部分から低温部分へ**熱が移動**する現象。

  熱容量 物体を同じ温度だけ上げるの
  に必要な熱量を数値化したもので，物
  体の温度を1℃上げるのに必要な熱
  量。物体の質量に比例する。

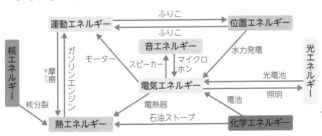

◀エネルギーの
移り変わり

比熱 1gの物質の温度を1℃上げるのに必要な熱量。物質によって比熱は異なるため，温まり方や冷え方がそれぞれ異なる。水はほかの物質と比べて比熱が大きいため，温まりにくく冷めにくい。このことから，海に囲まれている日本は，1日において気温の変化が小さい。

熱平衡 高温の物体と低温の物体が接触しているとき，高温の物体から低温の物体へと熱が移動し，しばらくすると両方の物体の温度は等しくなる。この状態を熱平衡という。このとき，高温の物体の熱エネルギーが低温の物体に移動している。

▲ 熱平衡(温度は熱容量などで変わる)

★ **対流** 熱の伝わり方の1つ。液体や気体が温度差によって流れを生じ(**循環**)，熱が伝えられる現象。熱せられると膨張し密度が小さくなって上昇し，低温部分と入れかわる。大気の動きも対流の例である。

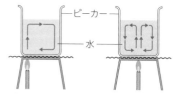

▲ビーカーでの水の対流

★ **放射(熱放射)** 熱の伝わり方の1つ。高温になった物体が光や**赤外線**などの**電磁波**[➡p.42]を出し，それを受けとった面に熱が伝わる現象。伝導や対流と異なり**熱源から離れていても**，また**真空中でも伝わる**。赤外線ストーブや，地球が太陽から得る熱も放射である。

エネルギーとエネルギー資源

★ **水力発電** ダムなどに貯めた水を落下させ，発電機のタービンを回し発電する方法。水の**位置エネルギー→運動エネルギー→電気エネルギー**へと変換している。

★ **火力発電** **化石燃料**を燃やして熱した高圧水蒸気で発電機のタービンを回し，発電する方法。化石燃料の**化学エネルギー→熱エネルギー→運動エネルギー→電気エネルギー**へと変換している。日本の主要発電の1つ。化石燃料の燃焼で出る二酸化炭素や窒素酸化物・硫黄酸化物などが，**地球温暖化**や**酸性雨**の一因とされる。資源の枯渇も問題となる。

コンバインドサイクル発電 発展
ガスタービンと蒸気タービンを組み合わせた二重発電方式。同じ量の燃料でより多く発電でき，二酸化炭素の排出量を抑えられる発電方式。まずガスタービンで発電し，その排熱を回収して蒸気タービンで発電する。

★★**化石燃料**　大昔の動植物の死がいが地中に**堆積**し，長い年月をかけてできた有機物〔→p.52〕の燃料。石油・石炭・天然ガスなど。埋蔵量に限りがある。

★★**原子力発電**　原子炉内の**核分裂**〔→p.43〕のエネルギーで高温高圧の水蒸気をつくり，発電機のタービンを回し発電する方法。**核（分裂の）エネルギー→熱エネルギー→運動エネルギー→電気エネルギーへと変換**している。

★**再生可能エネルギー**　自然界で起こる現象で生み出され，枯渇することがなく，利用する以上の速さで補充されるエネルギー。太陽光，風力，波力，潮

力，流水，地熱，バイオマスなどがある。

★★**持続可能な社会**　地球環境や自然環境が保全され，将来必要とするものを損なうことなく，現在の要求を満たすような開発が行われている社会のこと。

★★**太陽光発電**　光電池（太陽電池）を使い**光エネルギーから直接電気エネルギーをとり出す**発電方法。エネルギー源は無限だが日中に限られ，天候に左右される。

バイオマス　枯渇することがない，生物の活動でできたエネルギー資源（間**伐材**などの木材，落ち葉，海草，生ごみ，紙，動物のふんや死がい，プラン

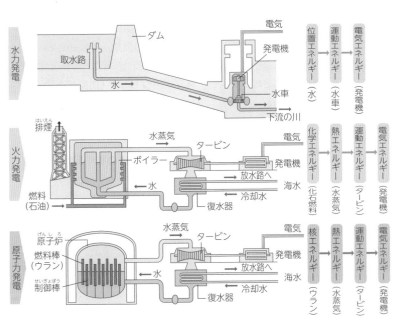

▲水力発電・火力発電・原子力発電のしくみ

クトンなどの**有機物**〈バイオマス〉）を
さす。化石燃料は含まない。

バイオマス発電　粉砕したバイオマス
を直接燃焼させるほか，**発酵**させてつ
くった**エタノール**や**メタン**を燃焼さ
せ，火力発電と同様に発電する方法。
バイオマスは有機物だから燃焼で二酸
化炭素を出すが，含まれる炭素はその
バイオマスが成長の過程（**光合成**）で大
気中から吸収した二酸化炭素。そのた
めバイオマスを燃やしても地球全体と
しては大気中の二酸化炭素量を増加さ
せていないと考えられている。

潮力発電（潮汐発電）　潮の満ち干（潮
汐）によって海水が移動するエネルギー
を電力に変える発電方法。月の公転や
地球の自転が海水などにおよぼす**潮汐
の力**を利用する。鳴門海峡，関門海峡な
ど潮流の激しい地形で研究されている。

★ **燃料電池**　水素と酸素の反応で化学
エネルギーから直接電気エネルギーを
とり出せる電池。水の電気分解（→p.67）
と逆の化学変化で，後には水しかでき

ず，環境への影響が少ない。

★ **地熱発電**　地下深くの**マグマ**の熱で生
じる水蒸気を使ってタービンを回す発
電方法。火山活動が比較的活発な温泉
地などで実用化が進められている。

★ **風力発電**　風の力で風車を回して発
電機を動かす発電方法。エネルギー源
は無限だが，安定的ではない。

ごみ発電　ごみ（廃棄物）の焼却で発生
する高熱ガスで蒸気をつくりタービン
を回す発電方法。広い意味で火力発電
の一種だが，バイオマス発電での考え
方と同じで，化石燃料に比べ二酸化炭
素の環境への影響は小さい。

中小規模水力発電（マイクロ水力発電）
自然にある河川や用水路を利用した**小
規模の水力発電**。送電損失を減らせ
る，設置費用が安いなどの利点がある。

スマートグリッド（次世代送電網）
スマート（賢い）グリッド（網の目→送電
網）の意味で，電力の発電（供給）と消費
（需要）の双方をコンピュータ制御し，
効率よく運用する電力送電システム。

▼燃料電池のしくみと
　水の電気分解

水素＋酸素 ⇄ 水 ＋電気エネルギー　右に進む反応が燃料電池，
2H₂ ＋ O₂ ⇄ 2H₂O　左に進む反応が電気分解だよ！

燃料電池
酸素
水素

水素と酸素の
化学反応で水
ができ，発生
するエネルギ
ーを電気とし
てとり出せる。

水

逆の反応

水の電気分解
水

電気

電気エネルギ
ーを利用して，
水を水素と酸
素に分解でき
る。

酸素
水素

太陽光など**再生可能エネルギー**の導入や**電気自動車**の充電スタンド設置，送電損失の軽減や停電対策など，多くの利点と課題があり検討されている。

揚水発電　電力需要の少ない**夜間の余剰電力**を使い，低い貯水池から高い貯水池(上部ダム)へ水をくみ上げておき，電力需要が大きい時間帯に上から水を落として発電する水力発電。**水の位置エネルギーと電気エネルギーの変換を利用**した巨大な充電装置ともいえる。

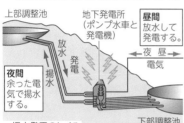

▲揚水発電のしくみ

コンバインドサイクル発電　ガスタービンと蒸気タービンを組み合わせた二重の発電方式。圧縮空気の中で燃料を燃やしてガスを発生させたあと，その圧力でガスタービンを回して発電を行う。ガスタービンを回し終えた排ガスは，まだ余熱があるため，この余熱を使って水を沸騰させ，蒸気タービンによる発電を行う。

★**コージェネレーションシステム**

1つのエネルギーから**複数のエネルギー**(電気，熱など)**を同時にとり出す発電システム**。通常火力や原子力の発電では熱が捨てられ，燃料のもつエネルギーの40％程度しか電気として使われていないが，捨てる熱の有効利用で75～80％の効率になるといわれている。家庭用では**燃料電池**に給湯を組み合わせたコージェネレーションシステムもある。

★**送電**　発電所から電力を供給すること。電圧が高いほど電力損失が減るので，長距離送電には百万ボルトの高電圧で送電する。家庭や工場近くで，順次電圧を下げている。

カーボンニュートラル　バイオマスは燃焼すると二酸化炭素を排出するが，その二酸化炭素は植物が光合成によって，大気中から吸収したものであるので，地球全体として二酸化炭素の量は変化しないという考え方。

ライフサイクルアセスメント(LCA)　商品やサービスの原料の調達から，廃棄・リサイクルまでのライフサイクル全体を通して，環境負荷を定量的に算定する手法のこと。

★**放射線**　ウランなどの原子核が分裂(崩壊)するときに放出される**高速の粒子**や，高いエネルギーをもつ**電磁波**[➡p.42]のこと。**X線，α線，β線，γ線**などがある。おもな性質に，①目に見えない，②物体を通り抜ける(**透過力**)，③電子をはじき飛ばして原子をイオンにする(**電離作用**)などがあげられる。放射線量を表す単位には，**ベクレル(Bq)，グレイ(Gy)，シーベルト(Sv)**などがある。

★放射能 物質が**放射線を出す性質**のこと。

シーベルト(Sv) 放射線によって，人体にどれぐらいの影響をもたらすのかを表す単位。人体が放射線を浴びても影響がないとされる基準は1mSv/年である。

グレイ(Gy) 放射線が物質に吸収されるとき，その物質に与えるエネルギーの大きさを表す単位。

ベクレル(Bq) 放射性物質が放射線を放出する性質の強さを表す単位。つまり，原子核が1秒間に1つ崩壊するときの放射能の強さを1ベクレルという。

放射性元素 ウラン(U)・ラジウム(Ra)などの放射能をもつ元素〔➡p.68〕のなかま。原子核〔➡p.80〕が不安定で自然に放射線を出して壊れ，別の原子核に変わる。

放射性物質 放射能をもつ物質の総称。ウラン(U)・プルトニウム(Pu)などの核燃料物質やアクチノイドなどの原子核が大きい元素，炭素やヨウ素の一部も含む。

電磁波 電気と磁気の両方の性質をもつ波のなかま。ラジオの電波，リモコンで使われる赤外線，放射線のX線やγ線，太陽や電灯の光も電磁波である。光のようにヒトの目で見える電磁波と，見えない電磁波がある。

★★エックス(X)線 ドイツの物理学者レントゲンが1895年に発見した，きわめて波長（波で1振動分の距離）の短い電磁波。**透過性**が高く，空港での手荷物検査や医療分野で**レントゲン写真**などに使われる。電気を帯びていない。

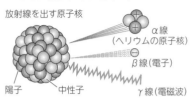

▲おもな放射線の種類

アルファ(α)線 ＋の電気をもった，ヘリウム(He)の原子核と同じ粒子の流れ。

ベータ(β)線 －の電気をもった粒子である**電子**の流れ。

ガンマ(γ)線 きわめて波長の短い電磁波。**透過性**が高く，電気を帯びていない。

★放射線の透過率 透過率が小さい順に，α線，β線，γ線・X線となる。α線は紙1枚で止まるが，γ線やX線は鉛板などでないと遮断できない。

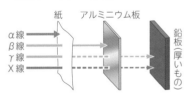

▲物質を透過する性質のちがい

磁界中での放射能 発展 γ線やX線は電気を帯びておらず，磁界の影響は受けず，磁界の中でも直進する。しかし，＋の電気を帯びているα線や，－の電気を帯びているβ線は，磁界の影響を受けるので曲がって進む。したがって，α線とβ線は磁場で遮断することができる。

★**ウラン(U)** 原子番号92の元素。天然のウランは，おもにウラン235（**質量数**[➡p.80]が235の意味）とウラン238という2種の**同位体**として存在するが，**原子力発電**に使われるのはウラン235。

核分裂 ウラン235の原子核に**中性子**[➡p.80]をぶつけると，たとえばクリプトン(Kr；原子番号36)とバリウム(Ba；原子番号56)に分裂し，非常に大きな**エネルギー**と中性子，**放射線**を出す。このような現象を核分裂という（分裂後の原子核の組み合わせはほかにもいろいろできる）。

中性子
^{235}U
^{236}U
^{92}Kr
^{141}Ba
不安定になり分裂を起こす。
分裂と同時に新しい中性子と大きなエネルギーを出す。
次々と**連鎖反応**を起こす。

▲**ウラン235の核分裂の模式図**

核融合 原子核どうしを高速に加速して衝突させると，これらよりも重い原子核と**膨大**なエネルギーが生成される。太陽のエネルギーも核融合反応である。**重水素**などを燃料にできるため，**枯渇**しないエネルギー源として期待されているが，核融合を維持する条件が難しく，実現されていない。

自然放射線 人工的に発生させる人工放射線に対し，宇宙から地球に降り注ぐ放射線や大地(地球)に残存する放射線などの自然界にある放射線。

半減期 〔発展〕 原子核の崩壊により，はじめの原子の数が**もとの半分の数**になるまでの時間。半減期は原子によって決まっている。考古学において，半減期を利用して年代測定をすることもある。

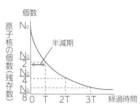

個数
原子核の個数（残存数）
半減期
N_0
$\frac{N_0}{2}$
$\frac{N_0}{4}$
$\frac{N_0}{8}$
0 T 2T 3T 経過時間

▶**半減期**

同位体 同じ原子の種類だが，原子核の中の中性子の数だけがちがうもの。化学的性質はまったく同じだが，質量が異なる。

プルトニウム(Pu) 原子番号94の元素。ウラン鉱中にわずかに存在。核分裂の**連鎖反応**を起こさないウラン238の原子核に中性子をぶつけると，中性子が原子核に吸収されプルトニウム239ができる。銀白色の重い金属で，**放射能**があり自然発火するなど危険で扱いにくい。**原子力発電**の核燃料などに使われることもある。

メタンハイドレート メタンと水からできた物質で，「燃える氷」ともよばれる。二酸化炭素の放出量が少なく，新たなエネルギー源として注目されている。

可採年数 **化石燃料**などが，現在の生産量を続けた場合に，**あと何年採掘できるかを示した年数**。埋蔵量÷生産量で計算する。

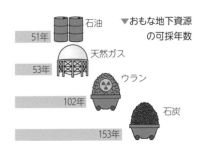

▼おもな地下資源
の可採年数

石油 51年
天然ガス 53年
ウラン 102年
石炭 153年

科学技術の発展

ハイブリッドカー　ガソリンエンジンと電気モーターの両方を動力源にした自動車。ハイブリッドは**複合**を意味する。大型の専用電池を搭載し，**エンジン車で捨てていたエネルギーを充電して有効利用する**ので効率がよく，二酸化炭素などの排出量を減らせる。

★**記憶媒体**　光磁気ディスクやDVD，USBメモリなどの**データを記録しておく装置や部品**。記録メディアともいう。データの読み書きや保管はコンピュータに不可欠で，コンピュータの発達とともに大容量化している。

ETC(ノンストップ自動料金支払いシステム)
有料道路の利用料金を，事前に登録した**車内装置との通信によって精算する**システム。車が料金所で停止する必要がなく，渋滞緩和などの効果がある。

ホームオートメーション　住宅内に通信機能のある電子機器を設置し，家事の一部を人に代わってしたり，防犯・防災に役立てたりすること。イン

ターネットや通信技術の発達で可能になった。外出先の携帯電話やパソコンから家の電化製品を遠隔操作できるしくみもある。例)お風呂をわかす，エアコンのスイッチを入れる・切る，カメラでの監視，テレビ番組の予約や変更など。

コンピュータ　**プログラム**とよばれる手順にしたがって処理をする電子式の装置。パソコンやスーパーコンピュータなど。身近な電化製品にも部品として使われ，機器を制御している。

★**コンピュータ・ウィルス**　コンピュータやネットワークに被害をもたらす**不正なプログラム**のこと。これがコンピュータに入りこむことを医療になぞらえて「感染」といい，退治するプログラムを**ワクチンソフト**という。

★**プログラム**　一定の目的で，**コンピュータを制御し処理をさせるための計算手順**。プログラムソフトウェア，あるいは単にソフトともいう。

ネットバンク　インターネット上で取引を行える銀行。店舗がない場合が多い。通帳の代わりにパソコンなどで記録を見ることができる。

プリペイドカード　代金前払いのカード。事前に現金や利用料を払っておき，商品の購入やサービスを受ける際にカードの残高で支払える。例)図書カードなど。

電子カルテ　紙のカルテを電子化し，

データベースで統合的に管理するシステム。病院間での情報共有もできる。

☆☆ インターネット
数多くのコンピュータが網の目のように相互接続されたつながりで、**ネットワークの集合体**のこと。一定の通信ルールでつながっている。ホームページや電子メールなど、さまざまな利用方法がある。

☆ 人工知能（AI）
学習や推論、判断など、人間の知能のはたらきをコンピュータを使って人工的に実現したもの。

機械学習・深層学習・強化学習 〔発展〕
人工知能の技術。機械学習では、人間が自然に行う学習能力と同じ機能をコンピュータに実現させる。大量のデータに含まれる特徴をより深く（深層で）学習する深層学習と、報酬を最大限にする行動を試行錯誤で学習する強化学習がある。

☆ ビッグデータ
従来のデータベースなどでは解析や記録、保管が難しい膨大なデータ群。単に量が多いだけでなく、種類が豊富で非定型的なデータ。

IoT
インターネットにつながっていなかったモノをつなぐこと。Internet of Things の略。例）テレビの録画予約をスマートフォンで遠隔操作する。

クラウド（コンピューティング）
今までは、パソコンにダウンロードして利用していたものが、ダウンロードなしでネットワークを通して利用できること。

量子コンピュータ 〔発展〕
スーパーコンピュータをはるかに上回る計算力があるとされ、今後の社会に役立てられると期待されている。

仮想通貨
インターネットを通じて、不特定多数の間で物品やサービスの対価に使用できる通貨。専門の取引所を介して円やドル、ユーロなどの通貨と交換できる。

ドローン
遠隔操作または自動操縦により飛行させることができる無人航空機のこと。

生体認証
人間の身体的特徴や行動的特徴の情報を用いた、個人認証の技術やプロセスのこと。指紋認証や虹彩認証などがある。

3Dプリンター
2次元の層を1枚ずつ積み重ねていくことによって、立体モデルを製作する機械のこと。

自動運転・無人運転
ドライバーを補助、または必要とせず、車そのものが自律的に走行すること。

☆ スマートフォン
パソコンの機能をあわせ持ち、インターネットとの親和性が高い携帯電話のこと。

☆ リニアモーター
回転運動するモーターを直線（リニア）にした構造で、複数の磁石を並べた上に、対の磁石を浮動させ、直線運動をさせるモーター。

さまざまな物質とその利用

☆ 新素材
自然には存在せず、人工的に

つくられた優れた性質をもつ新しい材料。 例）超伝導物質，形状記憶合金，水素貯蔵合金，炭素繊維，ファインセラミックス，カーボンナノチューブ，吸水性高分子，液晶，光触媒など。

光触媒 光が当たると触媒作用（自身は変化せずほかの反応をはやめる）を起こす物質。酸化チタン（TiO_2）が有名。脱臭，抗菌，浄水などのほか，外壁タイルやガラスに塗っておくと，汚れがつきにくいなどの利点がある。

ファインセラミックス 陶磁器全般をセラミックスというが，さらに新しい技術で新しい機能や高品質な特性をもたせたもの。金属より軽い，熱や摩擦に強い，さびないなどの利点がある。例）・電子セラミックス…IC基盤，磁性素材 ・高強度セラミックス…エンジン，宇宙船，包丁 ・超伝導セラミックス…超伝導素材 ・バイオセラミックス…人工関節 など。

バイオセラミックス 骨や関節，歯根など生体の代わりに用いることができるセラミックス。耐久性に優れ，さびることがなく，異物としての拒否反応を起こしにくい。

形状記憶合金 ある温度範囲での形状を記憶させることができる合金。変形させてもその温度でもとの形にもどる。メガネのフレームなどに利用。

吸水性高分子（吸水性ポリマー） 少量で大量の水（自重の100倍から1000倍）を含むことができる高分子物質。紙おむつやペット用トイレ，砂漠の緑化などにも利用されている。

吸湿性発熱繊維 からだから蒸発する汗などの水分を吸収することで発熱する繊維。肌着やスポーツウェア，腹巻などに用いられている。

★ **光ファイバー** 屈折率のちがいによる光の全反射（➡p.9）を利用した，2層構造のガラス繊維。金属のケーブルに比べて信号の減衰が少なく，長距離で，大容量のデータ通信が可能である。

ファイバースコープ（内視鏡） 光ファイバーの応用で，先端にレンズと照明があり，反対側に接眼レンズをつけた装置。内視鏡ともいう。胃カメラ検査や内部に入れない建築物などの検査などにも使われる。古墳の石室検査でも活躍している。

生分解性プラスチック 微生物のはたらきによって分解されるプラスチック。従来のプラスチックが土中で長期間分解されなかったり，燃やすと有害な気体を発生したりする場合があるなどの問題を改善した。

★ **炭素繊維（カーボンファイバー）** 炭素でできた繊維。アクリルなどの合成繊維を焼いてつくられる。軽くて強度や弾性（変形してももとにもどる性質）に優れ，繊維や建材，機械部品のほか，テニスラケットなど多くのスポーツ用品にも使われている。

導電性高分子　電気伝導性（電流を通す性質）をもつ高分子化合物。通常プラスチックは**不導体**（➡p.20）。**タッチパネル**などに使われている。

★**液晶**　液体（分子の向きがバラバラ）と結晶（分子が整列）の両方の性質をもち、**電圧や温度差によって液晶分子が整列すると光が透過しない物質**。テレビやパソコンのほか、電子機器の画面などに利用されている。

有機EL　電圧をかけると光り出すプラスチックのような有機物質。画像がきれいでうすくでき、省エネルギーという利点がある。携帯電話などの表示部に使われ、照明器具の材料としても期待されている。

ナノテクノロジー　1nm（ナノメートル）＝100万分の1㎜＝**10億分の1m**。原子や分子の大きさを表すレベルの世界で、物質や材料を加工する技術をいう。

カーボンナノチューブ　炭素原子が六角形の網目状になっており、管状につながった構造の繊維で、アルミニウムの約半分と**軽く**、ダイヤモンドより**じょうぶ**。宇宙や航空の分野を中心に、多方面で利用が期待されている。

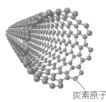

銅の1000倍まで電流を通せるよ。

炭素原子

▲カーボンナノチューブ

自然環境の保全と科学技術の利用

持続可能な開発目標（SDGs）　人々が豊かな生活を送ることができるような社会の開発を持続していくための目標。貧困をなくすことや、ジェンダーフリー、クリーンなエネルギーの開発、まちづくり、気候変動への具体的な対策、海や陸の豊かさを守ることなどといった目標があり、全部で17個ある。これら17個の目標は、すべてが相互接続的に関わっている。

2030アジェンダ　2001年に国連ミレニアムサミット（英語版）で策定されたミレニアム開発目標が2015年で終了したことを受け、国連が向こう15年間の新たな持続可能な開発の指針を策定したもの。

5P　持続可能な開発を考えるにあたって、大切な5つのキーワードを意味する。人間（People）、地球（Planet）、繁栄（Prosperity）、平和（Peace）、連携（Partnership）にある頭文字Pのことである。

自然共生　自然と人間が相互作用しながら生きていくこと。

資源占有率　ある個人や、地域、会社、国などの集団が、ほかの人々が利用できないように資源を独占的に利用している状態であるかを示す割合。

低炭素社会 二酸化炭素の排出を削減する社会。

温室効果ガス排出量 地球温暖化の原因となっている温室効果ガスのおもな成分である二酸化炭素、メタン、一酸化二窒素、フロンガスの排出量をいう。

二酸化炭素排出量 二酸化炭素は、化石燃料(石炭、石油など)を燃やすことで発生する。温室効果ガスの1つで地球温暖化の原因となる。

二酸化炭素の回収・貯蓄(CCS) 工場や発電所などから発生する二酸化炭素を大気中に拡散する前に回収し、地中貯留に適した地層まで運び、長い間にわたって貯留する技術。

メタン 二酸化炭素についで影響の大きい、地球温暖化の原因である温室効果ガスの成分の1つ。

一酸化二窒素 有毒な気体であり、温室効果ガスの成分の1つ。

フロン 地球温暖化の原因である温室効果ガスの1つ。クーラーなどの冷媒に使用されている。生産中止になったフロンの代わりに使われたものが代替フロン。

硫黄酸化物対策 あらかじめ燃料に含まれている硫黄分をとり除いたり(**燃料脱硫**)、燃焼ガスから硫黄酸化物をとり除いたりする(**排煙脱硫**)ことによって、硫黄酸化物の排出を減らす対策。

排煙脱硫装置 火力発電所等の化石燃料燃焼装置の排煙に含まれる硫黄酸化物を除去し、硫黄酸化物が大気中へ排出されることを減らす装置。

排ガス規制 自動車排出ガス規制のこと。排出される一酸化炭素、窒素酸化物、炭化水素類、黒煙などの大気汚染物質の上限を定めた規制。

土壌汚染対策法 土壌汚染の状況の把握、土壌汚染による人の健康被害の防止を目的として、2003年2月15日に施行された法律。

モーダルシフト 自動車から、ほかの交通機関に輸送の一部を振り替えること。渋滞や騒音、大気汚染、二酸化炭素排出量の削減などが背景にある。

回生ブレーキ 運動エネルギーを電気エネルギーとして回収するときに抵抗が生じ、ブレーキとして機能する。

電気自動車 電気で走る車。化石燃料を使う内燃機関(ガソリンエンジンなど)の代わりに、バッテリーに蓄えた電気とモーターを使用するため、排出ガスが出ない。

電気自動車に使う電力は、火力発電所からのものもあるので、厳密には排出ガスが完全に出ないとは言えない。

化 学

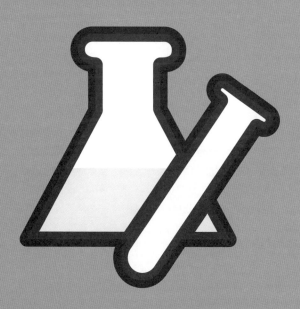

身のまわりの物質とその性質

★ **物体**　ものを**大きさや形**から区別する
　とき，そのものを物体という。

★ **物質**　ものを**材料の種類**から区別する
　とき，そのものを物質という。

▲物体と物質

★ **金属**　**無機物**の1つ。金，銀，銅，アル
　ミニウムなどがある。次のような金属
　特有の性質をもつ。
　①みがくと特有のかがやきをもつ（**金
　　属光沢**）。
　②電気をよく通す（**電気伝導性**）。
　③熱をよく伝える（**熱伝導性**）。
　④たたくとのびてうすく広がり（**展
　　性**），引っ張ると細くのびる（**延性**）。

磁石につくことは，金属に
共通の性質ではないよ。

金属光沢　金属の表面をかたいもので
　みがいたときに見られる特有のかがや
　き。ある物質が金属かどうかを判別す
　る手がかりの1つとなる。

★ **電気伝導性**　電気が流れやすい性質の
　こと。金属は電気伝導性が大きく，特
　に銀・銅が大きい。銅は，電気伝導率
　〔➡p.22〕が大きい（電気抵抗が小さい）
　性質から，導線などに使われる。

★ **熱伝導性**　熱を伝える性質のこと。金
　属は熱を伝えやすい特性がある。特に
　銅が大きい熱伝導性をもっている。電
　気伝導性の大きい金属は，熱伝導性も
　大きい傾向にある。

★ **延性**　物体を引っ張ったときに細くの
　びる性質。一般に金属の延性は大きい。

★ **展性**　物体をたたいたときに広がる性
　質。一般に金属の展性は大きい。金属
　の中でも，金が最も展性が大きい。

　金　原子の記号 **Au**
　金色とよばれる黄色い光沢のある金
　属。密度が大きい。金属の中で最もの
　びやすく，うすくのばしたものは金ぱ
　く，長くのばしたものは金糸とよばれ
　る。〔➡p.71, 256〕

★ **銀**　原子の記号 **Ag**
　銀白色の金属。電気や熱の伝えやすさ
　は金属中で最も大きい。装飾品や消
　臭・抗菌などに使われる。〔➡p.71, 256〕

★ **銅**　原子の記号 **Cu**
　赤色の金属。電気や熱をよく通す。塩
　酸や水酸化ナトリウム水溶液とは反応
　しない。二酸化炭素などを含む湿った

空気中では青緑色のさび(**緑青**)を生じる。導線や硬貨，鍋などに使われる。

〔➡p.70, 256〕

★ **鉄**　原子の記号 **Fe**
灰白色の金属。**磁石につく**。塩酸などの酸性の水溶液と反応して水素を発生する。湿った空気中では，さびを生じる。細く繊維状にしたものを**スチールウール**という。自動車や建築材料など，さまざまな製品に使われる。

〔➡p.70, 258〕

鉛　原子の記号 **Pb**
白色の金属。鉛蓄電池〔➡p.90〕の電極やおもりなどに使われる。

★ **亜鉛**　原子の記号 **Zn**
青色を帯びた銀白色の金属。塩酸などの酸性の水溶液や，水酸化ナトリウム水溶液などのアルカリ性の水溶液と反応して水素を発生する。電極，めっきなどに使われる。〔➡p.71, 256〕

★ **アルミニウム**　原子の記号 **Al**
銀白色の金属。密度が小さい。電気や熱をよく通す。よくのびるので，アルミニウムはくとして使われる。塩酸などの酸性の水溶液や，水酸化ナトリウム水溶液などのアルカリ性の水溶液にとけて水素を発生する。硬貨，航空機などに使われる。〔➡p.70, 256〕

★ **マグネシウム**　原子の記号 **Mg**
銀白色の金属。密度が小さい。空気中で加熱すると，光や熱を出して激しく燃える。塩酸などの酸性の水溶液と反応して水素を発生する。マグネシウム合金や肥料などに使われる。〔➡p.69, 256〕

★ **ナトリウム**　原子の記号 **Na**
銀白色でやわらかい金属。密度が小さい。空気中ではすぐに酸素と反応し，また，水と激しく反応するので，灯油の中などに入れて保存する。地球上のナトリウムの多くは，塩化ナトリウムとして海水や岩塩に含まれる。〔➡p.69〕

金属のナトリウムは水に入れるだけで，激しく反応し炎をあげる。

◀ナトリウム

★ **カルシウム**　原子の記号 **Ca**
銀白色の金属。密度が小さい。酸素や二酸化炭素，水と反応するため，不活性な気体の中などに保存する。人体にはリン酸カルシウムとして骨や歯に多く含まれ，自然界では炭酸カルシウムとして石灰岩や貝がらに含まれる。〔➡p.70〕

炭酸カルシウムはチョークなどに使われている。

◀炭酸カルシウムの粉

水銀　原子の記号 **Hg**
銀白色の金属。常温で**液体**の唯一の金属。温度計などに使われる。〔➡p.256〕

★ **非金属**　金属以外の物質。　例)ガラス，プラスチック，木，ゴムなど。

合金　2種類以上の金属を混ぜたもの。例)ステンレス，黄銅など。

ステンレス　鉄にクロムやニッケルを

混ぜた合金。さびにくい。台所の流しや包丁などに使われる。

黄銅（真鍮）　銅が60〜70％と亜鉛が30〜40％の合金。5円玉硬貨の材料。

★★ **有機物**　炭素を含む物質。加熱すると黒くこげて炭ができ，燃えると**二酸化炭素**と**水**が発生する。例)砂糖，プラスチック，ろう，木，メタンなど。

★★ **無機物**　炭素を含まない物質。加熱しても二酸化炭素は発生しない。例)食塩，金属，ガラス，酸素など。ただし，炭素や二酸化炭素，一酸化炭素は，炭素を含んでいるが無機物である。

★ **炭素**　原子の記号 C
有機物に含まれる物質だが，炭素の単体[➡p.73]は**無機物**に分類される。完全に燃えると二酸化炭素になる。ダイヤモンドや黒鉛は炭素からできている。黒鉛は電気を通す。[➡p.69]

炭　有機物を，空気にふれないように加熱（乾留[➡p.67]）したときに得られる。炭素がおもな成分である。

★★ **プラスチック**　石油などからつくられた物質（**合成樹脂**ともいう）で，**有機物**。いろいろな種類があり，それぞれ性質が異なるが，一般的に軽い，電気を通しにくい，くさりにくい，加工しやすい，酸性やアルカリ性の水溶液や薬品によって変化しにくい，衝撃に強いなどの性質がある。生物のはたらきで分解できるプラスチック（**生分解性プラスチック**[➡p.46]）や電気を通すプラスチックも開発されている。

導電性プラスチック　発展　電気伝導性をもつプラスチック。[➡p.47 導電性高分子]

合成繊維　プラスチックを繊維状に加工したもの。ナイロンやポリエステル，アクリルなどがある。

合成樹脂　石油などを原料にして人工的につくった有機物で，プラスチック，またはその材料のこと。高分子化合物の一種。

★ **ポリエチレンテレフタラート（PET）**
プラスチックの1つ。**水に沈む**。透明で圧力に強い。燃えにくい。ペットボトル，飲料用カップ，写真フィルムなどに使われる。[➡p.261]

★ **ポリエチレン（PE）**　プラスチックの1つ。**水に浮く**。油や薬品に強い。燃やすととけながら燃える。包装材（袋など）やバケツ，シャンプーなどの容器などに使われる。[➡p.261]

★ **ポリスチレン（PS）**　プラスチックの1つ。**水に沈む**。かたいが割れやすい。空気を含んだ**発泡ポリスチレン**は水に浮き，断熱保温性がある。燃やすとすすを出しながら燃える。食品容器（発泡ポリスチレン）やCDケース，プラモデルなどに使われる。[➡p.261]

★ **ポリプロピレン（PP）**　プラスチックの1つ。**水に浮く**。熱に強い。燃やすととけながら激しく燃える。電子レンジ用の容器，ペットボトルのふたなどに使われる。[➡p.261]

★ ポリ塩化ビニル(PVC)　プラスチックの1つ。**水に沈む。**薬品に強い。燃えにくいが，燃えると有害な物質が発生することがある。消しゴムや水道管，ホースなどに使われる。〔➡p.261〕

メタクリル樹脂(アクリル樹脂)(PMMA)　プラスチックの1つ。**水に沈む。**無色透明で光沢がある。衝撃に強い。水槽やレンズなどに使われる。〔➡p.261〕

★ 高分子(高分子化合物)　1つの分子の大きさが非常に大きい化合物。天然の高分子には，天然ゴムやデンプンなどがあり，人工の高分子にはプラスチックや合成繊維などがある。

原料：エチレン(ガス)　　ポリエチレン

C_2H_4　　$-(-CH_2-CH_2-)-$

▲プラスチック(ポリエチレン)

★ 上皿てんびん　質量をはかる器具。片方の皿に質量をはかりたいもの，もう一方の皿に質量がわかっている分銅をのせ，つり合わせて質量をはかる。〔➡p.248〕

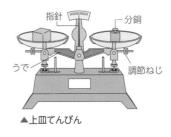

指針　　　　分銅

うで　　　　調節ねじ

▲上皿てんびん

★ 電子てんびん　質量をはかる器具。はかりたいものをのせると測定値が表示される。〔➡p.249〕

▲電子てんびん

★ メスシリンダー　液体の体積をはかる器具。目もりを読みとるときは，中央の平らな部分を読む。液体にとけない固体や気体の体積をはかることもできる。〔➡p.249〕

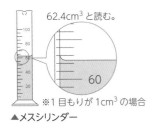

$62.4cm^3$ と読む。

60

※1目もりが$1cm^3$の場合

▲メスシリンダー

★ ガスバーナー　加熱する器具。**ガス調節ねじ**で炎の大きさを調節し，**空気調節ねじ**で空気の量を調節して炎の色を青色にする。〔➡p.250〕

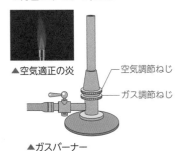

▲空気適正の炎

空気調節ねじ

ガス調節ねじ

▲ガスバーナー

★★ **密度** 物質1cm³あたりの質量。物質ごとに決まった値をもつ。単位はふつう，g/cm³（グラム毎立方センチメートル，またはグラムパー立方センチメートル）。

$$物質の密度 (g/cm^3) = \frac{物質の質量 (g)}{物質の体積 (cm^3)}$$

密度を求める式は
体積 = 質量／密度
質量 = 密度×体積
に変形できるね。

! 密度と浮き沈み

ある物質を液体の中に入れたとき，その物質が液体に浮くかどうかは，その物質の密度が液体の密度に比べて大きいか小さいかで決まる。その物質の密度が液体より大きい場合は沈み，液体の密度より小さい場合は浮く。

水より密度が小さい。 氷の密度 0.92 g/cm³
↓
水に浮く。 水の密度 1.0 g/cm³

比重 ある物質の質量と，それと同体積の基準となる物質の質量との比。液体や固体では，ふつう4℃の純水を基準物質とする。

気体の発生と性質

★★ **気体の集め方** 気体を集めるときは，それぞれの気体の性質（水へのとけ方，空気と比べた密度の大きさ）に

合った集め方をする。**水上置換法，上方置換法，下方置換法**がある。

★★ **水上置換法** 水にとけにくい気体を集める方法。気体を水と置き換えて集める。空気と混じらない純粋な気体が集められ，集めた量がわかるという利点がある。水素，酸素，二酸化炭素などが適する。

★★ **上方置換法** 水にとけやすく，空気より密度が小さい気体を集める方法。アンモニアなどが適する。

★★ **下方置換法** 水にとけやすく，空気より密度が大きい気体を集める方法。二酸化炭素，塩素，塩化水素などが適する。

水上置換法　気体　気体
水

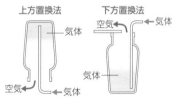

上方置換法　気体　気体　空気
下方置換法　空気　気体　気体　気体

▲気体の集め方

★★ **二酸化炭素** 化学式 CO_2

性質 無色でにおいのない気体。空気より**密度が大きい**（空気の密度の約1.5倍）。**水に少しとけ**，水溶液は**炭酸水**で弱い酸性を示す。**石灰水を白くにごらせる**。燃えない気体であ

る。固体を**ドライアイス**という。

発生法　・石灰石(または貝がらや卵
のから，大理石)にうすい塩酸を加
える。　・炭酸水を加熱する。　・炭
酸水素ナトリウムにうすい塩酸を加
える。

集め方　**下方置換法**や**水上置換法**で集
める。〔➡p.257〕

★**石灰石**　主成分は**炭酸カルシウム**。貝
がらや卵のから，大理石の主成分も炭
酸カルシウムである。

★**石灰水**　**水酸化カルシウム**の水溶液。
二酸化炭素の検出に使われる。石灰水
に二酸化炭素を通すと，水酸化カルシ
ウムと二酸化炭素が反応して炭酸カル
シウムができる。炭酸カルシウムは水
にとけないため，白くにごって見える。

★**酸素**　化学式 O_2

性質　無色でにおいのない気体。空気
よりやや密度が大きい(空気の密度
の約1.1倍)。**水にとけにくい。ほか
の物質を燃やす性質(助燃性)**がある
ため，火のついた線香を酸素の中に
入れると炎を上げて燃える。空気の
体積の**約21％**を占める。

発生法　・二酸化マンガンにオキシド
ール(うすい過酸化水素水)を加え
る。・生のレバーやジャガイモにオ
キシドールを加える。・酸素系漂白
剤(過炭酸ナトリウム)に湯を加える。

集め方　**水上置換法**で集める。〔➡p.69,
257〕

酸素自体は
燃えないよ。

▲酸素中でのスチールウールの燃え方

★**オキシドール**　過酸化水素(H_2O_2)の
水溶液で，約3％の濃さにしたもの。
室温で少しずつ酸素と水に分解する。
傷口の消毒に使われる。

★**二酸化マンガン**　化学式 MnO_2
黒色の固体。オキシドールを加えて酸
素を発生させるときは触媒としてはた
らく。

触媒　それ自体は変化しないで，反応の
速さを変えるはたらきをする物質。

★**水素**　化学式 H_2

性質　無色でにおいのない気体。物質
中で**最も密度が小さい**(空気の密度
の約0.07倍)。**水にとけにくい。よ
く燃え(可燃性)**，水素が入った試験
管にマッチの火を近づけると，気体
がポンと音をたてて燃える。**燃える
と水ができる。**燃料電池〔➡p.40, 91〕
の材料である。

発生法　・亜鉛やマグネシウム，アル
ミニウム，鉄などの金属にうすい塩
酸や硫酸を加える。・アルミニウム
に水酸化ナトリウム水溶液を加える。

集め方　**水上置換法**で集める。

〔➡p.69, 257〕

★ アンモニア　化学式 NH_3

性質　無色で刺激臭のある気体。**有毒**である。空気より**密度が小さい**（空気の密度の約0.6倍）。**水に非常によくとけ**，水溶液は**アルカリ性**。

発生法　・塩化アンモニウムと水酸化カルシウムを混ぜて加熱する。・アンモニア水を加熱する。

集め方　**上方置換法**で集める。

〔➡p.257〕

塩化アンモニウム　化学式 NH_4Cl

無色の固体。水酸化カルシウムと混ぜて加熱したり，水酸化バリウムに混ぜたりするとアンモニアを発生する。肥料の原料などに使われる。〔➡p.257〕

★ 窒素　化学式 N_2

無色でにおいのない気体。空気よりわずかに密度が小さい（空気の密度の約0.97倍）。水にとけにくい。空気の体積の約**78%**を占める。化学反応をほとんど起こさない，変化しにくい気体であり，食品の酸化防止のための封入ガスなどに使用されている。〔➡p.69, 257〕

ものを燃やすはたらきがなく，窒素を多く含む空気中では，ものはおだやかに燃える。（酸素だけのときは，激しく燃える。）

⚠ 酸素と結びつく窒素

窒素は，室温では変化しにくい気体だが，高温では多くの物質と結びつくようになる。たとえば，自動車のエンジン内で高温になると，酸素と結びついて窒素酸化物ができる。窒素酸化物は酸性雨や光化学スモッグの原因にもなる。

★ 二酸化硫黄　化学式 SO_2

無色で刺激臭のある気体。**有毒**である。空気より**密度が大きい**（空気の密度の約2.2倍）。**水にとけやすく**，水溶液は**酸性**を示す。石炭や石油を燃やしたときに発生する気体や自動車の排気ガスに含まれ，酸性雨の原因物質である。また火山ガスにも含まれる。漂白剤や硫酸の原料などに使われる。〔➡p.257〕

★ 塩素　化学式 Cl_2

黄緑色で，刺激臭のある気体。**有毒**である。空気より**密度が大きい**（空気の密度の約2.5倍）。**水にとけやすく**，水溶液は**酸性**を示す。漂白作用や殺菌作用がある。プールや水道水の消毒・殺菌に使われる。〔➡p.69, 257〕

★ 塩化水素　化学式 HCl

無色で刺激臭のある気体。**有毒**である。空気よりやや**密度が大きい**（空気の密度の約1.3倍）。**水に非常にとけやすく**，水溶液は**塩酸**で，**強い酸性**を示す。〔➡p.257〕

★ 二酸化窒素　化学式 NO_2

赤褐色で刺激臭のある気体。**有毒**であ

る。空気より密度が大きい(空気の密度の約1.6倍)。水にとけやすく，水溶液は**酸性**を示す。石油や石炭を燃やしたときに発生する気体や自動車の排気ガスに含まれ，酸性雨や光化学スモッグの原因物質にもなる。[➡p.258]

★★ **硫化水素** 化学式 H_2S

無色で卵が腐ったような特有のにおい(**腐卵臭**)のある気体。**有毒**である。空気より密度が大きい(空気の密度の約1.2倍)。水にとけやすく，水溶液は**酸性**を示す。硫化鉄にうすい塩酸を加えると発生する。火山ガスや温泉などに含まれる。[➡p.258]

一酸化炭素 化学式 CO

無色でにおいのない気体。**有毒**である。空気よりわずかに密度が小さい(空気の密度の約0.97倍)。水にとけにくい。酸素が不足した状態で有機物を燃やすと発生する。血液中の**ヘモグロビン**[➡p.131]に酸素よりも結びつきやすく，一酸化炭素中毒の原因となる。よく燃える(**可燃性**)。自動車の排気ガスなどに含まれる。[➡p.258]

★ **メタン** 化学式 CH_4

無色でにおいのない気体。空気より密度が小さい(空気の密度の約0.6倍)。水にとけにくい。よく燃える(**可燃性**)。天然ガスの主成分で，燃料として使用される。[➡p.48]

★ **プロパン** 化学式 C_3H_8

無色でにおいのない気体。空気より密度が大きい(空気の密度の約1.6倍)。水にとけにくい。天然ガスや石油を精製するときに発生する気体などに含まれる。よく燃え(**可燃性**)，燃料として使用される。[➡p.258]

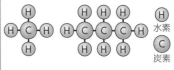

> ❗ **炭化水素**
> 炭素と水素からなる化合物を炭化水素という。メタン，プロパンなど，非常に多くの物質がある。
>
> H 水素
> C 炭素
>
> ▲メタン(左)とプロパンの分子モデル

★ **空気** いろいろな気体が混じった**混合物**[➡p.63]。20℃で1気圧のときの密度は0.0012g/cm³である。

成分	空気中の体積の割合[%]
窒素N_2	78
酸素O_2	21
アルゴンAr	0.93
二酸化炭素CO_2	0.038
ネオンNe	0.0018

▲空気の成分(水蒸気を除く)

希ガス 周期表[➡p.68, 254]で18族を占める気体のこと。ヘリウム，ネオン，アルゴン，クリプトン，キセノン，ラドンがある。無色でにおいはない。化学反応をほとんど起こさない，非常に**変化しにくい気体**である。[➡p.71]

★ **ヘリウム** 原子の記号 He

希ガスの1つ。無色でにおいはない気体。空気の密度と比べるととても小さいため、気球や飛行船などに用いられている。〔➡p.69〕

ネオン 原子の記号 **Ne**

希ガスの1つ。無色でにおいのない気体。放電〔➡p.25〕によって赤く光る。ネオンランプは、ガラス管にネオンを封入したものである。〔➡p.258〕

★ **アルゴン** 原子の記号 **Ar**

希ガスの1つ。無色でにおいのない気体。空気中の体積の約0.93%を占める。白熱電灯や蛍光灯の封入ガスとして用いられている。〔➡p.258〕

★ **助燃性** 物質が燃えるのを助ける性質のこと。酸素は助燃性がある。

★ **可燃性** 燃えやすい性質のこと。水素やメタン、プロパンなどは可燃性がある。

★ **刺激臭** 鼻をさすようなつんとするにおいのこと。アンモニアや塩素、塩化水素などは刺激臭がある。

水溶性 物質が水にとけて水溶液をつくる性質のこと。気体では、アンモニアや塩化水素の水溶性が大きい。

漂白作用 有色の物質を変化させて白くするはたらきのこと。過酸化水素や塩素はこのはたらきが強い。

▲塩素によって漂白されたバラ　©CORVET

殺菌作用 細菌などの微生物を殺すはたらきのこと。塩素などにある作用。

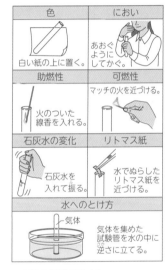

色	におい
白い紙の上に置く。	あおぐようにしてかぐ。
助燃性	**可燃性**
火のついた線香を入れる。	マッチの火を近づける。
石灰水の変化	**リトマス紙**
石灰水を入れて振る。	水でぬらしたリトマス紙を近づける。
水へのとけ方	
気体／気体を集めた試験管を水の中に逆さに立てる。	

▲気体の性質の調べ方

	二酸化炭素	酸素	水素	アンモニア
色	ない	ない	ない	ない
におい	ない	ない	ない	刺激臭
密度(g/L)(20℃)	1.84(空気の1.53倍)	1.33(空気の1.11倍)	0.08(空気の0.07倍)	0.72(空気の0.60倍)
水に対するとけやすさ	少しとける。(水溶液は炭酸水。酸性)	とけにくい。	とけにくい。	非常にとけやすい。(水溶液はアルカリ性)
その他の性質	◎石灰水を白くにごらせる。／石灰水	◎ものを燃やすはたらきがある。◎空気のおよそ$\frac{1}{5}$を占める。▲酸素中で燃える線香	◎火をつけると爆発的に燃え、水滴ができる。	水でぬらしたリトマス紙／◎赤色リトマス紙が青色に変化する。◎有毒

▲気体の性質

気体検知管　検知剤が入った検知管に測定したい気体を吸引し，検知剤の色の変化で気体の濃度をはかる。検知管を変えることで，さまざまな気体を測定できる。

水溶液

★ **溶質**　溶液中にとけている物質。固体，液体，気体がある。

★ **溶媒**　溶質をとかしている液体。

★ **溶液**　溶質が溶媒にとけた液。溶液，溶質，溶媒の質量の関係は，次のようになる。

溶液の質量〔g〕

＝溶質の質量〔g〕＋溶媒の質量〔g〕

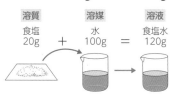

溶質		溶媒		溶液
食塩 20g	＋	水 100g	＝	食塩水 120g

▲溶液，溶質，溶媒の関係

★ **水溶液**　溶媒が水の溶液。水溶液には次のような性質がある。

①**透明**である（色のついたものもある）。

②**濃さ**はどの部分も同じである。

③**放置**しても変化しない。

溶質の粒子

水溶液では，溶質の粒子が均一に散らばっているよ。

▲水溶液の粒子モデル

★ **溶解**　溶質が溶媒にとける現象。物質は小さな粒（粒子）からできていて，たとえば砂糖を水の中に入れると，砂糖の粒子の間に水の粒子が入りこみ，砂糖の粒子がばらばらに分かれ，均一に広がる（拡散）。

コロイド溶液　水溶液中の食塩や砂糖などの溶質の粒子より大きい粒子が，液体に均一に広がっているもの。牛乳やせっけん水などがある。

チンダル現象　コロイド溶液にレーザー光線などの光を当てると，光の通路が明るくかがやいて見える現象。

ブラウン運動　発展　コロイド溶液などの中の大きい粒子に見られる不規則な動きのこと。水や空気など，自由に動き回る小さい粒子が，大きい粒子にぶつかることによって起こる。

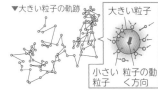

▼大きい粒子の軌跡

大きい粒子

小さい粒子　粒子の動く方向

▲コロイド溶液中の粒子の動き

窒素	塩素	塩化水素
ない	黄緑色	ない
ない	刺激臭	刺激臭
1.16 （空気の0.97倍）	3.00 （空気の2.49倍）	1.53 （空気の1.27倍）
とけにくい。	とけやすい。 （水溶液は酸性）	非常にとけやすい。 （水溶液は塩酸。酸性）
◎空気のおよそ $\frac{4}{5}$ をしめる。 ◎自動車のエンジンなどの中で二酸化窒素に変わり，空気をよごす。	赤インクをつけたろ紙 →色が消える。 ◎漂白作用 ◎殺菌作用 ◎有毒	水でぬらしたリトマス紙 ◎青色リトマス紙が赤色に変化する。 ◎有毒

箱をゆり動かすと，剛球（小さな粒子）が，小さな箱（大きな粒子）に当たって，不規則に動く。

箱をゆり動かす。小さな箱

▲ブラウン運動の粒子モデル

★ **濃度** 溶液の濃さのこと。

★ **質量パーセント濃度** 溶質の質量が，溶液全体の質量の何パーセントにあたるかで表した濃度。

質量パーセント濃度〔%〕

$$= \frac{溶質の質量〔g〕}{溶液の質量〔g〕} \times 100$$

$$= \frac{溶質の質量〔g〕}{溶質の質量〔g〕+溶媒の質量〔g〕} \times 100$$

ppm 100万分のいくらかという割合を表す単位。全体の100万分の1が1ppm。非常にうすい液体などの濃度を表すときなどに使われる。

★ **飽和** 連動して増加する2つの量のうち，一方が増加しても，連動する他方が上限に達して増加しなくなる状態のこと。

★ **飽和水溶液** 溶質となる物質を増量しても，溶媒にとけない限度（飽和）にある水溶液。

★ **溶解度** 一定量の水にとかすことができる物質の限度の量。ふつう，**水100gにとける溶質の質量**で表す。物質の種類や温度によって決まっている。

固体の溶解度…多くの物質は，温度が上がると溶解度が大きくなるが，水酸化カルシウムは温度が上がると溶解度が小さくなる。

気体の溶解度…温度が上がると，溶解度は小さくなる。

★★ **溶解度曲線** 溶解度と温度の関係をグラフにしたもの。

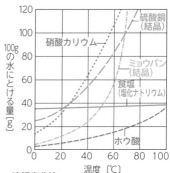

▲溶解度曲線

★★ **ろ過** ろ紙などを使って**固体と液体を分けること**。液体にとけている物質など，ろ紙の穴よりも小さい物質はろ紙を通りぬけ，ろ紙の穴よりも大きい物質はろ紙上に残る。〔➡p.251〕

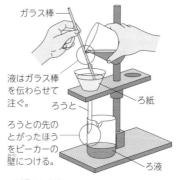

ガラス棒

液はガラス棒を伝わらせて注ぐ。

ろうと

ろ紙

ろうとの先のとがったほうをビーカーの壁につける。

ろ液

▲ろ過のしかた

★ **結晶** いくつかの平面で囲まれた，**規則正しい形の固体**。色や形は物質によって決まっている。〔➡p.261〕

▲食塩(塩化ナトリウム)の結晶 ▲ミョウバンの結晶

★ **再結晶** 固体を一度水にとかしたあと，**再び結晶としてとり出すこと**。少量の不純物を含む混合物から，純粋な物質〔➡p.63〕を結晶としてとり出すことができる。再結晶には次の方法がある。

①水溶液を**冷やして**，とけきれなくなった分を結晶としてとり出す。温度による**溶解度の差が大きい**物質に適している。 例)ミョウバン，硝酸カリウム，硫酸銅，ホウ酸など。

②水溶液を**加熱して**，水を蒸発させて結晶をとり出す(**蒸発乾固**)。温度による**溶解度の差が小さい**物質に適している。例)塩化ナトリウムなど

★ **塩化ナトリウム** 化学式 $NaCl$

無色の固体で，**食塩の主成分**。溶解度は温度が上がってもほとんど変化しない。塩化ナトリウムと水酸化ナトリウム水溶液の中和($HCl+NaOH→NaCl+H_2O$)でできる塩〔➡p.88〕である〔➡p.258〕。

★ **ホウ酸** 化学式 H_3BO_3

無色の固体。溶解度は温度が上がるとともにゆるやかに大きくなる。水にと

かすと弱い酸性を示す。殺菌剤や医薬品に使用される。〔➡p.258〕

★ **硫酸銅** 化学式 $CuSO_4$

一般的な青色の固体は，結晶に水を含む。加熱すると水を失って，無色の固体になる。水溶液は青色。溶解度は温度が上がると大きくなる。殺菌剤や顔料などに使用される。〔➡p.259〕

★ **ミョウバン(カリウムミョウバン)**

化学式 $AlK(SO_4)_2$

無色の固体。一般的なものは，結晶に水を含む。結晶に水を含まないものは焼きミョウバンとよばれる。溶解度は温度が上がると大きくなる。食品添加物や医薬品などに使用される。〔➡p.259〕

★ **硝酸カリウム** 化学式 KNO_3

無色の固体。溶解度は温度が上がると大きくなる。硝酸と水酸化カリウム水溶液の中和($HNO_3+KOH → KNO_3+H_2O$)でできる塩〔➡p.88〕である。肥料や食肉の発色料などに使われる。〔➡p.259〕

酸化マグネシウム 化学式 MgO

無色の固体。水にわずかにとけ，水酸化マグネシウムになる。このときに発熱する。空気中で水，二酸化炭素を吸収して，水酸化炭酸マグネシウムになる。〔➡p.76, 260〕

状態変化と熱

★ **物質の状態(物質の三態)** 物質には、**固体・液体・気体**の3つの状態がある。それぞれの状態では、物質をつくる粒子の並び方(間隔)や運動のようすが異なる。

★ **固体** 形や体積がほぼ一定で、変化しない。粒子は、規則正しく、すき間なく並んでいる。

★ **液体** 形は自由に変化するが、体積はほとんど変化しない。粒子の間隔が固体よりも広く、粒子は比較的自由に動いている。

★ **気体** 形が自由に変化し、体積も変化しやすい。粒子の間隔が非常に広く、粒子は自由に飛び回っている。

★ **状態変化** 温度によって**物質の状態が変わること**。物質の性質は変化しない。

状態変化と体積 状態変化すると、物質をつくる粒子の間隔が変わるため、**体積は変化する**。ふつう、固体から液体、液体から気体と変化するとき体積は増加する。ただし、**水は例外**で、固体から液体に変化するとき体積が減少する。

状態変化と質量 状態変化しても、物質をつくる粒子の数は変わらないため、**質量は変化しない**。

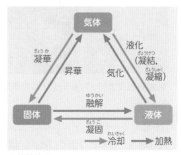

▲状態変化

融解 固体から液体に状態変化すること。

凝固 液体から固体に状態変化すること。

気化 液体から気体に状態変化すること。気化には、**蒸発**と**沸騰**がある。

★ **蒸発** 液体の**表面**から気化すること。

★ **沸騰** 液体の**内部**からも気化すること。

液化(凝結, 凝縮) 気体から液体に状態変化すること。

昇華 液体にならず、固体から直接気体に状態変化すること。昇華する物質にドライアイスなどがある。

凝華 気体から直接固体に状態変化すること。霜は、水蒸気(気体)が氷(固体)に凝華したものである。

★ **ドライアイス** 固体の**二酸化炭素**。

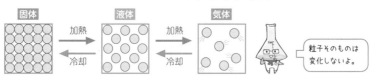

粒子そのものは変化しないよ。

▲物質の状態と粒子モデル

固体から直接気体になる。保冷剤など
に使われる。

★ **純粋な物質(純物質)** **1種類の物
質**でできているもの。 例)水,塩化ナ
トリウム,鉄,酸素など。

★ **混合物** いくつかの物質が**混じり合っ
た**もの。 例)食塩水,空気,ろうなど。

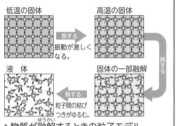

! 物質の状態変化と粒子モデル

▲物質が融解するときの粒子モデル

　物質に熱を加えると,物質を構成する
粒子の運動が激しくなる。やがて,粒子
どうしの結びつきがゆるくなり,状態が
変化する。状態変化を起こすために熱
のエネルギーが使われるため,温度の
変化が抑えられる。このとき熱の吸収
や発生が起こる(潜熱)。

物質の融点と沸点

★ **融点** **固体**がとけて**液体**に変化すると
きの温度。

★ **沸点** **液体**が沸騰して**気体**になるとき
の温度。

　比熱 物質1gの温度を1℃上げるのに
必要な熱量のこと。比熱の大きな物質

ほど,温度を変化させるのに大きなエ
ネルギーが必要になるため,あたたま
りにくく冷めにくい。水は液体の中で
比熱が最も大きい。一般に金属の比熱
は小さく,あたたまりやすく冷めやすい。

　潜熱(転移熱) **発展** 物質が状態変化
するときに吸収または発生する熱量の
こと。固体が液体になるときに吸収す
る融解熱,液体が固体になるときに発
生する凝固熱,液体が気体になるとき
に吸収する蒸発熱(気化熱),気体が液
体になるときに発生する凝縮熱などが
ある。

★ **純粋な物質の融点・沸点** 物質の
種類によって**決まった値を示す**。固体
がとけ始めてからすべて液体になるま
で,また液体が沸騰し始めてからすべ
て気体になるまで温度は変わらない。

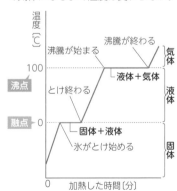

▲水の状態変化と温度変化

純粋な物質の融点や
沸点ではグラフが平
らになるよ。

★ **混合物の融点・沸点**　決まった値を示さず，温度は時間とともに変化する。また，物質が混合する割合によって，温度の変化のしかたが変わる。

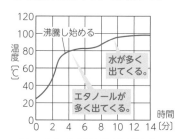

▲水とエタノールの混合物の温度変化

★ **蒸留**　液体を加熱して沸騰させ，出てくる気体を冷やして再び液体にしてとり出すこと。**沸点のちがい**によって物質を分けることができる。　例)水とエタノールの混合物では，はじめに沸点の低いエタノール(沸点約78℃)を多く含む気体が出てくる。温度が高くなると，沸点の高い水(沸点100℃)を多く含む気体が出てくる。

★ **沸騰石**　液体を加熱するとき，急に沸騰(**突沸**)するのを防ぐために，あらかじめ液体に入れるもの。素焼きのかけらのような小さい穴があいたものなどが使われる。

突沸　発展　過熱状態にある液体が，突然激しく沸騰すること。外部からの異物の混入や衝撃などが原因で起こる。突沸は液体や蒸気が飛び散って危険なので，液体を沸騰させるときは沸騰石を加えておだやかに沸騰させる。

過熱　発展　加熱した液体が，沸点より高い温度になっても沸騰しない状態をいう。過熱された液体は不安定で，外部からの刺激により突沸が起こる。

過冷却　発展　冷却した液体が，凝固点より低い温度になっても凝固しない状態。過冷却された液体は不安定で，振動などのきっかけで急に凝固が始まる。

分留　2種類以上の液体を含む混合物を，蒸留により分離すること。石油の精製などに用いられる。

石油の精製　原油を分留して，さまざまな物質に分離させること。

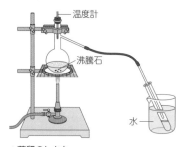

▲蒸留のしかた

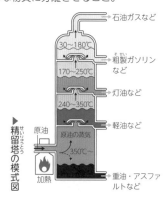

▶精留塔の模式図

* **パルミチン酸** 化学式 $CH_3(CH_2)_{14}COOH$

  無色の固体。ラードやバターに含まれ，化粧品の原料として使われる。〔➡p.259〕

* **ナフタレン** 化学式 $C_{10}H_8$

  無色の固体。昇華しやすい。防虫剤などに使われる。〔➡p.259〕

* **水** 化学式 H_2O

  無色透明の液体。4℃のとき最も密度が大きくなる。いろいろな物質をとかして水溶液をつくることができるので，溶媒として広く使われる。有機物や水素を燃やしたときにできる。また，生物が生きていくために必要な物質である。〔➡p.259〕

* **エタノール（エチルアルコール）**

  化学式 C_2H_5OH

  無色透明の液体で，**特有のにおい**がある。よく燃える（**可燃性**）。酒などに含まれ，燃料や殺菌・消毒に使われる。〔➡p.259〕

▶エタノールと水の混合物の加熱実験

上の実験は，エタノールと水が二層になっているのがわかるように着色しているぞ。

！「物質の三態」を決めるもの 発展

物質の状態は，温度だけではなく，圧力によっても変化する。温度と圧力（気圧）を横軸・縦軸にしたときの，物質の三態（固体・液体・気体）を表したのが，**「状態図」**である。1気圧（1013hPa）のときが，赤の線となる。

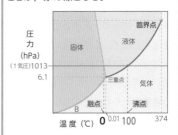

▲水の状態図（1気圧）

水の場合，液体から気体への青線と1気圧の赤線との接点が100になる。つまり，1気圧の水の沸点は100℃を表している。次に，同じ水を富士山の山頂（3776m）に持っていくとする。すると気圧は，約650hPaになり赤の線は下がる。

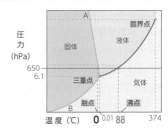

▲水の状態図（標高3776m）

赤線と青線の接点から，このときの水の沸点は88℃になることが，状態図から読みとれる。

物質の分解

★ **化学変化(化学反応)** もとの物質とはちがう**別の物質ができる変化**。化学変化の前後で，**原子の組み合わせが変化**するので，化学変化前の物質と化学変化後の物質の性質は異なる。

★ **分解** 1種類の物質が，2種類以上の**別の物質に分かれる**化学変化。**熱分解**や**電気分解**などがある。

★ **熱分解** **加熱**によって物質が分解する化学変化。
例)炭酸水素ナトリウムを加熱すると，炭酸ナトリウム，二酸化炭素，水に分解する。

★ 炭酸水素ナトリウム(重そう)

化学式 $NaHCO_3$
無色の固体。**水に少しとけ**，水溶液は**弱いアルカリ性**を示す。加熱すると，炭酸ナトリウム，二酸化炭素，水に分解する($2NaHCO_3 \rightarrow Na_2CO_3 + CO_2 +$

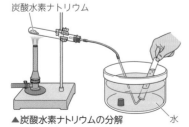

炭酸水素ナトリウム

▲炭酸水素ナトリウムの分解　水

H_2O)。うすい塩酸を加えると，二酸化炭素を発生する。食品添加物や発泡入浴剤などに使われる[➡p.259]。

ベーキングパウダー ケーキなどをつくるときに，生地をふくらませるために使うもの。**炭酸水素ナトリウム**が含まれていて，加熱すると二酸化炭素が発生することを利用している。ふくらし粉ともいう。

★ 炭酸ナトリウム

化学式 Na_2CO_3
無色の固体。**水によくとけ**，水溶液は炭酸水素ナトリウム水溶液よりも強い**アルカリ性**を示す。
食品添加物や洗剤に使われる。[➡p.259]

フェノールフタレイン溶液を加えた(右)とき▲

炭酸アンモニウム 化学式 $(NH_4)_2CO_3$
無色〜白色で光沢のある結晶。水によくとけ，水溶液はアルカリ性を示す。加熱すると，水とアンモニアと二酸化炭素に分解される($(NH_4)_2CO_3 \rightarrow H_2O + 2NH_3 + CO_2$)。

炭酸カルシウム 化学式 $CaCO_3$
白色の固体。石灰石や貝がらの主成分。塩酸と反応して二酸化炭素を発生する($CaCO_3 + 2HCl \rightarrow CaCl_2 + H_2O + CO_2$)。石灰水に二酸化炭素を通すとできる白いにごり(沈殿)の物質。チョークなどに使われる。[➡p.260]

水酸化アルミニウム　化学式Al(OH)₃
白色の粉末。アルミニウムの原料となるボーキサイトの主成分。吸着剤や乳化剤(混じりにくいものを均一に混合するためのもの)として使われる。

★ 塩化コバルト紙　**水の検出**に使われる試験紙。乾燥したものは**青色**をしていて，水にふれると**赤色(桃色)**に変化する。

★ 酸化銀　化学式 Ag_2O
暗褐色の固体。加熱すると，銀，酸素に分解する$(2Ag_2O \rightarrow 4Ag + O_2)$。
[➡p.259]

乾留　固体の有機物を，空気が入らないようにして加熱すること。**蒸し焼き**ともいう。木の乾留では，**木ガス**(燃える気体)，**木酢液**(うすい黄色の酸性の液体)と**木タール**(濃い茶色のねばりけのある液体)，**木炭**(あとに残る黒色の固体)に分解する。

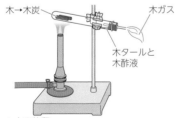

▲木の乾留

★ 電気分解　物質に**電流**を流して分解する化学変化。
例)水を電気分解すると，陰極に水素，陽極に酸素が発生する$(2H_2O \rightarrow 2H_2 + O_2)$ [➡p.267]。

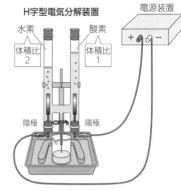

H字型電気分解装置　　電源装置
水素　　酸素
体積比 2　　体積比 1
陰極　　陽極

▲水の電気分解

電気分解装置　溶液に電圧をかけて，電気分解させる器具。上のH字型のほかにも，①本体の穴からろうとを使って水溶液を入れる**簡易型**，②発生した気体の内圧を外圧と合わせ，正しく体積比を測定できる**ホフマン型**がある。

① 簡易型
電気分解装置　　② ホフマン型
電気分解装置

▲おもな電気分解装置

★ 陰極　電気分解装置で，電源の**−極側**につないだ電極。

★ 陽極　電気分解装置で，電源の**＋極側**につないだ電極。

★ 塩化銅　化学式 $CuCl_2$
一般的な緑色の固体は，結晶に水を含む。熱すると水を失って，黄褐色の固体になる。うすい水溶液は青色。塩化

銅水溶液に電流を流すと，銅と塩素に分解する（$CuCl_2 \rightarrow Cu + Cl_2$）。このとき，陰極に銅が付着し，陽極に塩素が発生する。〔➡p.259〕

陰極　陽極
銅が付着　塩素が発生
塩化銅水溶液（青色）

▲塩化銅水溶液の電気分解

原子・分子

★ **原子** 物質をつくっていて，**それ以上分けることができない小さな粒子**。現在，約118種類の原子が知られている。次のような性質がある。

①原子は，化学変化によって，それ以上分けることができない。

鉄

②原子は，化学変化によって，なくなったり，新しくできたり，ほかの種類の原子に変わったりしない。

銅 → 金
銅 → 金

③原子は，種類によって質量〔➡p.18〕や大きさが決まっている。

金　銅

元素 化学元素。同一の原子番号をもつ物質をつくる原子の名称。

★ **原子の記号（原子記号，元素記号）**
原子を表す記号。アルファベット1文字または2文字を用いて表す。

酸素		塩素	
O	「オー」と読む。	**Cl**	「シーエル」と読む。
	1文字目は大文字		2文字目は小文字

▲原子の記号の表し方

	原子の種類	記号	原子の種類	記号
金属	ナトリウム	**Na**	鉄	**Fe**
	マグネシウム	**Mg**	銅	**Cu**
	アルミニウム	**Al**	亜鉛	**Zn**
	カルシウム	**Ca**	銀	**Ag**
非金属	水素	**H**	酸素	**O**
	炭素	**C**	硫黄	**S**
	窒素	**N**	塩素	**Cl**

▲おもな原子の記号

★ **周期表** 原子を原子番号の順に並べ，周期的に似た性質のものが現れる規則性をもとにまとめた表。横の列を周期，縦の列を族〔➡p.71〕という。同じ族では化学的性質の似た原子が並ぶ。〔➡p.254〕

原子量 原子の質量〔➡p.18〕を表す数値。実際の質量ではなく，炭素原子の質量を12としたときの，各原子の質量（※）の比で表している。

原子番号 元素の種類を決める番号。原子核〔➡p.80〕に含まれる陽子〔➡p.80〕の数のこと。原子核の外側にある，電子〔➡p.80〕の数にも等しい。

（※）各元素は同位体〔➡p.80〕があるので，その存在する比率の平均の質量

★ H（水素） 原子番号1 〔➡p.55, 257〕

宇宙に最も多く存在する原子。単体では水素分子（H_2）をつくる。中性子〔➡p.80〕を1つもつ同位体〔➡p.80〕を重水素という。

▲水素を燃やす

He（ヘリウム） 原子番号2 〔➡p.258〕

希ガスの1つで，単体では分子をつくらない。空気より軽く化学変化しにくいので，気球やアドバルーンなどに使われる。

▲ヘリウムの飛行船

★ C（炭素） 原子番号6

単体には原子の結びつき方がちがう同素体〔➡p.73〕の黒鉛やダイヤモンドがある。炭素繊維（カーボンファイバー）などに使われる。

▲炭素の粉末

★ N（窒素） 原子番号7 〔➡p.56, 257〕

単体では窒素分子（N_2）をつくる。化合物にはアンモニアや硝酸などがある。タンパク質やDNAに含まれる。

▲液体窒素。－196℃で液化する。

★ O（酸素） 原子番号8 〔➡p.55, 257〕

無色・無臭の気体。単体では酸素分子（O_2）やオゾン（O_3）をつくる。多くの種類の原子と結びついて酸化物をつくる。

▲液体酸素は青白い液体（磁石に反応する）

★ Mg（マグネシウム） 原子番号12 〔➡p.51, 256〕

銀白色の軽い金属。延性が大きい。マグネシウム合金は，実用金属では最軽量で航空機などに使われる。

▲マグネシウムをリボン状にし，加熱すると燃える。

★ Na（ナトリウム） 原子番号11 〔➡p.51〕

アルカリ金属の1つ。塩化ナトリウムとして海水に含まれる。ナトリウムイオンは，動物体内の生理に大切な物質。

▲ナトリウムはやわらかい

★ Cl（塩素） 原子番号17 〔➡p.56, 257〕

単体では塩素分子（Cl_2）をつくる黄緑色で刺激臭のある気体。有害。多くの種類の原子と結びついて塩化物をつくる。

▲気体の塩素の色

＊Al（アルミニウム）　原子番号13

〔➡p.51, 256〕

銀白色の軽い金属。延性・展性が大きい。
空気中では，強力な酸化皮膜をつくる。合金は多用される。

▲アルミニウム

Si（ケイ素）　原子番号14

シリコンともいう。二酸化ケイ素として石英などの鉱物に含まれる。また，コン

▲ケイ素の結晶

ピュータに使われる半導体の原料となる。

P（リン）　原子番号15

生体ではDNA，細胞膜，骨，歯などに含まれる。また，化合物として殺虫剤などに使われる。

＊S（硫黄）　原子番号 16　〔➡p.259〕

黄色い固体。原子の結びつき方がちがうもの（同素体）〔➡p.73〕があり，それぞれ性質が異なる。加熱によって多くの金属と化合する。物質が硫黄と化合することを硫化といい，その化合物を硫化物という。薬品の原料や火薬の製造に使用される。火山からも噴出する。

▲硫黄

K（カリウム）　原子番号19

アルカリ金属の1つ。生体内では体液に含まれ，水分などの調整のほか，神経の情報伝達などにはたらく。

▲カリウム

＊Ca（カルシウム）　原子番号20

アルカリ土類金属の1つ。炭酸カルシウムとして石灰石に含まれる。生体内では骨や歯などに含まれる。

▲カルシウム

＊Fe（鉄）　原子番号26

磁石に引きつけられる金属。多くの工業製品で使われる。生体内では血液などに含まれる。

▲鉄

＊Cu（銅）　原子番号29

赤色（赤茶色）の金属。電気や熱を通す性質が大きく，電線などに使われる。亜鉛などとの合金としても使われる。

▲銅

★ Zn（亜鉛） 原子番号30

トタンや電池に使われる青白色の金属。銅との合金を真鍮（黄銅）といい，硬貨や金管楽器などに使われる。水素，窒素とは反応しない。希酸やアルカリ水溶液にはとける。

▲亜鉛

Ag（銀） 原子番号47

銀白色で，電気と熱を通す性質が金属の中で最も大きい。装飾品や感光材に使われる。銀は，光を最も反射する物質でもある。

▲銀

Ba（バリウム） 原子番号56

アルカリ土類金属の1つ。硫酸バリウムとしてレントゲン（X線撮影）の造影剤に使われる。

▲バリウム

★ Au（金） 原子番号79

黄金色の光沢をもつ金属。空気中，水中では不変。延性と展性が金属の中で最も

▲金

大きい。装飾品や電化製品などの配線として使われる。

ニホニウム（Nh） 原子番号113

発展 2004年に森田浩介を中心とするグループが人工的につくり出すことに成功し，2016年に命名された。

族 周期表〔➡p.68, 254〕で縦の列に並ぶ原子のグループ。1族から18族まであり，同じ族の原子は化学的性質が似ている。1族の原子のうち，水素をのぞく1族の原子はアルカリ金属とよばれる。2族の原子のうち，ベリリウムとマグネシウムをのぞく原子はアルカリ土類金属とよばれる。17族の原子はハロゲンとよばれる。18族の原子は希ガスとよばれる。1，2，12〜18族の原子を典型元素といい，3〜11族の原子を遷移元素（遷移金属）という。

同族元素 周期表で縦の同じ列に並ぶ原子のグループのこと。典型元素とよばれる1，2，12〜18族の同族元素は，電子殻〔➡p.80〕の最も外側を回っている電子の数が同じため，化学的性質が似ている。

希ガス 周期表で18族を占める気体。英語では，noble gas（貴族の気体）と表記することから「貴ガス」ともいう。
発展 最外殻電子（最も外側にある電子）は，電子の軌道ごとに安定した状態になる特定の電子数がある。希ガスはその条件を満たす元素のグループ。そのため，化学的に非常に安定している。

ハロゲン　周期表の17族を占めるフッ素，塩素，臭素，ヨウ素などの総称。**1価の陰イオン**になりやすい。単体は2つの原子が結びついた分子。水素と激しく反応する。

アルカリ金属　周期表の1族を占める原子のうち，水素をのぞいた6つの原子(リチウム，ナトリウム，カリウム，ルビジウム，セシウム，フランシウム)の総称。単体は化学変化をしやすい金属。**1価の陽イオン**になりやすい。

発展　アルカリ金属の最外殻電子の数は1つ。この1つが，放出されやすいため，アルカリ金属の原子は全体で(マイナスが1つ減るため)プラス1つ，つまり1価の陽イオンになりやすい。

アルカリ土類金属　周期表の2族を占める原子のうち，ベリリウムとマグネシウムをのぞいた4つの原子(カルシウム，ストロンチウム，バリウム，ラジウム)の総称。単体は化学変化をしやすい金属。**2価の陽イオン**になりやすい。

発展　アルカリ土類金属の最外殻電子の数は2つ。この2つが，放出されやすいため，アルカリ金属の原子は全体で(マイナスが2つ減るため)プラス2つ，つまり2価の陽イオンになりやすい。

炎色反応　金属やその化合物を炎の中に入れると，炎が特有の色を示す反応のこと。色は，含まれる原子の種類によって決まっている。花火のいろいろな色は，炎色反応を利用している。アルカリ金属，アルカリ土類金属で，よく見られる反応である。

原子の種類	色	原子の種類	色
リチウム	赤	バリウム	黄緑
ナトリウム	黄	銅	青緑
カリウム	赤紫	ストロンチウム	深赤
カルシウム	橙赤		

▲原子の種類と炎色反応での色

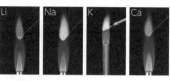

▲炎色反応

★分子　いくつかの**原子が結びついた粒子**。物質によって，結びついている原子の種類と数が決まっており，その物質の性質を示す最小の粒子。ただし，分子をつくらない物質もある。銅やマグネシウムなどの金属や炭素，塩化ナトリウムや酸化銅などの金属との化合物の多くは，原子が切れ目なく並んでいて，分子をつくらない。「分子」という概念は，アボガドロが考案した。〔➡p.79〕

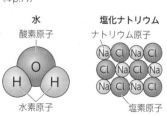

水
酸素原子
水素原子

塩化ナトリウム
ナトリウム原子
塩素原子

▲分子をつくる物質　▲分子をつくらない物質

同素体
1種類の同じ原子でできているが，原子の結びつき方や性質が異なる単体を，互いに同素体であるという。 例)黒鉛とダイヤモンドは炭素原子(C)からできているが，黒鉛は黒くて電気を通し，やわらかい。ダイヤモンドは無色透明で電気を通さず，天然の物質の中で最もかたい。

炭素の同素体
炭素の同素体には，結合する構造によって性質が変わる。ダイヤモンド，黒鉛のほか，カーボンナノチューブ[➡p.47]などがある。

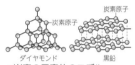
▲炭素の同素体のモデル

酸素の同素体
酸素の同素体には，酸素原子が2個結びついた酸素分子(O_2)と，3個結びついたオゾン分子(O_3)がある。酸素分子は無色無臭だが，オゾン分子は淡青色で生臭いにおいがする。

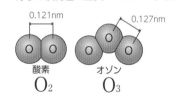

0.121nm 0.127nm

酸素 O_2　オゾン O_3

▲酸素の同素体のモデル

硫黄の同素体
硫黄の同素体には，8個の硫黄原子が環のように結びついた斜方硫黄・単斜硫黄・液状硫黄と，鎖のように結びついたゴム状硫黄があり，温度変化により相互に変化する。

◀斜方・単斜・液状硫黄
8個のS原子で構成。
ゴム状硫黄の構造▶
▲硫黄の同素体のモデル

化学変化

単体 1種類の原子だけでできている物質。それ以上，別の物質に分解できない。水素(H_2)のように分子をつくるものと，銅(Cu)のように分子をつくらないものがある。

化合物 2種類以上の原子からできている物質。水(H_2O)のように分子をつくるものと，塩化ナトリウム(NaCl)のように分子をつくらないものがある。

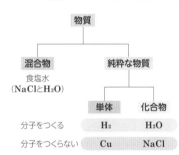

物質		
混合物	純粋な物質	
食塩水(NaClとH_2O)	単体	化合物
分子をつくる	H_2	H_2O
分子をつくらない	Cu	NaCl

▲物質の分類

化学反応 1種またはそれ以上の**物質の組換えにより，別の新しい物質ができる化学変化**。化学反応によってできた物質(**化合物**)は，反応する前の物質とは性質のちがう物質である。
例)鉄と硫黄の混合物を加熱すると，鉄と硫黄が化学反応して硫化鉄ができる。

73

★ **化学式** 原子の記号と数字を使って，**物質の成り立ちを表した式**。物質をつくる原子の種類と数がわかる。化学式を書くときは，同じ原子をまとめてその数を記号の右下に小さく書く。このとき，原子の数が1個のときは，1を省略する。

分子をつくる物質の化学式

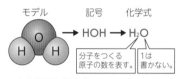

モデル　　　記号　　　化学式

HOH → H_2O

分子をつくる原子の数を表す。

1は書かない。

▲水の分子の化学式

分子をつくらない物質の化学式

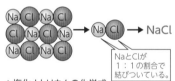

モデル　　基本の結びつき　化学式

$NaCl$

NaとClが1：1の割合で結びついている。

▲塩化ナトリウムの化学式

分子式 分子をつくる物質の化学式のこと。1つの分子に含まれる原子の種類と数がわかる。

O_2
酸素

H_2
水素

CO_2
二酸化炭素

NH_3
アンモニア

▲分子式

★ **組成式** 分子をつくらない物質の化学式のこと。物質に含まれる原子の種類と数の比がわかる。

酸化銅の原子の並び方　基本の結びつき　酸化銅の組成式

CuO

酸素原子と銅原子が交互に並んでいる

CuとOが1対1の割合で結びついている

酸化銅は，下図のモデルのように，銅(Cu)と酸素(O)が規則正しく並んだ構成をしている。

▲酸化銅の粒子モデルと組成式

★ **化学反応式** 化学式を用いて，**物質の化学変化を表した式**。反応する物質や反応してできる物質，またそれらの分子や原子の数の関係がわかる。次のようにして書く。

①矢印(→)の左側に反応前の物質を，右側に反応後の物質を書く。

　　水素 ＋ 酸素 → 水

②各物質を化学式で表す。

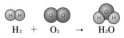

H_2 ＋ O_2 → H_2O

③矢印(→)の左右で，各原子の数を合わせる。このとき，化学式の前に書く数字を**係数**という(1のときは省略)。

| 完成 | $2H_2$ ＋ O_2 → $2H_2O$ |

74

硫化物 硫黄との化合物のこと。硫黄と反応することを**硫化**という。硫黄は金属と反応しやすく，鉄と結びついた硫化鉄や，銅と結びついた硫化銅などがある。鉄や銅との硫化物は，黄鉄鉱や黄銅鉱などの重要な鉱物に含まれる。

★ **硫化鉄** 化学式 FeS

黒褐色の固体。鉄と硫黄が結びついて（$Fe+S→FeS$）できる。塩酸を加えると硫化水素が発生する。

鉄と硫黄の混合物

▲鉄と硫黄の反応

★ **硫化銅** 化学式 CuS

黒色の固体。銅と硫黄が結びついて（$Cu+S→CuS$）できる。

塩化物 塩素との化合物のこと。塩化ナトリウムや塩化水素などがある。塩素は多くの種類の原子と塩化物をつくる。

塩化マグネシウム 化学式 $MgCl_2$

白い固体。塩酸にマグネシウムをとかすとできる（$Mg+2HCl→MgCl_2+H_2$）。

塩化カルシウム 化学式 $CaCl_2$

塩酸と水酸化カルシウムの反応でできる（$2HCl+Ca(OH)_2$ →$CaCl_2+2H_2O$）。吸湿剤や凍結防止剤に使われる。

▲吸湿剤　©CORVET

！ 分子になる結合とならない結合

互いに他方の電子を共有する。

▲水素分子

金属ではない原子どうしは，電子を共有して結合する場合が多い。このような結合をすると，分子をつくることが多い。

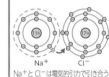

Na^+とCl^-は電気的引力で引き合う

▲塩化ナトリウム

金属の化合物は，イオンどうしが結合する場合が多い。このような結合をすると，分子をつくらないことが多い。

酸化と還元

★ **酸化** 物質が**酸素と結びつく**化学変化。
例）銅を加熱すると，空気中の酸素と結びついて酸化銅になる。

★ **燃焼** 激しく**熱**や**光**を出しながら，物質が**酸化**する化学変化。マグネシウムや木炭，エタノールなどの有機物を加熱すると燃焼する。

おだやかな酸化 ゆっくりと酸化が進む化学変化。鉄くぎを空気中に放置してできたさびは，鉄と空気中の酸素がゆっくりと結びついてできたもの。

★ **酸化物** 酸化によってできた**物質**（酸素との化合物）。

★ **酸化銅** 化学式 CuO

黒色の固体。銅が酸化してできる物質（$2Cu+O_2→2CuO$）。

* **酸化鉄** 鉄が酸化してできる物質。鉄と酸素が反応する条件によって，FeO，Fe_3O_4，Fe_2O_3などができ，それぞれ性質も異なる。

・**FeO**…黒色の固体。色素として使われる。

・**Fe₃O₄**…黒さびのこと。鉄のフライパンなどでは，表面を酸化させて黒さびでおおい，内部が腐食(ふしょく)されるのを防ぐ。

・**Fe₂O₃**…赤さびのこと。鉄の自然酸化で生じる。

赤鉄鉱(せきてっこう) 主要な鉄鉱石(てっこうせき)の1つ。化学式はFe_2O_3で表される。赤色や赤褐色(せきかっしょく)をしているものや，黒や銀色をした結晶(けっしょう)のものなどがある。

▲赤鉄鉱 ©CORVET

★★ **酸化マグネシウム** 化学式 MgO
白色の固体。マグネシウムが燃焼(酸化)してできる物質（$2Mg + O_2 \rightarrow 2MgO$）。
[→p.260]

★ **還元**(かんげん) 酸化物から酸素がうばわれる化学変化。還元が起こっているときは，**必ず酸化も同時に起こっている。**
例)酸化銅を炭素とともに加熱すると，炭素は酸化銅から酸素をうばって二酸化炭素になり，酸素をうばわれた酸化銅は銅になる。

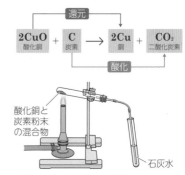

$$2CuO + C \rightarrow 2Cu + CO_2$$
酸化銅　炭素　　　銅　二酸化炭素

還元
酸化

酸化銅と炭素粉末の混合物

石灰水

▲炭素を用いた酸化銅の還元

活性炭(かっせいたん) 主成分は炭素。小さな穴がたくさんあり，物質を吸着(きゅうちゃく)するはたらきがある。脱臭剤(だっしゅうざい)などに使われる。

還元剤(かんげんざい) ほかの物質を還元させることができる物質のこと。還元剤となる物質は酸素と結びつきやすく，酸化される。　例)炭素や水素，エタノールなどは，酸化銅の還元で還元剤となる。

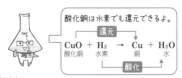

酸化銅は水素でも還元できるよ。

還元
$$CuO + H_2 \rightarrow Cu + H_2O$$
酸化銅　水素　　銅　　水
酸化

製錬(せいれん) 鉱石から金属をとり出すこと。地球上では，多くの金属は酸化物などの形で存在するので，還元などによって金属をとり出す。　例)鉄鉱石にコークス(主成分は炭素)などを混ぜ，還元によって鉄をとり出す。

めっき 金属の表面をほかの金属のうすい膜(まく)でおおうこと。めっきされた金属のさびを防ぐことができる。**トタン**(鉄を亜鉛(あえん)でめっき)や**ブリキ**(鉄をス

ズでめっき)などがある。

化学変化と熱

★ **発熱反応** 化学変化で**熱を発生**する反応。まわりの**温度が上がる**。 例)鉄の酸化，鉄と硫黄の反応，有機物の燃焼，中和の反応など。

$$鉄 + 酸素 \longrightarrow 酸化鉄$$
（熱）

▲発熱反応

> 化学かいろは，鉄粉が空気中の酸素と結びつくときに熱が発生するのを利用している。

★ **吸熱反応** 化学変化でまわりの**熱を吸収**する反応。まわりの**温度が下がる**。 例)水酸化バリウムと塩化アンモニウムの反応，炭酸水素ナトリウムとクエン酸の反応など

$$水酸化バリウム + 塩化アンモニウム$$
$$\longrightarrow 塩化バリウム + アンモニア + 水$$
（熱）

▲吸熱反応

反応熱 化学反応にともなって発生，または吸収する熱の総称。物質が水にとけたときや，状態変化したときの熱も含む。中和熱，融解熱，蒸発熱，溶解熱，生成熱などの種類がある。

中和熱 酸とアルカリが中和すると酸の水素イオンとアルカリの水酸化物イオンが結びついて水ができるときに熱が発生する。

▲中和熱

融解熱 物質を融解させるために必要な熱。その熱量は物質によって決まっている。物質が液体から固体に状態変化するときに発生する凝固熱の大きさと等しい。

▲固体→液体への融解熱

蒸発熱(気化熱) 物質を蒸発させるために必要な熱量。その熱量は物質によって決まっている。物質が気体から液体に状態変化するときに発生する凝縮熱の大きさと等しい。

▲液体から気体への蒸発熱

溶解熱 物質が液体にとけるときに発生，または吸収する熱量。硫酸や水酸化ナトリウムが水にとけるときには発熱し，硝酸アンモニウムや硝酸カリウムが水にとけるときは吸熱する。

冷却パック 尿素や硝酸アンモニウムが水にとけるときに吸熱する反応を利用したもの。尿素や硝酸アンモニウムは比較的安全で,溶解熱が大きい。

> **!** **反応熱について**
> 物質は,いろいろな原子や分子が化学的に結合し,その結合のひとつひとつが,化学的なエネルギーをもっている。化学的な結合の組み合わせを変える反応(化学反応)が起きると,反応の前後で,化学的な結合エネルギーの総和に差が生まれる。その差が,発熱や吸熱となって現れる。

化学変化と物質の質量

★ 質量保存の法則
化学変化の前後で,物質全体の質量は変わらないという法則。化学変化の前後で,原子の組み合わせは変化するが,原子の種類と数は変化しないので,化学変化に関係する物質全体の質量は化学変化の前後で変化しない。

反応前の物質の質量 ＝ 反応後の物質の質量

▲質量保存の法則(水素と酸素の反応)

例)炭酸水素ナトリウムとうすい塩酸を密閉容器内で反応させても質量は変化しない($NaHCO_3 + HCl \rightarrow NaCl +$

$H_2O + CO_2$)。

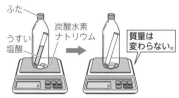

▲気体が発生する反応での質量の変化(密閉容器中)

容器のふたをあけると,発生した気体が空気中に逃げるので,質量が減るよ。

★ 定比例の法則
物質が化学変化するとき,それに関係する**物質の質量の比はいつも一定である**という法則。

例)銅が酸素と結びつくとき,銅の質量と結びつく酸素の質量の比は4:1になる。また,マグネシウムが酸素と結びつくとき,マグネシウムの質量と結びつく酸素の質量の比は3:2になる。

倍数比例の法則
2種類の原子が反応して2種類以上の化合物をつくる場合,**一方の原子の一定量と反応する他方の原子の質量の比は,簡単な整数の比になる**という法則。ドルトンによって原子説の根拠の1つとして提唱された。たとえば,AとBという原子がABとAB₂の化合物をつくる場合,同じ質量のAと結びつくBの質量は,1:2になる。原子がそれ以上分けられない粒であることから成り立つ。

例として,酸素と窒素の化合物がある。14gの窒素と8gの酸素を結びつ

けると一酸化二窒素（N₂O）が生成される。**14gの窒素と16gの酸素**で一酸化窒素（NO）が，以下，同じ**14gの窒素**に対して，**24gの酸素で三酸化二窒素**（N₂O₃）が，**32gの酸素で二酸化窒素**（NO₂）が，**40gの酸素で五酸化二窒素**（N₂O₅）が生成される。

窒素の原子量[➡p.68]は14，酸素は16だから，1対1で結合する一酸化窒素が，14gと16gから生成されるのは，原子量から理解しやすい。一酸化二窒素の場合，**酸素と窒素が1対2**だから，**原子量の比から，酸素16gと窒素28g**が結合するが，今回は窒素が半分の14gだから，酸素も半分の8gだと計算できる。

三酸化二窒素の場合，**酸素と窒素が3対2**で結合する。原子量の比から**酸素48g，窒素28g**となるから，窒素が14gなら酸素は24gとわかる。このように単純な整数比で表せることを，ドルトンは実験結果から導いた。

気体反応の法則（アボガドロの法則）

気体が関係する化学反応では，反応前の気体の体積と，反応で生じる気体の体積が，簡単な整数の比になるという法則（ゲイ・リュサックが唱えた）。しかし，このままだとドルトンの原子説と矛盾してしまう（図①）。そこで，アボガドロが「分子」という考え方を提案する（図②）。同じ温度，同じ圧力，同じ体積の気体では，含まれる分子の数がすべての種類の気体で等しいというアボガドロの法則により初めて説明された。

気体反応の法則（一酸化窒素の実験より）

図① この実験結果をドルトンの原子説に当てはめると矛盾が生じる

図② 複数の原子の組み合わせ，「分子」の考えで，矛盾が消える

▲気体反応の法則

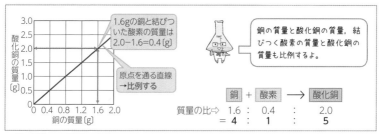

▲銅の酸化での質量の変化

原子の成り立ちとイオン

★★ **原子の構造** 原子は，中心にある**原子核**と，そのまわりにある**電子**からできている。原子核はさらに，**陽子**と**中性子**でできている。ふつうの状態では，原子の中の陽子と電子の数は等しくなっている。また，陽子1個の＋の電気の量と電子1個の－の電気の量は等しいので，**原子全体では電気を帯びていない**。

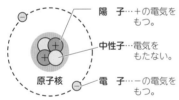

▲ヘリウム原子の例

陽　子…＋の電気をもつ。

中性子…電気をもたない。

原子核

電　子…－の電気をもつ。

★★ **原子核** 原子の中心にあり，**陽子**と**中性子**からなる。原子核全体では＋の電気を帯びている。

★★ **陽子** 原子核にあり，＋の電気をもつ粒子。陽子の数は原子の種類によって決まっており，その原子の原子番号〔➡p.68〕と同じである。　例）ヘリウム原子の陽子の数は2個。

★★ **中性子** 原子核にあり，電気をもたない粒子。質量は陽子とほとんど同じである。原子の種類によって数は異なる。

★★ **電子** －の電気をもつ粒子。原子核のまわりにある。質量は，陽子の質量の約1840分の1である。ふつうの状態の原子では，陽子と同じ数である。

電子殻 発展 原子核のまわりを回る電子は，決まった通り道を通る。内側からK殻，L殻，M殻，N殻，…という。

▲電子殻

★ **質量数** 陽子の数と中性子の数の合計の数のこと。

同位体 同じ原子であるが，原子核に含まれる中性子の数がちがうために，質量数が異なる原子があるとき，これらを互いに同位体であるという。

^{16}O	^{17}O	^{18}O
中性子の数:8個 存在比:99.757%	中性子の数:9個 存在比:0.038%	中性子の数:10個 存在比:0.205%

酸素の同位体には，3種の安定した同位体がある。

▲酸素の同位体

> **！**
> **同位体と同素体** 発展
> 同位体は，同じ種類の原子のうち，質量数の異なるものをいう。同位体どうしの化学的な性質はほぼ同じである。同素体は，同じ種類の原子でできている物質のうち，黒鉛とダイヤモンドのように，

原子どうしの結びつき方が異なっているものをいう。同素体どうしの化学的な性質は異なる。

★★ **電解質** 水にとかしたときに**電流が流れる**物質。水にとけると**電離**して、陽イオンと陰イオンに分かれる。 例)塩化ナトリウム、塩化銅、塩化水素、水酸化ナトリウムなど

★★ **非電解質** 水にとかしても**電流が流れない**物質。水にとけても電離しない。 例)砂糖、エタノールなど

蒸留水(精製水) 水溶液の溶媒として用いられる。電流は通さない。

★ **イオン** 原子が+または−の電気を帯びたもの。原子は電気を帯びていないが、電子を失ったり受けとったりすると、電気を帯びた状態になる。

★★ **陽イオン** 原子が**電子を失って**、+の電気を帯びたもの。また、原子が2個以上集まったもの(**原子団**)が、全体として+の電気を帯びた陽イオンもある。電子を1個失った陽イオンを1価の陽イオン、2個失った陽イオンを2価の陽イオンという。 例)水素イオン(H^+)、銅イオン(Cu^{2+})、アンモニウムイオン(NH_4^+)

★★ **陰イオン** 原子が**電子を受けとって**、**−の電気を帯びた**もの。また、原子が2個以上集まったもの(**原子団**)が、全体として−の電気を帯びた陰イオンもある。電子を1個受けとった陰イオン

を1価の陰イオン、2個受けとった陰イオンを2価の陰イオンという。
例)塩化物イオン(Cl^-)、水酸化物イオン(OH^-)、硫酸イオン(SO_4^{2-})

イオンの表し方 原子の記号の右上に、帯びている電気の種類(+か−)と数を書く(1のときは省略)。

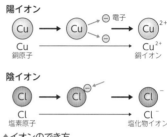

▲イオンのでき方

> イオンは右上に数字と+か−の符号をつけて、陽イオンか陰イオンかを記すよ。

★★ **電離** 物質(電解質)が水にとけて、**陽イオンと陰イオンに分かれる**こと。電離のようすは化学式とイオン式を使って表す(**電離式**ともいう)。

例)塩化ナトリウムの電離

$$NaCl \rightarrow Na^+ + Cl^-$$
塩化ナトリウム　ナトリウムイオン　塩化物イオン

電離度 発展 物質を水にとかしたとき、電離してイオンになる割合のこと。塩化ナトリウムや強酸・強アルカリの物質は、水にとかしたときにほぼすべて電離するので、電離度は1に近くなる。このように電離度の大きい物質を**強電解質**という。一方、弱酸や弱

アルカリの物質は，水にとかしたときに一部しか電離しないので，電離度は1より小さくなる。このように電離度の小さい物質を**弱電解質**という。

強電解質	弱電解質
塩酸は10個全て電離	酢酸が9個が電離せず，1個だけ電離

▲塩酸と酢酸の電離のようす

電離式（でんりしき）　電解質が水にとけて電離するようすを，化学式をイオンで表した式。

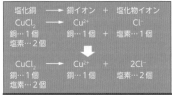

①物質名と電離後のイオンを名前で書き，その下に化学式とイオン式を書く。

塩化銅	⟶	銅イオン	＋	塩化物イオン
CuCl₂	⟶	Cu²⁺		Cl⁻

②矢印（⟶）の左右で，原子の数が等しくなるように，係数を付ける。

塩化銅 ⟶ 銅イオン ＋ 塩化物イオン
CuCl₂ ⟶ Cu²⁺ Cl⁻
銅…1個　銅…1個　塩素…1個
塩素…2個

CuCl₂ ⟶ Cu²⁺ ＋ 2Cl⁻
銅…1個　銅…1個　塩素…2個
塩素…2個

③矢印（⟶）の右側で，イオンの＋と－の数が等しいか確認する。

$$CuCl_2 \longrightarrow Cu^{2+} + 2Cl^-$$
－の数…2×1＝2
＋の数…1×2＝2　等しい

▲電離式のつくり方

電気分解とイオン　電解質の水溶液に電流を流すと，イオンと電極との間で電子を受け渡す化学変化が起こる。陰極では陽イオンが電極から電子を受けとり，陽極では陰イオンが電極に電子を渡す。〔➡p.67, 81〕

★ 水素イオン　H⁺
水素原子が電子を1個失った陽イオン〔➡p.81〕。**酸性の水溶液**が共通の性質を示すもととなるイオンでもある。塩化水素の電離（$HCl \rightarrow H^+ + Cl^-$）などで生じる。

★ アンモニウムイオン　NH₄⁺
窒素原子（N）1個と水素原子（H）4個で構成され，全体として電子を1個失った陽イオン。アンモニアが水と反応したとき（$NH_3 + H_2O \rightarrow NH_4^+ + OH^-$）などで生じる。

★ 塩化物イオン　Cl⁻
塩素原子が電子を1個受けとった陰イオン。塩化ナトリウムの電離（$NaCl \rightarrow Na^+ + Cl^-$）などで生じる。

★ 水酸化物イオン　OH⁻
酸素原子（O）1個と水素原子（H）1個で構成され，全体として電子1個を受けとった陰イオン〔➡p.81〕。**アルカリ性の水溶液**が共通の性質を示すもととなるイオンでもある。水酸化ナトリウムの電離（$NaOH \rightarrow Na^+ + OH^-$）などで生じる。

★ 硝酸イオン　NO₃⁻
窒素原子（N）1個と酸素原子（O）3個で構成され，全体として電子1個を受けとった陰イオン。硝酸の電離（$HNO_3 \rightarrow H^+ + NO_3^-$）などで生じる。

★ 硫酸イオン　SO₄²⁻

硫黄原子（**S**）1個と酸素原子（**O**）4個で構成され，全体として電子2個を受けとった陰イオン。硫酸の電離（$H_2SO_4 \rightarrow 2H^+ + SO_4{}^{2-}$）などで生じる。

炭酸イオン $CO_3{}^{2-}$

炭素原子（**C**）1個と酸素原子（**O**）3個で構成され，全体として電子を2個受けとった陰イオン。

硫化物イオン S^{2-}

硫黄原子が電子を2個受けとった陰イオン。

酸化物イオン O^{2-}

酸素原子が電子を2個受けとった陰イオン。

酢酸イオン CH_3COO^-

炭素原子（**C**）2個，水素原子（**H**）3個，酸素原子（**O**）2個で構成され，全体として電子を1個受けとった陰イオン。

アンモニウムイオン
全体として＋の電気を帯びる。

水酸化物イオン
全体として－の電気を帯びる。

▲多原子イオン

酸・アルカリ

★★ **酸** 水溶液にすると，**水素イオン**（H^+）を生じる物質。水溶液は**酸性**を示す。

例）塩酸（**HCl**），硫酸（H_2SO_4），硝酸（HNO_3），酢酸（CH_3COOH）など

$$HCl \rightarrow H^+ + Cl^-$$
塩酸（塩化水素）　　水素イオン　　塩化物イオン

$$H_2SO_4 \rightarrow 2H^+ + SO_4{}^{2-}$$
硫酸　　　　　　水素イオン　　硫酸イオン

$$HNO_3 \rightarrow H^+ + NO_3{}^-$$
硝酸　　　　　水素イオン　　硝酸イオン

▲酸の電離

酸性の水溶液の性質

①**水素イオン**（H^+）を含んでいる。

②青色リトマス紙を**赤色**にする。

③BTB溶液を**黄色**にする。

④鉄，マグネシウム，亜鉛，アルミニウムなどの金属を加えると**水素**を発生する。

★ **塩酸** 酸の1つ。気体の塩化水素（**HCl**）の水溶液で強い酸性。無色で濃いものは刺激臭がある。電気分解すると，陰極に水素，陽極に塩素が発生する（$2HCl \rightarrow H_2 + Cl_2$）。

電気的に中性

電解質の水溶液では，陽イオンによる＋の電気の量と，陰イオンによる－の電気の量が等しい。これを電気的に中性という。

電解質

塩化ナトリウム（食塩）

ナトリウムイオン

塩化物イオン

塩化ナトリウムは水にとけてイオンに分かれる。

原子団 〔発展〕

化合物の中にある複数の原子の集まりのこと。化学変化のときにまとまったまま行動したり，電離するときにまとまったまま，1つのイオン（**多原子イオン**）になったりする。

★ **硫酸** 化学式 H_2SO_4

酸の1つ。無色の液体で，水溶液は強い酸性。濃度の高いものを濃硫酸，低いものを希硫酸という。〔➡p.260〕

濃硫酸 濃度の高い硫酸のこと。一般に90％以上の濃度のものをいう。濃硫酸は，ねばりけがあり，水にとかすと多量の熱を発生する。物質に含まれる水素原子と酸素原子を水の割合でうばう**脱水作用**や物質に含まれる水分を吸収する性質がある。

希硫酸 濃度の低い硫酸のこと。希硫酸は，亜鉛，鉄，マグネシウムなどの金属と反応して水素を発生する。鉛蓄電池などの電解液に用いられる。希硫酸には，濃硫酸がもっている**脱水作用**や水分を吸収する性質はない。

亜硫酸 化学式 H_2SO_3

二酸化硫黄（SO_2）が水にとけてできる酸。水溶液は弱い酸性。酸性雨の原因となる物質の1つ。SO_3^{2-}を亜硫酸イオンという。

★ **硝酸** 化学式 HNO_3

酸の1つ。無色の液体で，水溶液は強い酸性。湿気を含む空気中で発煙する。光によって分解し，二酸化窒素を生じる。多くの金属と反応する。〔➡p.260〕

亜硝酸 化学式 HNO_2

水溶液の状態でのみ存在する酸。水溶液は弱い酸性。加熱すると一酸化窒素（NO）と硝酸に分解する。NO_2^-を亜硝酸イオンという。

酢酸 化学式 CH_3COOH

無色の液体で刺激臭があり，水溶液は弱い酸性。水溶液中で$CH_3COOH →$ $H^+ + CH_3COO^-$と電離し，酸の1つである。食酢に約4％含まれる。濃度の高い酢酸をとくに氷酢酸という。水溶液は弱酸性。〔➡p.260〕

氷酢酸 純度の高い酢酸のこと。融点が室温に近いため，冬などの気温が下がる時期に凍結して氷のように見える。

炭酸 化学式 H_2CO_3

二酸化炭素が水にとけたとき，二酸化炭素と水が反応してできた物質。水溶液は弱い酸性を示す。酸の1つである。

クエン酸 化学式 $C_6H_8O_7$

酸の1つ。無色の固体。オレンジやレモンの果実，梅干などに含まれる。水溶液は酸性。〔➡p.260〕

リン酸 化学式 H_3PO_4

酸の1つ。無色の結晶で水にとけやすい。肥料や医薬品に用いられる。PO_4^{3-}をリン酸イオンという。

王水 濃い塩酸と濃い硝酸とを体積比で約3：1に混ぜた溶液。塩酸や硝酸にはとけない金や白金などの金属をとかすことができる。

★ **アルカリ** 水溶液にすると，水酸化物イオン（OH^-）を生じる物質。水溶液は**アルカリ性**を示す。 例）水酸化ナトリウム（$NaOH$），水酸化カリウム（KOH），水酸化バリウム（$Ba(OH)_2$），アンモニア（NH_3）など

$$NaOH \rightarrow Na^+ + OH^-$$
水酸化ナトリウム　ナトリウムイオン　水酸化物イオン

$$KOH \rightarrow K^+ + OH^-$$
水酸化カリウム　カリウムイオン　水酸化物イオン

$$Ba(OH)_2 \rightarrow Ba^{2+} + 2OH^-$$
水酸化バリウム　バリウムイオン　水酸化物イオン

▲アルカリの電離

アルカリ性の水溶液の性質

①**水酸化物イオン**(OH^-)を含む。

②赤色リトマス紙を**青色**にする。

③BTB溶液を**青色**にする。

④マグネシウムリボンを入れても水素を発生しない。

⑤フェノールフタレイン溶液を**赤色**に変える。

塩基（えんき） 一般的に水素イオンH^+と反応する物質の総称（そうしょう）。塩基の中でもとくに水にとけやすいものをアルカリという。

★**水酸化ナトリウム** 化学式 $NaOH$

アルカリの1つ。無色の固体。水溶液は強いアルカリ性。空気中の水蒸気を吸収して、それにとけこむ性質（**潮解（ちょうかい）性（せい）**）がある。また、空気中の二酸化炭素を吸収する性質もある。石けんの原料や洗剤（せんざい）に使われる。〔➡p.260〕

★**水酸化カリウム** 化学式 KOH

アルカリの1つ。無色の固体。水溶液は強いアルカリ性。空気中の水蒸気や二酸化炭素を吸収する性質があり、水酸化ナトリウムよりもその性質が強い。電池の電解液や石けんの原料などに使われる。〔➡p.260〕

★**水酸化バリウム** 化学式 $Ba(OH)_2$

アルカリの1つ。無色の固体。水溶液は強いアルカリ性で、空気中の二酸化炭素を吸収して炭酸バリウム（$BaCO_3$）の沈殿（ちんでん）が生じる。また、うすい硫酸（りゅうさん）を加えると硫酸バリウムができて、白い沈殿が生じる（$H_2SO_4 + Ba(OH)_2 \rightarrow BaSO_4 + 2H_2O$）。〔➡p.260〕

★**水酸化カルシウム** 化学式 $Ca(OH)_2$

アルカリの1つ。無色の固体で、**消石灰（しょうせっかい）**ともよばれる。水に少しとけ、水溶液は**石灰水でアルカリ性**。石灰水に二酸化炭素を通すと、炭酸カルシウムができて白くにごる。こんにゃくの凝固（ぎょうこ）剤（ざい）や酸性化した河川や土壌（どじょう）の中和剤などに使われる。〔➡p.260〕

★**アンモニア水** アルカリの1つ。気体のアンモニア（NH_3）の水溶液で、弱いアルカリ性を示す。無色で刺激臭がある。アンモニアには水酸化物イオンが含まれていないが、水にとけると水との反応で水酸化物イオンができる（$NH_3 + H_2O \rightarrow NH_4^+ + OH^-$）。

★**pH（ピーエイチ）** 酸性・アルカリ性の強さを数値で表したもの。pHの値が7のとき中性。7より小さくなるにしたがって酸性が強くなり、7より大きくなるにしたがってアルカリ性が強くなる。

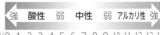

| 強 | 酸性 | 弱 | 中性 | 弱 | アルカリ性 | 強 |

pH 0 1 2 3 4 5 6 7 8 9 10 11 12 13 14
▲pH

化学

第**3**章　化学変化とイオン

* **pHメーター（pH計）** 水溶液のpHを測定する器具。センサーに水溶液をつけて、pHを測定する。

* **pH試験紙（万能pH試験紙）** 水溶液のpHを測定する試験紙。水溶液に試験紙をつけるとpHによって色が変化する。その色を変色表と比較してpHの値を測定する。

* **指示薬** 色が変わることによって、水溶液の酸性・中性・アルカリ性を調べることができる薬品。

* **リトマス紙（リトマス試験紙）** リトマスゴケからとった色素をろ紙にしみこませた試験紙。**赤色リトマス紙**と**青色リトマス紙**がある。水溶液の性質によって、次のようになる。

酸性
赤色リトマス紙→変化しない
青色リトマス紙→**赤色**に変化

中性
赤色リトマス紙→変化しない
青色リトマス紙→変化しない

アルカリ性
赤色リトマス紙→**青色**に変化
青色リトマス紙→変化しない

* **BTB溶液** 酸性で黄色、中性で緑色、アルカリ性で青色を示す指示薬。BTBはブロモチモールブルー（bromothymol blue）の略。

* **フェノールフタレイン溶液** 酸性と中性で無色、アルカリ性で赤色を示す指示薬。

メチルオレンジ 指示薬の1つ。pHが3.1以下で赤色、4.4以上で黄色を示す。

ムラサキキャベツ液 ムラサキキャベツでつくった指示薬。ムラサキキャベツの葉を水と煮て、ろ過したもの。酸性で赤〜赤紫色、中性で紫色、アルカリ性で青〜緑〜黄色に変化する。

キサントプロテイン反応 タンパク質の検出に用いる化学反応の1つ。

中和と塩

* **中和** 酸の水溶液とアルカリの水溶液を混ぜ合わせたとき、酸の水素イオン（H^+）とアルカリの水酸化物イオン（OH^-）が結びついて、**水ができる化学変化**。酸とアルカリが互いの性質を打

	酸性 強 弱	中性	アルカリ性 弱 強
赤色リトマス紙	変化しない	変化しない	青色
青色リトマス紙	赤色	変化しない	変化しない
BTB溶液	黄色	緑色	青色
フェノールフタレイン溶液	無色	無色	赤色
ムラサキキャベツ液	赤色　赤紫色	紫色	青色　緑色　黄色

▲指示薬と色の変化

ち消し合う。また，熱が発生する**発熱反応**である。

$$H^+ + OH^- \rightarrow H_2O$$
水素イオン　水酸化物イオン　　水

中和点　中和反応のときに，酸の水溶液中に存在する水素イオンと，アルカリの水溶液中に存在する水酸化物イオンが，過不足なく反応した状態のこと。中和点の水溶液は必ずしも中性になるわけではなく，酸性，中性，アルカリ性のどれになるかは，中和によってできた塩の種類によって決まる。また，中和で水にとけない塩ができる場合は，中和点で水溶液中に存在するイオンがなくなり，水溶液に電圧をかけた場合，中和点で電流が流れなくなる。

★**中性**　酸性もアルカリ性も示さない水溶液の性質。赤色・青色のリトマス紙の色は変えない。BTB溶液を緑色にする。　例）食塩水，砂糖水など

中和と水（実験）　（無水）塩化コバルトは，水と反応して赤色になる。氷酢酸に塩化コバルトを加えると青色になるが，

ここに水酸化ナトリウムを加えると，赤色になり水の生成を確認できる。

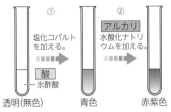

▲中和で水ができることを確かめる実験

中和熱　酸とアルカリが中和するときに発生する熱のこと。反応熱の1種。中和が起こると水溶液の温度は上昇していき，中和点をこえると，温度は下がり始める。

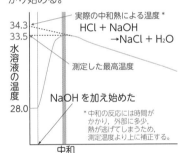

▲中和熱

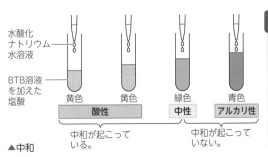

▲中和

中和が起こっている。　中和が起こっていない。

！　**両性金属**
塩酸などの酸性の水溶液にも，水酸化ナトリウム水溶液などのアルカリ性の水溶液にもとける金属。アルミニウムや亜鉛，スズ，鉛などがある。

87

★ **塩** 中和のとき，酸の陰イオンとアルカリの陽イオンが結びついた物質。

例) 塩酸と水酸化ナトリウム水溶液の中和（$HCl + NaOH \rightarrow NaCl + H_2O$）

塩酸 $HCl \longrightarrow$ H^+ + Cl^-

水酸化ナトリウム 水溶液 $NaOH \longrightarrow$ Na^+ + OH^-

塩 $NaCl$ H_2O
塩化ナトリウム　水

▲塩のでき方

★ **硫酸バリウム** 化学式 $BaSO_4$

無色の固体。硫酸と水酸化バリウム水溶液の中和（$H_2SO_4 + Ba(OH)_2 \rightarrow BaSO_4 + 2H_2O$）でできる塩。水にとけにくいので白い沈殿となる。レントゲン撮影の造影剤に使われる。[➡p.260]

炭酸カルシウム 化学式 $CaCO_3$

無色の固体。炭酸（二酸化炭素の水溶液）と水酸化カルシウム水溶液の中和（$H_2CO_3 + Ca(OH)_2 \rightarrow CaCO_3 + 2H_2O$）でできる塩で，水にとけにくいので白い沈殿となる。うすい塩酸を加えると，二酸化炭素が発生する。[➡p.66, 260]

硝酸銀 化学式 $AgNO_3$

白色の結晶。塩化物イオンを含む水溶液と混ぜると，塩化銀（$AgCl$）ができて，白い沈殿を生じる。[➡p.260]

★ **沈殿** 溶液中の化学反応でできた，水にとけにくい物質。硫酸と水酸化バリウム水溶液の中和などで生じる。

★ **こまごめピペット** **液体をとる器具。** 少量の液体を必要な量だけとったり，

少量の液体を加えたりするのに使われる。ゴム球を押したまま液体につけ，親指の力をぬいて液体を吸い上げる。液体を加えるときは，ゴム球を押す。

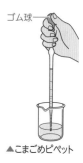

▲こまごめピペット

金属イオン

★ **カリウムイオン** K^+

カリウム原子が電子を1個失った陽イオン。水酸化カリウムの電離（$KOH \rightarrow K^+ + OH^-$）などで生じる。

★ **ナトリウムイオン** Na^+

ナトリウム原子が電子を1個失った陽イオン。塩化ナトリウムの電離（$NaCl \rightarrow Na^+ + Cl^-$）などで生じる。

★ **カルシウムイオン** Ca^{2+}

カルシウム原子が電子を2個失った陽イオン。水酸化カルシウムの電離（$Ca(OH)_2 \rightarrow Ca^{2+} + 2OH^-$）などで生じる。

★ **マグネシウムイオン** Mg^{2+}

マグネシウム原子が電子を2個失った陽イオン。

★ **アルミニウムイオン** Al^{3+}

アルミニウム原子が電子を3個失った陽イオン。

★ **亜鉛イオン** Zn^{2+}

亜鉛原子が電子を2個失った陽イオン。

★銅イオン Cu^{2+}

銅原子が電子を2個失った陽イオン。塩化銅の電離（$CuCl_2→Cu^{2+}+2Cl^-$）などで生じる。

★銀イオン Ag^+

銀原子が電子を1個失った陽イオン。

★バリウムイオン Ba^{2+}

バリウム原子が電子を2個失った陽イオン。水酸化バリウムの電離（$Ba(OH)_2$ →$Ba^{2+}+2OH^-$）などで生じる。

化学変化と電池

★電池（化学電池） 物質のもっている**化学エネルギー**を，化学変化によって**電気エネルギーに変換**してとり出す装置。**電解質の水溶液**に**2種類の金属板**を入れて導線でつないだとき，金属と金属との間に電圧が生じること（イオ

ン化傾向）を利用して，電流を極板にとり出せる。このとき，−極では電子を放出する化学変化，＋極では極板から電子を受けとる化学変化が起こっている。〔➡p.92 電池のしくみ〕

▲電池

★ボルタの電池 電極に亜鉛板（−極）と銅板（＋極），電解質の水溶液にうすい硫酸（または食塩水）を用いた電池。ボルタが発明した。

★木炭電池（備長炭電池） 電極にアルミニウムはく（−極）と木炭（備長炭）（＋極），電解質の水溶液に塩化ナトリウム水溶液（食塩水）を用いた電池。

❗ 金属イオンとイオン化傾向

金属の，**イオンのなりやすさ**のこと。イオン化傾向が大きいほど，イオンになりやすい。電池では，イオン化傾向が大きいほうが−極となる。また，水素（**H**）よりもイオン化傾向が大きい金属は，塩酸などの酸性の水溶液にとけて水素を発生する。おもな金属のイオン化傾向は次のようになる。

リチウム	カリウム	カルシウム	ナトリウム	マグネシウム	アルミニウム	亜鉛	鉄	ニッケル	スズ	鉛	水素	銅	水銀	銀	白金	金
Li	K	Ca	Na	Mg	Al	Zn	Fe	Ni	Sn	Pb	(H₂)	Cu	Hg	Ag	Pt	Au

（電池）−極　大 ◀━━━━━ イオン化傾向 ━━━━━▶ 小　（電池）＋極															
水と反応					熱水と反応	高温の水蒸気と反応	水と反応しない									
希酸にとけて水素を発生											※	酸化力のある酸とは反応				王水にのみ反応	

▲**イオン化列** （※）希酸（塩酸・希硫酸）にはとけにくい

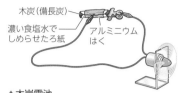

木炭（備長炭）
濃い食塩水でしめらせたろ紙
アルミニウムはく

▲木炭電池

一次電池 充電できない，使い切りの電池。 例）マンガン乾電池，アルカリマンガン乾電池，リチウム電池など

二次電池 充電できる電池。充電することによってくり返し使える。 例）鉛蓄電池，リチウムイオン電池など

★**充電** 電池に外部の電源から，電池から電流をとり出したときと逆向きの電流を流し，電圧をもとにもどす操作。

★**マンガン乾電池** 電極に亜鉛（−極），炭素棒，二酸化マンガン（＋極），電解質の水溶液に塩化亜鉛水溶液などを用いた一次電池。電解質の水溶液に濃いアルカリ性の水溶液が使われたものは**アルカリマンガン乾電池**（アルカリ乾電池）という。

炭素棒（＋極）
二酸化マンガン、炭素の粉、塩化亜鉛の水溶液でしめらせたもの（合剤）
亜鉛の缶（−極）

▲マンガン乾電池

★**アルカリマンガン乾電池** 電極に亜鉛（−極），二酸化マンガン（＋極），電解質の水溶液に水酸化カリウム水溶液を用いた一次電池。マンガン乾電池よりも長持ちする。デジタルカメラや電動のおもちゃなどに用いられている。

★**リチウム電池** 一次電池。リチウムを−極として使うのが特徴。小型・軽量で，高い電圧を得られる。寿命が長い。腕時計や電卓などに使われる。

ダニエル電池 ボルタ電池を，より長く電流をとり出せるように改良した電池。電極に銅（＋極），亜鉛（−極），＋極側には硫酸銅水溶液，−極側には硫酸亜鉛水溶液を用い，水溶液の間を素焼きの板で仕切る。＋極では銅イオンが銅になり，−極では亜鉛がとけて亜鉛イオンになる。気体は発生しない。

硫酸亜鉛水溶液 水に硫酸亜鉛がとけた水溶液。弱酸性。溶質の硫酸亜鉛は白色の結晶。ダニエル電池の−極側に用いられる。

硫酸銅水溶液 乾燥した硫酸銅は白い粉末状で，水にとかすと青色の水溶液。ダニエル電池の＋極側に用いられる。

ニッケル水素電池 二次電池。電極に水酸化ニッケル（＋極），水素化合物（−極），電解質の水溶液に水酸化カリウム水溶液などを用いる。電池の容量が大きく，ハイブリッドカーなどに搭載されている。

酸化銀電池 一次電池。安定した電圧が持続する。ボタン型が多い。腕時計や精密な電子機器などに使われる。

★**鉛蓄電池** 電極に鉛（−極）と酸化鉛（＋極），電解質の水溶液にうすい硫酸を用いた二次電池。大きな電流が得られ，自動車のバッテリーなどに使われ

る。

リチウムイオン電池　二次電池。小型・軽量で大きな電流が得られる。携帯電話やノートパソコンなどに使われる。

▲カメラのリチウムイオン電池

空気亜鉛電池　一次電池。電極に空気中の酸素（＋極），亜鉛（－極），電解質の水溶液に水酸化カリウム水溶液などを用いる。

果物の電池　リンゴやミカンなどの果物に2種類の金属をさして導線でつないだ電池。果汁はクエン酸などの電解質を含む。

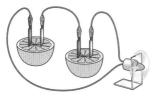

▲果物の電池

★ **燃料電池**　水の電気分解とは逆の化学変化を利用する電池。**水素と酸素を化学反応（$2H_2 + O_2 \rightarrow 2H_2O$）させて電気をつくりだす。**「水の電気分解の逆の化学反応」で，化学エネルギーから直接電気エネルギーに変えてとり出す。この反応では水だけができるので，有害な物質を出さず，環境への悪

影響が少ないと考えられている。

発展　実際には，「セルスタック」とよばれる部品に組みこまれた電解質に，水素と酸素を通して発電する。電解質によって，固形高分子，リン酸型，溶融炭酸塩型，セラミック型があり，それぞれ長所短所がある。電気自動車やビルの非常用電源などへの実用化が期待されている。

★ **電子オルゴール**　電流が流れると音が鳴る装置。内部抵抗が小さいため，小さい電圧や電流でも作動する。＋極と－極があり，逆につなぐと音が鳴らない。

電子オルゴールは小さな電圧でも鳴るので，大きな電圧をとり出しにくい電池の実験で使うのに適しているね。電池の電極が＋極なのか－極なのかもわかるね。

〈電気分解をイオンで考える〉

塩化銅水溶液の電気分解をイオンのモデルで考える。塩化銅は，水にとけると銅イオンと塩化物イオンに電離する。

$$(CuCl_2 \rightarrow Cu^{2+} + 2Cl^-)$$

塩化銅水溶液に電圧をかけると，陰極では，銅イオンが電源の−極から流れこむ電子を電極で2個受けとって銅原子になる。$(Cu^{2+} + 2\ominus \rightarrow Cu)$

陽極では，塩化物イオンが電極に電子を1個与えて塩素原子になり，塩素原子が2個結びついて気体の塩素分子となる。

$$(Cl^- \rightarrow Cl + \ominus \qquad Cl + Cl \rightarrow Cl_2)$$

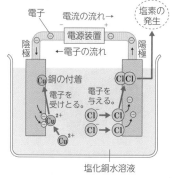

▲塩化銅水溶液の電気分解

このように，水溶液中では，イオンが電極と「電子の受け渡し」をすることで電流が流れ，塩化銅が銅と塩素に分解される。

〈電池のしくみ〉

うすい塩酸に亜鉛板と銅板を入れた電池をイオンのモデルで考える。

水溶液中で，亜鉛は銅よりも陽イオンになりやすいので，亜鉛原子が電子を2個失って亜鉛イオンとなり，塩酸中にとけ出す。$(Zn \rightarrow Zn^{2+} + 2\ominus)$

亜鉛板に残された電子は，導線を通って銅板に移動する。銅板の表面では，塩酸中の水素イオンが電子を1個受けと

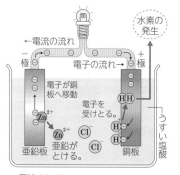

▲電池のしくみ

って水素原子となり，水素原子が2個結びついて気体の水素分子となる。

$$(H^+ + \ominus \rightarrow H \qquad H + H \rightarrow H_2)$$

このように，金属板と水溶液中のイオンの間で電子の受け渡しをして，電子が亜鉛板から銅板に移動することで電流が流れる。このとき，電子が流れ出す亜鉛板が−極，銅板が＋極になる。

生 物

生物の観察

野草　山野，空き地，道ばたなどに生えている，栽培されていない植物。種子を残して1年のうちに枯れてしまう植物(**一年草**，越年草)や2年以上枯れないで生存する植物(**多年草**)がある。

★ **顕微鏡(光学顕微鏡)**　物体を拡大する観察器具。**ステージ上下式顕微鏡**と**鏡筒上下式顕微鏡**がある。接眼レンズと対物レンズを使って試料を拡大する。拡大倍率は**40倍～600倍程度**。
①試料は，光が通る必要があるため，うすい切片にして**プレパラート**にする。
②水中の小さな生物，植物や動物の細胞，花粉，胞子などの観察に適する。

> 右図は，像の上下左右が実物と逆に見える顕微鏡のときだ。同じ向きに見える顕微鏡もあるからね。

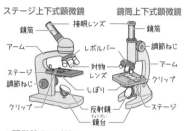

▲顕微鏡のつくり

ステージ上下式顕微鏡 / 鏡筒上下式顕微鏡
接眼レンズ / 鏡筒 / レボルバー / 調節ねじ / アーム / 対物レンズ / ステージ / 調節ねじ / しぼり / クリップ / クリップ / 反射鏡 / ステージ / 鏡台

顕微鏡の視野　顕微鏡の接眼レンズをのぞいたときに見ることができる範囲。顕微鏡の倍率を高くすると，見える像は大きくなるが，**見える範囲，視野はせまくなり，暗くなる**。

プレパラートの動かし方…視野の中で動かしたい向きとは逆向きに動かす。

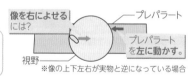

像を右によせるには？　プレパラート　プレパラートを左に動かす。　視野

※像の上下左右が実物と逆になっている場合

！ 顕微鏡観察の手順
①直射日光が当たらない明るく平らなところに置く。
②**接眼レンズ→対物レンズ**の順につける。
③**反射鏡**を調節して，視野全体を明るくする。
④**プレパラート**をステージの上にのせる。
⑤調節ねじを回し，横から見て，対物レンズとプレパラートをできるだけ**近づける**。
⑥接眼レンズをのぞきながら，対物レンズとプレパラートを**遠ざけながら，ピントを合わせる**。

⑤
⑥ ステージ上下式の例

ルーペ　物体を拡大する観察器具。小型で持ち運びに便利な器具で，野外での観察に適する。拡大倍率は**5倍～10倍**。ルーペは目に近づけて持ち，**観察するものを動かすか，ルーペを目に近づけたまま顔全体を動かしてピントを合わせる。**

観察するものを前後させてピントを合わせる。

顔を前後させてピントを合わせる。
動かせないもの

▲ルーペの使い方

双眼実体顕微鏡（そうがんじったいけんびきょう）　物体を拡大する観察器具。プレパラートをつくる必要がなく，観察するものをステージの上に置き，肉眼で見える状態をそのまま拡大して観察することができる。拡大倍率は**20～40倍**。立体的に見え，**観察するものを操作しながら観察できる。**おしべやめしべのくわしいつくり，受精卵の変化などの観察に適する。

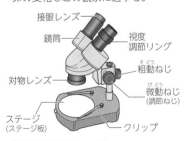

接眼レンズ
鏡筒
視度調節リング
対物レンズ
粗動ねじ（そどう）
微動ねじ（びどう）（調節ねじ）
ステージ（ステージ板）
クリップ

▲双眼実体顕微鏡のつくり

★微生物（びせいぶつ）　肉眼で見ることができないような小さな生物。顕微鏡で観察する。水中の小さな生物も微生物である。

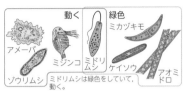
動く
緑色　ミカヅキモ
アメーバ
ミジンコ
ミドリムシ
ケイソウ
アオミドロ
ゾウリムシ
ミドリムシは緑色をしていて，動く。

▲水中の微生物

ケイソウ土　二酸化ケイ素を含む殻（から）をもつケイソウの遺がいが海底や湖底などに堆積（たいせき）して固まってできた岩石。白っぽい色やうすい黄色。

プレパラート　顕微鏡で観察するためにつくる標本。スライドガラスに観察するものをのせ，水や染色液をたらし，カバーガラスをかぶせてつくる。

柄つき針
カバーガラス
ピンセット
ろ紙
スライドガラス
気泡が入らないように，ゆっくりかぶせる。
余分な水はろ紙で吸いとる。

▲プレパラートのつくり方

ミカヅキモ　全長0.3mm程度。水田や池などの淡水にすむ単細胞（たんさいぼう）のソウ類（➡p.104）。三日月状（みかづきじょう）のものが多い。

©CORVET

ハネケイソウ 全長0.2mm程度。池や沼，川などの淡水にすむ単細胞のソウ類。

ゾウリムシ 全長0.1mm程度。せん毛〔➡p.114単細胞生物〕におおわれた単細胞生物。

アメーバ からだをさまざまな形に変えながら移動する単細胞生物。

ミドリムシ 全長0.1mm以下。緑色で，べん毛をくねらせて泳ぐ単細胞生物。

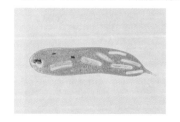

アオミドロ 淡水にすむソウ類。円筒形の細胞が一列に連なっている。

クンショウモ 淡水にすむソウ類。細胞が規則正しく並んで勲章のような形になる。

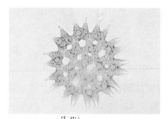

ミジンコ 微生物としては大きく，全長1mm程度。エビなどと同じ甲殻類の多細胞生物。

ボルボックス 淡水にすむソウ類。多数の細胞が集まって球状の群体をつくる。

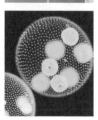

★★外来種 人間によってもちこまれて野生化し，子孫を残すようになった生物。在来種を絶滅させたり，在来種との交雑によって純粋さを失わせたりし

て，その地域の自然環境に大きな影響をあたえる。植物の外来種を**帰化植物**とよぶことがある。オオクチバス，アライグマ，セイタカアワダチソウ，セイヨウタンポポなど。

在来種　もともとその地域に生息していた生物。タンポポの場合，日本の在来種としてはカントウタンポポ，カンサイタンポポなどがあるが，明治時代にセイヨウタンポポ（外来種）がヨーロッパからもちこまれた。その後，繁殖力が強いセイヨウタンポポは，全国に広がった。現在，身近に見られるタンポポの多くはセイヨウタンポポで，在来種は少なくなっている。

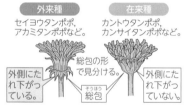

外来種	在来種
セイヨウタンポポ，アカミタンポポなど。	カントウタンポポ，カンサイタンポポなど。

総包の形で見分ける。
外側にたれ下がっている。　総包
外側にたれ下がっていない。

▲タンポポの在来種と外来種のちがい

特定外来生物　生態系を破壊するおそれのある外来生物。カミツキガメ，ブルーギルなど。

生物の特徴と分類のしかた

種　生物の分類における基本単位。同じ種どうしで子孫をふやすことができる。生物は形や性質などの特徴によって分類され，種より上位の階級として属（ぞく），科（か），目（もく）などがある。

系統　進化的に共通の祖先をもつ生物どうしのつながり。ひとつの種がたどった進化の過程に関わる生物どうしのつながりをいう。

自然分類　生物の特徴による分類。生物の外観や内部，あるいは性質などの特徴から分類する。その特徴には**進化系統**（「系統分類」参照）も含まれる。

人為分類　ヒトとの関わり合いによる分類。クジラをホニュウ類ではなく，魚介類と分類するように，ヒトとの関わり合いによって分けた分類。

系統分類　生物が進化してきた道すじ（進化系統）にしたがって分ける分類。「系統分類」という用語は，「自然分類」と同じ意味に使われている。

生物　ドメイン　界（かい）　門（もん）　綱（こう）　目（もく）　科（か）　属（ぞく）　種（しゅ）

▲生物の分類（階級）

カルル・フォン・リンネ (1707年 〜 1778年)スウェーデンの生物学者。生物全体の分類や，生物の学名の命名法を考えた。さらに分類の基本単位である「種」に加え，より上位の綱，目，属という分類の単位を設けて，現在用いられる階層をつくり上げた。「分類学の父」と称される。

ベン図 共通点を重なるように表した図。生物をいろいろな観点や基準で分類したときに，共通点や相違点をベン図に表すと整理しやすい。

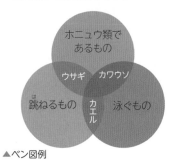

▲ベン図例

⚠ 　　　　　　　分類について深く知る　[発展]

5界説・3ドメイン 生物を5つの種類に大きく分ける考え方が「5界説」である。①「**モネラ界**」には細菌など，②「**原生生物界**」には単細胞生物など，③「**菌界**」には菌類など，④「**植物界**」には光合成をする植物など，⑤「**動物界**」には多細胞生物の動物が入るという分類である。しかし，DNA[➡p.148]の解析が行えるようになると，生物は①細菌(バクテリア)と②古細菌(アーキア)(この2つを合わせて「**原核生物**」という)，そして原生生物や植物，菌類，動物などをまとめた③**真核生物**，という3群(ドメイン)に分かれると，考えられるようになった。

真核生物 細胞に核をもつ生物。生物は細胞からできているが，その細胞の中に，膜に包まれた核があり，核の中にDNAがある生物をいう。動物，植物，カビなどの菌類，ゾウリムシ，ソウ類(植物ではない)などの原生生物は，真核生物である。

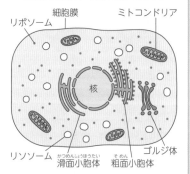

▲真核生物の細胞(動物)

原核生物 生物は細胞からできているが，細胞の中に核がない生物をいう。細菌(真正細菌[バクテリア]と古細菌)がこれにあたる。原核生物はすべて単細胞生物である。

植物のからだの共通点と相違点

- ★ **花**　種子植物〔➡p.102〕が子孫をふやすための器官。種子〔➡p.101〕をつくるはたらきをする。

- ★ **花のつくり**　花は，**がく**・**花弁**（花びら）・**おしべ**・**めしべ**の4つの部分からできている。

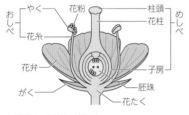

▲花のつくり（被子植物）

雌花・雄花　めしべがあり，おしべがない花を**雌花**，おしべがあり，めしべがない花を**雄花**という。カボチャやヘチマなど。

▲ヘチマの雄花

- ★ **がく（がく片）**　花のいちばん外側にある。つぼみのときは花の内部を保護している。アブラナのように1枚1枚が離れているものと，アサガオのようにくっついているものがある。また，タンポポは多数の毛に変形している。

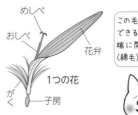

この毛は，果実ができると果実の先端に開いて冠毛（綿毛）になるよ。

▲タンポポの花のつくり

- ★ **花弁（花びら）**　花の中で最も目立つ部分で，色や形，大きさはいろいろなものがあるが，花弁のつき方によって，**離弁花**と**合弁花**に分けられる。

- ★ **離弁花**　花弁が1枚1枚離れている。アブラナ，エンドウ，サクラなど。

- ★ **合弁花**　花弁がくっついている。アサガオ，ツツジ，タンポポなど。

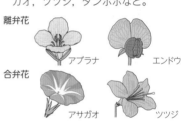

▲離弁花と合弁花

- ★ **おしべ**　花粉がつくられる**やく**と，それを支える**花糸**からできている。めしべのまわりをとり囲むようについている。おしべの数は植物の種類によっていろいろある。やくは裂けて中から花粉が飛び出す。

- ★ **めしべ**　花の中心に1本あり，おしべに囲まれている。めしべの先の部分を**柱頭**，根もとのふくらんだ部分を**子房**，柱頭と子房の間の部分を**花柱**とい

う。子房の中に**胚珠**があり，受粉後，子房は**果実**に，胚珠は**種子**になる。

★ **柱頭** めしべの先端の部分。花粉が付着する部分で，植物によってねばりけのある液がついていたり，毛がついていたりして，花粉がつきやすいつくりになっている。

★ **花粉** 種子植物の雄の**生殖細胞**[➡p.146]。おしべのやくでつくられる。花粉は風や昆虫によってめしべの柱頭に運ばれて**受粉**し，その後**受精**[➡p.146]が行われる。花粉の色や形は植物の種類によってちがう。

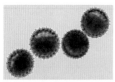
▲アサガオの花粉
（100倍）

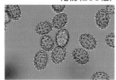
コスモスの
▼花粉（200倍）

▲ツルレイシの
花粉（200倍）

ヘチマの花粉
▼（200倍）

★ **やく** おしべの先端にある袋状の器官。この中で**花粉**がつくられる。

★ **子房** めしべのもとの**ふくらんでいる部分**で，中に胚珠がある。花粉がめしべの柱頭につくと成長して**果実**になり，子房の中の胚珠は**種子**になる。

★ **胚珠** 受精したあと**種子になる部分**。その数は植物の種類によって1個から多数である。アブラナ，サクラなど（被子植物）では，めしべの子房の中にあり，マツやイチョウなど（裸子植物）では，子房がなく，むき出しである。

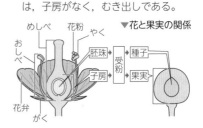
▼花と果実の関係

★ **果実** めしべの子房の部分が成長してできたもの。果実という場合，ふつう子房が発達したもの（真果といい，カキやサクラなどの果実）をいうが，**子房以外の花たく・がく**などが発達したもの（偽果といい，リンゴなど）も含まれる。

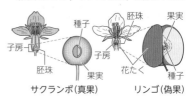
サクランボ（真果）　　リンゴ（偽果）
▲真果と偽果

★**種子**　植物の個体ができるもとになるもの。胚珠が成長してできる。種子は、**胚**、**胚乳**、**種皮**(種子を保護する)などからできている。種子は成熟すると休眠状態に入る。水・温度・空気(酸素)などの条件がそろうと発芽する。

★**胚**　種子が発芽して、植物の新しいからだになる部分で、**幼芽**(葉になる部分)・**胚軸**(茎になる部分)・**幼根**(根になる部分)・**子葉**などの部分がある。

胚乳　胚が成長するときに使う栄養分をたくわえている部分。

無胚乳種子　胚乳がない種子。種子が成熟するとき、胚乳に含まれている栄養分が胚の成長のために使われて胚乳がなくなっている。発芽に必要な**栄養分は子葉にたくわえられている**。ダイズ、エンドウ、クリ、アブラナ、カボチャなど。無胚乳種子に対して、胚乳がある種子を**有胚乳種子**という。

▲種子のつくり

花たく　がくや花弁、おしべ、めしべがついている花の台の部分。皿のような円盤形やおわん形のものがある。

★**受粉**　花粉がめしべの柱頭につくこと。受粉した後、花粉からは**花粉管**が胚珠に向かってのび、胚珠に達すると

受精[➡p.146]が行われる。

★**マツの花**　**雌花**と**雄花**がある。雌花は枝の先端に、雄花は枝のもとのほうにつく。がく・花弁・おしべ・めしべはなく、雄花のりん片に**花粉のう**があり、中で花粉がつくられる。雌花のりん片にはむき出しの**胚珠**がある。マツの花粉は風で運ばれて胚珠に直接ついて受粉する。受粉後、1年以上かかって種子ができ、雌花は**まつかさ**になる。

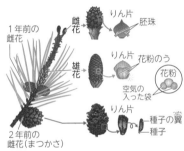

▲マツの花のつくり

花柱　めしべの**子房**と柱頭の間の部分。植物の種類によって形は異なり、花柱がまったくないものもある。柱頭で花粉を受けとりやすいようにするなど、おもに、受粉を助けるためにある。

花粉のう　花粉が中に入っている袋状のもので花粉をつくるものをさす。裸子植物では、雄花のりん片にある。被子植物では、おしべの「やく」の中に、4つの花粉のうがある。

雌雄同株　雌花と雄花を同じ株につけるもの。カボチャ、ヘチマ、マツやスギ、モミなど。

雌雄異株（しゆういしゅ） 雌花と雄花をそれぞれ別の株（かぶ）につけるもの。ホウレンソウ，イチョウ，ソテツなど。

虫媒花（ちゅうばいか） 花粉が昆虫のからだに付着して運ばれる花。アブラナ，タンポポ，ヘチマ，カボチャなど。昆虫を引きつけるために，色鮮（あざ）やかな花弁や蜜（みつ）を出すものが多い。花粉はねばりけがあったり，表面にとげのようなものがあったりして，昆虫のからだにつきやすいつくりになっている。動物（鳥や虫）を含め「動物媒・動物送粉」（どうぶつばい・どうぶつそうふん）ともいう。

風媒花（ふうばいか） 花粉が風に飛ばされて運ばれる花。ススキ，トウモロコシ，マツ，イチョウなど。花はあまり目立たない。花粉は軽くて小さく，風に飛ばされやすい。花粉は大量につくられる。

水媒花（すいばいか） 花粉が水によって運ばれる花。クロモ，キンギョモなど。

鳥媒花（ちょうばいか） 花粉が鳥によって運ばれる花。ツバキ，サザンカなど。

★**種子植物** 花がさき，種子をつくってふえる植物。**被子植物**（ひし）と**裸子植物**（らし）に分けられる。

★**被子植物**（ひし） 胚珠が子房に包まれている種子植物。単子葉類（たんしようるい）と双子葉類（そうしようるい）に分けられる。

★**裸子植物**（らし） 子房がなく，**胚珠がむき出し**になっている種子植物。裸子植物の花は，花粉がつくられる**雄花**と胚珠がある**雌花**に分かれている。マツ，スギ，イチョウ，ソテツなど。

被子植物（サクラ）　裸子植物（イチョウの雌花）

胚珠　子房

胚珠は外からは見えない。　胚珠は子房の中　胚珠はむき出し

▲ 被子植物と裸子植物の花のつくり

互生（ごせい） 植物の葉が，1つの節に1つずつつくこと。裸子植物の葉は，互生のほか3〜5枚がまとまってつくなど，いろいろなつき方がある。

対生（たいせい） 植物の葉が，1つの節に2つ向き合ってつくこと。対生の葉が節ごとに90度ずつずれてついた葉は，上から見ると十字型なので，十字対生という。

輪生（りんせい） 植物の葉が，1つの節に3つ以上つくこと。対生の葉の間隔（かんかく）がつまっているために，輪生のように見えるものもある。

仮道管（かどうかん） 道管（どうかん）〔→p.120〕と同じはたらきをする管。**裸子植物**と**シダ植物**，一部の被子植物など多くの植物で見られる。細長く先のとがった細胞がつながった管で，細胞の境目にある穴を通って，根から吸収した水と養分が移動する。細胞は横や斜めにもつながっているので，縦だけでなく，横や斜めにも水が通る。

★**単子葉類**（たんしようるい） 子葉が**1枚**の被子植物。葉脈は**平行脈**，根は**ひげ根**をもち，茎の維管束は全体に**散らばっている**。

★**双子葉類**（そうしようるい） 子葉が**2枚**の被子植物。葉脈は**網状脈**，根は**主根**と**側根**があり，

茎の維管束は**輪状に並んでいる**。形成層がある。

	単子葉類	双子葉類
子葉	1枚	2枚
根のようす	ひげ根	主根 側根
茎の維管束	散らばっている	輪状に並ぶ
葉脈	平行脈	網状脈
植物例	トウモロコシ ユリ, ススキ	アブラナ タンポポ

▲単子葉類と双子葉類の特徴

★ **合弁花類**（ごうべんかるい） 双子葉類のうち，アサガオのように，花弁がくっついている**合弁花**〔➡p.99〕をさかせるなかま。

★ **離弁花類**（りべんかるい） 双子葉類のうち，アブラナのように，花弁が1枚1枚離れている**離弁花**〔➡p.99〕をさかせるなかま。

★ **子葉**（しよう） 発芽して最初に出てくる葉。1枚の植物（単子葉類），2枚の植物（双子葉類），3枚以上の植物（マツなど）がある。

子葉が1枚 ／ 子葉が2枚

単子葉類（トウモロコシ）　双子葉類（アサガオ）　マツ

▲子葉

ロゼット型 葉のつき方が，茎（くき）を中心に放射状に並んでいる植物の形。タンポポやオオバコがこの形である。

★ **種子をつくらない植物** 花をさかせず，種子をつくらない植物には，**シダ植物**や**コケ植物**がある。これらは**胞子**（ほうし）をつくってなかまをふやす。

★ **シダ植物** イヌワラビやゼンマイ，スギナなどのなかま。日当たりのよくないしめった場所で生育するものが多い。
　①**根・茎・葉の区別**がある。茎は地中にあるものが多い。
　②水や養分を根から吸収し，水や養分を運ぶ**維管束**がある。
　③葉の細胞には**葉緑体**があり，光合成を行って栄養分をつくる。
　④種子をつくらず，**胞子**（ほうし）をつくってなかまをふやす。

★ **胞子**（ほうし） なかまをふやすための生殖細胞〔➡p.146〕。1つの細胞でできていて，単独で新しい個体をつくる。シダ植物，コケ植物，一部のソウ類〔➡p.104〕，**菌類**（きんるい）（カビやキノコのなかま）〔➡p.156〕でつくられる。地面に落ちて水を吸収すると発芽する。

★ **胞子のう**（ほうし） シダ植物，コケ植物の**胞子ができる**ところ。シダ植物の多くは**葉の裏側**に，コケ植物では**雌株**（めかぶ）にできる。熟して乾燥すると，袋が破けて中から胞子が飛び出す。

胞子のうがある

ツクシ

スギナ

▲スギナとツクシ

★ **前葉体** シダ植物の胞子が地上に落ちて水分を吸収して発芽し，成長してできた，**緑色をしたハート形の小さな植物体**（約0.5～1㎝）。前葉体の上で**卵**と**精子**がつくられて受精〔→p.146〕し，その後成長して根，茎，葉をもつ若いシダになる。

受精と水…被子植物の受精は胚珠の中で行われ，水を必要としない。シダ植物では水を必要とし，精子が水中を泳いで卵に達して受精する。

★☆ **コケ植物** ゼニゴケやスギゴケなど**のなかま**。日かげのしめった場所で生育するものが多い。**雄株**と**雌株**があるものが多い。

①**根・茎・葉の区別がない。仮根**は，からだを地面に固定するはたらきをする。水を吸収するはたらきは弱い。

②水をからだ全体から吸収し，維管束のような水を運ぶしくみはない。

③からだには**葉緑体**があり，光合成を行って栄養分をつくる。

④**胞子**をつくってなかまをふやす。胞子は雌株の**胞子のう**の中にできる。

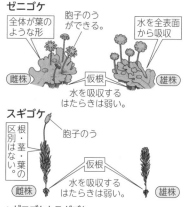

ゼニゴケ
全体が葉のような形
胞子のうができる。
水を全表面から吸収
雌株　仮根　雄株
水を吸収するはたらきは弱い。

スギゴケ
根・茎・葉の区別はない。
胞子のう
仮根
雌株　水を吸収するはたらきは弱い。　雄株

▲ゼニゴケとスギゴケ

★☆☆ **仮根** コケ植物やソウ類にある，根のように見えるもの。外見は根と似ているが，構造が簡単で，種子植物の根のようなつくりはない。おもなはたらきは，からだを地面に固定することである。

★ **ソウ類** 水中で生育し，**葉緑素やそのほかの色素をもつ生物**。海に生育するワカメやコンブなどの**海ソウ**と池など

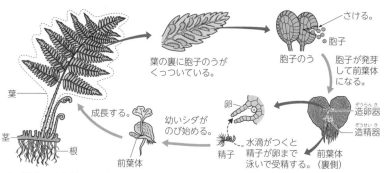

葉の裏に胞子のうがくっついている。
さける。
胞子
胞子のう
胞子が発芽して前葉体になる。
葉
成長する。
卵
幼いシダがのび始める。
造卵器
造精器
茎
根
前葉体
精子
水滴がつくと精子が卵まで泳いで受精する。（裏側）
前葉体

▲シダ植物のからだとふえ方

104

の淡水に生息するミカヅキモやアオミドロなどのなかまがある。植物以外で光合成をする真核生物〔⇒p.98〕である。

①根・茎・葉の区別がない。仮根は，からだを岩に固定するはたらきをしている。

②水や水にとけている養分は，からだの表面全体から吸収する。

③葉緑体などがあり，光合成を行って栄養分をつくっている。

④多くのソウ類は胞子でふえる。ミカヅキモやハネケイソウは分裂〔⇒p.147〕でふえる。

赤っぽい色のもの	褐色のもの

テングサ（マクサ）　ヒジキ　コンブ　ワカメ

緑色のもの	淡水のもの

アオノリ　アナアオサ　ミカヅキモ　ハネケイソウ

▲いろいろなソウ類

オオカナダモやキンギョモは水中で生育するがソウ類ではない。花がさき種子をつくってふえる種子植物だ。カンちがいしないように！

雄株　雌雄が別々の株にある植物のうち，雄の性質をもつ個体。種子植物のうち，裸子植物の雄株は雄花をつけ，

種子はできない。コケ植物では，雄株の造精器で精子をつくる。

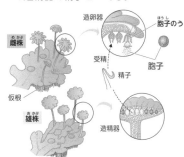

▲ゼニゴケの雄株と雌株

雌株　雌雄が別々の株にある植物のうち，雌の性質をもつ個体。種子植物のうち，裸子植物の雌株は雌花をつけ，受粉すると，種子ができる。コケ植物では，雌株の造卵器で卵をつくる。

生物の拡散　発展　生物が生育・生息する地域を広げること。生物は拡散によって広がったとしても，生育・生息できる地域だけで生き残る。ある地域で生育・生息できなくなっても，ほかの地域で生育・生息して，種として生き残る確率が高い。

例）植物は，虫媒（動物媒），水媒，風媒，〔⇒p.102〕など生息域を拡大するためにさまざまな戦略をとっている。しかし，風媒などがおもな裸子植物（マツ，スギ，ソテツなど）が1000種に満たないのに対して，花・実をつけ昆虫などに花粉を運んでもらう虫媒がおもな被子植物は22万種もあり，拡散の方法の差で種の数には大きな差がある。

動物のからだの共通点と相違点

★ **セキツイ動物** 背骨を中心とした内骨格をもつ動物。発達した感覚器官や神経，運動器官をもち，動きが速い。**魚類，両生類，ハチュウ類，鳥類，ホニュウ類**の5種類に分けられる。

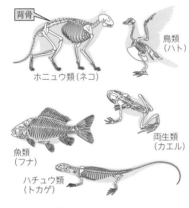

魚類（フナ）

両生類（カエル）

ホニュウ類（ネコ）

鳥類（ハト）

ハチュウ類（トカゲ）

背骨

▲セキツイ動物のなかま

★ **魚類** セキツイ動物のなかま。一生水中で生活し，体表はふつう**うろこ**でおおわれている。**えら呼吸**〔➡p.107〕，**変温動物**〔➡p.107〕である。ふえ方は**卵生**で**殻のない卵**を水中にうむ。フナ，メダカ，ウナギなど。

★ **両生類** セキツイ動物のなかま。**幼生は水中で生活，成体は水辺で生活**する。体表は**粘液**などでしめっている。幼生は**えら呼吸**，成体は**肺呼吸**〔➡p.107〕と**皮膚呼吸**〔➡p.108〕。**変温動物**である。ふえ方は**卵生**で水中にうむ。卵には殻がなく，寒天状のものなどに包まれて

いる。カエル，サンショウウオなど。

★ **ハチュウ類** セキツイ動物のなかま。おもに陸上で生活する。体表は**うろこやこうら**でおおわれている。**肺呼吸**で，**変温動物**である。ふえ方は**卵生**で，弾力性のあるじょうぶな**殻のある卵**を陸上の土の中などにうむ。トカゲ，ヤモリ，ヘビ，カメなど。

★ **鳥類** セキツイ動物のなかま。陸上で生活する。前あしはつばさとなり，発達した肺と心臓，中が空どうで軽くてじょうぶな骨，発達した筋肉をもつなど，**空を飛ぶのに適したからだのつくり**をしている。**肺呼吸**〔➡p.107〕で，**恒温動物**〔➡p.107〕である。ふえ方は**卵生**で，じょうぶな**殻のある卵**を陸上にうむ。親は卵をだいてあたため，かえったひなにえさを与えて育てる。ワシ，フクロウ，ハト，ペンギンなど。

★ **ホニュウ類** セキツイ動物のなかま。陸上で生活するものが多いが，水中で生活するなかまもいる。体表は**毛**でおおわれている。**肺呼吸**で，**恒温動物**である。ふえ方は**胎生**〔➡p.107〕で，子どもを体内である程度育ててからうむ。うまれた子どもには**乳を与えて育て，保護する**。イヌ，ウマ，コウモリ，イルカやクジラ（水中で生活）など。

海で生活するホニュウ類も肺呼吸だよ。

★ **卵生** 親が卵をうみ，**卵から子がかえ**

106

るうみ方。多くの**無セキツイ動物**やセキツイ動物の**魚類，両生類，ハチュウ類，鳥類**。

★ **胎生**（たいせい）　子どもを母体内である程度育ててからうむうみ方。母体内の子どもは，へそのおを通して**親から栄養分と酸素をもらって育つ**。ただし，**ホニュウ類**のカモノハシ〔➡p.153〕は卵生。

うまれる子や卵の数　魚類の産卵数が最も多く，鳥類・ホニュウ類は少ない。

種類	動物	1回の産卵(子)数
ホニュウ類	ゴリラ	1
鳥類	ウグイス	4〜6
ハチュウ類	アオウミガメ	60〜200
両生類	ヒキガエル	2500〜8000
魚類	マイワシ	5万〜8万

▲セキツイ動物の産卵(子)数

★ **変温動物**　外界の温度の変化によって，**体温が変化する動物**。ハチュウ類，両生類，魚類，無セキツイ動物。

★ **恒温動物**（こうおん）　外界の温度が変わっても，**体温をほぼ一定に保つことができる動物**。鳥類とホニュウ類。

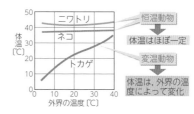

▲恒温動物と変温動物の体温の変化

★ **肺呼吸**　**肺**を使って行う**外呼吸**〔➡p.128〕の1つ。肺胞内に入った**空気中の酸素を肺胞をとりまく毛細血管にとり入れ，二酸化炭素を肺胞に出す**。セキツイ動物の**両生類(成体)，ハチュウ類，鳥類，ホニュウ類**に見られる。

★ **えら呼吸**　**えら**を使って行う**外呼吸**〔➡p.128〕の1つ。**水にとけている酸素を毛細血管にとり入れ，二酸化炭素を水中に出す**。水中生活をする**節足動物**（せっそく）〔➡p.109〕や**軟体動物**（なんたい）〔➡p.109〕，魚類，両生類(幼生)など。

★ **えら**　水中で生息する動物の呼吸器官。セキツイ動物では，魚類，両生類の幼

	魚類	両生類	ハチュウ類	鳥類	ホニュウ類
呼吸器官	えら	幼生…えら 成体…皮膚と肺	肺	肺	肺
体表	うろこ	皮膚，粘液でおおわれている	うろこやこうら	羽毛	毛
受精のしかた	水中 体外受精	水中 体外受精	体内受精	体内受精	体内受精
子のうまれ方	卵生	卵生	卵生	卵生	胎生
卵のようす	殻がない	殻がない，寒天状のもので包まれている	弾力性のあるじょうぶな殻	かたい殻	−
体温	変温	変温	変温	恒温	恒温
おもな生活場所	水中	幼生は水中，成体は水中・陸上	おもに陸上	陸上	陸上・水中
動物例	フナ，カツオ，ナマズ，サメ	カエル，イモリ，サンショウウオ	トカゲ，ヘビ，カメ，ヤモリ	ハト，ニワトリ，ペンギン	ヒト，サル，イヌ，イルカ

▲セキツイ動物の特徴

107

生にある。

〔えらの一部〕

水の流れ

くし状になっていて、水にふれる表面積が大きい。

▲えらの構造

★ **皮膚呼吸** 体表面を通して、外界の酸素を体液中にとり入れる**外呼吸**〔➡p.128〕の１つ。しめった体表の細胞膜などを通して**空気中(水中)から酸素をとり入れ、二酸化炭素を体外に出す**。ミミズなど特別な呼吸器官をもたない無セキツイ動物、両生類など。

★ **肉食動物** ほかの動物を食べて生活している動物。ライオン、ネコ、ワシなど。

目のつき方…目は顔の正面につき、両目で立体的に見える範囲が広い。

歯…犬歯や臼歯が大きく、鋭くとがっ

ている。

雑食動物 動物と植物のどちらも食べて生活する動物。クマやカラス、イノシシなど。

★ **草食動物** 植物を食べて生活している動物。ウマ、ウシ、ヒツジなど。

目のつき方…目は顔の横につき、後方までの広い範囲が見える。

歯…門歯がするどく発達し、臼歯は大きく、平らになっている。

★ **門歯** ホニュウ類の歯の並びの中央部分にある歯。草食動物の門歯はするどく発達し、草をかみ切るのに適している。

犬歯 ホニュウ類で、門歯と臼歯の間にあるとがっている歯。肉食動物の犬歯は大きくするどく発達し、**えものをしとめる**のに適している。

★ **臼歯** ホニュウ類で、犬歯より奥にある歯。草食動物の**臼歯は大きく頂上が**

肉食動物 (ライオン) の特徴

目は前についており、両目で立体的に見える範囲が広く、えものまでの距離がわかる。

門歯
犬歯
臼歯

えものをしとめるためにするどい犬歯をもつ。臼歯も肉をかみ切るのに適している。

草食動物 (シマウマ) の特徴

かたい草などをかみ切るための門歯、それをすりつぶすための臼歯が発達している。

目は横についており、後方まで広い範囲が見える。

消化管の長さ

体長の約４倍　胃

小腸　大腸

体長の約11倍　胃

小腸　大腸

▲肉食動物と草食動物の比較

平らで，草をすりつぶすのに適している。肉食動物の**臼歯は大きくとがって**いて，**肉を引きさく**のに適している。

★★ **無セキツイ動物** 背骨をもたない動物。**外骨格**〔➡p.142〕のある**節足動物**や骨格のない**軟体動物**，**キョク皮動物**(ウニ)〔➡p.111〕，**環形動物**(ミミズ)〔➡p.111〕などがある。

★★ **節足動物** 無セキツイ動物のなかまで，からだが**外骨格**〔➡p.142〕でおおわれ，**からだに節のある**動物。昆虫類(バッタ，チョウなど)，**甲殻類**(エビ，カニなど)，**クモ類**(クモ，イエダニなど)〔➡p.110〕，**多足類**(ムカデ，ヤスデなど)などのなかまがある。

★★ **軟体動物** 無セキツイ動物のなかま。からだは**外とう膜**〔➡p.112〕でおおわれ，からだやあしに**節はない**。貝のな

かまやイカやタコのなかまなど。

①**イカやタコ**…**頭部**，**胴部**，あしに分かれ，あしは10本(イカ)，8本(タコ)。**えら呼吸**を行い，**卵生**である。

②**貝のなかま**…巻貝類や二枚貝類がある。外側は石灰質のかたい殻で守られ，内側に**外とう膜**〔➡p.112〕があり，内臓を包んでいる。**えら呼吸**だが，陸上にすむマイマイ(カタツムリ)は**肺**で呼吸する。すべて**卵生**である。貝殻は，外とう膜から石灰質の物質を分泌してできたもので外骨格ではない。

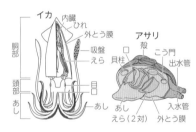

▲軟体動物(イカ・アサリ)のからだ

★★ **甲殻類** 節足動物で，エビやカニのなかま。多くはからだが頭胸部と腹部の2つに分かれ，石灰質のじょうぶな殻がある。えら呼吸を行い，卵生。

▲甲殻類(エビ)のからだ

★★ **昆虫類** 節足動物で，バッタやチョウ

109

のなかま。からだが，**頭部・胸部・腹部**の３つの部分に分かれている。

①**頭部**には，１対の**触角**，ふつう３個の**単眼**，１対の**複眼**がある。

②**胸部**には**あしが６本，はねが４枚**（２枚やないものもある）。

③**腹部**の各節に**気門**があり，**気管呼吸**における気体の出入り口となっている。

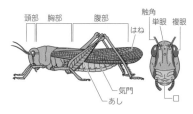

頭部　胸部　腹部　触角　単眼　複眼　はね　気門　あし

▲昆虫類（トノサマバッタ）のからだ

★ **触角**　おもに**節足動物**〔➡p.109〕の頭部にある，細長くのびた角のようなもの。感覚器官の１つで，物体にさわったことを感じたり（触覚），においを感じたりする。昆虫類は１対，甲殻類は２対，クモ類にはない。節足動物以外では，カタツムリの頭部にある１対の突起など。

神経節　**神経細胞**〔➡p.139〕が多数集まってこぶ状になったもの。**節足動物**〔➡p.109〕などの無セキツイ動物で見られ，神経節が２列に並んで，はしごのような形の神経系になっている。各神経節はそれぞれ独立して，**刺激に応じた反応の命令を出す**ことができる。

複眼　レンズのある**個眼**がハチの巣状に多数集まってできた目。各個眼には物体の一部がうつり，**複眼全体で完全な像になる。昆虫類**などに見られる。

個眼　１個ずつ独立し，**光の明暗と光の方向がわかる。**１個の個眼にはレンズ，視細胞，視神経がある。

単眼　多数の視細胞の集まりにレンズが密着してできた目。おもに**光の強弱**を感じる。節足動物のクモ類，昆虫類，多足類に見られる。

★ **気門**　**昆虫類**など，**気管で呼吸する動**物の体表にある穴で，**空気の出入り口**である。胸部と腹部の側面に，節ごとにあり，気門から気管がからだの中に網の目のように広がっている。

気管呼吸　**昆虫類**などが行う。からだの中に広がっている気管は，直接体液と接していて，**気門から入った空気中の酸素は，気管を通して体液の中に入り，体液中の二酸化炭素は気管の中に出される。**気管への空気の出し入れは，**腹部の運動**によって行われる。

気のう　①鳥類の肺の先についている**空気の入った袋。**骨格などのすきまに入りこんでいる。そのため，からだの大きさの割には軽くなり，**空中を飛ぶのに役立っている。**

②**昆虫類の気管**が広がって袋になったもので，**気管のう**ともいう。空気が入っていて，からだが軽くなり，空中を飛ぶのに役立っている。

クモ類　節足動物〔➡p.109〕のなかま。ク

モのほかにサソリ，ダニなどが含まれる。からだは**頭胸部と腹部の２つに分**かれ，頭胸部に**8本のあしと1対の触肢**がある。呼吸器官は気管と**書肺**。書肺はクモ類特有のもので，腹部にある袋の中にひだとなって，書物のページを重ねたように見える。

▲クモのからだ

二枚貝類　**軟体動物**〔➡p.109〕の二枚貝のなかま。斧足類ともいう。からだは**外とう膜**〔➡p.112〕で包まれ，2枚の貝殻がある。おののような筋肉でできたあしがある。水を**入水管**からとり入れ，いっしょに入ってきたプランクトンをこしとって食物とする。余分な水は**出水管**からはき出される。えら呼吸。アサリ，ハマグリ，シジミなど。

頭足類　**軟体動物**〔➡p.109〕のイカ，タコのなかま。イカには貝殻が退化した甲があるが，タコにはない。

原索動物

▲ナメクジウオ

無セキツイ動物。背骨のようなせき索という支持組織を，幼生のとき（ホヤ），または一生（ナメクジウオ）もち，**セキツイ動物に最も近いなかま**とされている。

キョク皮動物　無セキツイ動物。ウニ，ヒトデ，ナマコのなかま。からだが放射状に5つに分かれている。運動器官や呼吸・排出をかねたはたらきをもつ**水管系**がある。

▲ウニ

環形動物　無セキツイ動物。ミミズ，ゴカイ，ヒルなど。からだが**環状にしきられた多数の節**からできている。

▲ゴカイ

線形動物　無セキツイ動物。カイチュウやギョウチュウなどの寄生虫を含むなかま。からだは**糸状か円筒状で節がない**。海や淡水，土中などあらゆるところにすみ，数や種類が非常に多い。

▲ギョウチュウ

輪形動物　無セキツイ動物。ワムシのなかま。つぼ形の胴体の先端にせん毛が輪形に並んでいる。せん毛はものをとらえたり，運動するのに使われる。

▲ワムシ

扁形動物　無セキツイ動物。プラナリアや寄生虫のサナダムシのなかま。からだはへん平で左右対称である。

▲プラナリア

刺胞動物 無セキツイ動物。クラゲ，イソギンチャク，ヒドラのなかま。袋のようなからだの中央に口があり，そのまわりにある触手を使って食物をとらえてとり入れ，不要なものも同じ口から外に出す。

▲クラゲ

海綿動物 無セキツイ動物。カイメンのなかま。感覚器官や神経はなく，最も原始的ななかま。からだは袋状で海底に固着している。側面の穴から海水を吸いこみ，その中のプランクトンを えさにしている。

▲カイメン

★**原生生物** ゾウリムシやアメーバ，ヤコウチュウなどの**単細胞生物**〔➡p.114〕。ゾウリムシは細胞内に，口や消化や吸収，排出などのはたらきをするしくみ（細胞器官）がある。〔➡p.156〕

▲アメーバ

脱皮 節足動物など，からだがかたい殻でおおわれている動物が，**成長のために古い殻を脱ぎ捨てること**をいう。昆虫は，幼虫の成長過程で脱皮をくり返し，成虫になると脱皮をしないが，甲殻類のように，成体になってからも脱皮をくり返すものもある。節足動物のほかに，セキツイ動物のヘビやイモリも脱皮を行う。

変態 卵からかえった動物の幼生が成体に成長するとき，**からだの形やつくりが大きく変化する**こと。エビやカニ，昆虫類，セキツイ動物ではカエルやイモリなどの両生類で見られる。

①**昆虫の変態**

完全変態…卵→幼虫→さなぎ→成虫
チョウ，ガ，カブトムシ，ハチなど。
不完全変態…卵→幼虫→成虫
バッタ，カマキリ，トンボ，セミなど。

②**カエルの変態** 幼生のオタマジャクシから成体のカエルに変化するとき，あしが出て，尾がなくなる。呼吸はえら呼吸から肺呼吸と皮膚呼吸に変化する。

幼生 卵からかえった**動物が成体になる前の時期の個体**。からだの形やつくり，生活のようすが，成体とは非常に異なる。昆虫類では幼虫，カエルではオタマジャクシのことである。エビやカニの幼生は，プランクトンの一種で，浮遊生活をする。

★**外とう膜** 軟体動物のからだを包んでいるもので，からだを保護している。貝のなかまの貝殻は，カルシウムを含む液を分泌して外とう膜の外側にできたものである。

成体 動物が成長して，生殖のための器官ができ上がり，**なかまをふやすことができる**ようになった個体をいう。

生物と細胞

★★ **細胞**　生物のからだをつくる最小の単
位，**生命活動を行う最小の単位**である。生物の種類やからだの部分によって細胞の形や大きさはさまざまだが，共通した特徴があり，1個の**核**，そのまわりの**細胞質**，**細胞膜**がある。

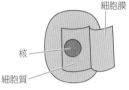

▲細胞の基本的なつくり

★★ **核**　細胞の**生命活動の中心**で，細胞全体のはたらきを調節する。核をとり除くと細胞は死んでしまう。ふつう1つの細胞に1個あり，球形をしている。

酢酸オルセイン溶液や酢酸カーミン溶液などの**染色液**により赤(紫)色に染まる。

★★ **染色体**　核の中にあり，ふつうは顕微鏡でも見ることはできないが，**細胞分裂**〔➡p.144〕が始まると現れる**ひも状のもの**。生物の形質を現すもとになる**遺伝子**を含む**DNA**〔➡p.148〕とタンパク質からなる。生物の種類によって数が決まっていて，形と大きさが同じ染色体が2本ずつ(**相同染色体**という)ある。酢酸オルセイン溶液や酢酸カーミン溶液などの染色液によく染まる。

★★ **酢酸オルセイン溶液**　酢酸にオルセインという色素をとかした**赤紫色の染色液**。細胞の核や染色体が赤紫色に染まる。酢酸によって細胞の活動が止まり，オルセインによって核や染色体が染まるので，観察しやすくなる。

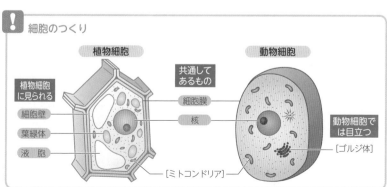

！ 細胞のつくり

| 植物細胞 | | 動物細胞 |

共通してあるもの
　細胞膜
　核

植物細胞に見られる
　細胞壁
　葉緑体
　液胞

動物細胞では目立つ
　[ゴルジ体]

[ミトコンドリア]

113

☆**酢酸カーミン溶液** 酢酸にカーミンという色素をとかした**赤色の染色液**。細胞の核，染色体が赤色に染まる。

☆**酢酸ダーリア溶液** 粉末のダーリアバイオレットを酢酸にとかした**青紫色の染色液**。細胞の核や染色体が青紫色に染まる。

☆**細胞質** 細胞内の核以外の部分。外側は細胞膜で囲まれ，半透明で流動性がある。**植物の細胞と動物の細胞に共通**しており，ミトコンドリア，リボソーム，ゴルジ体がある。植物の細胞にある**葉緑体**，**液胞**も細胞質の一部である。

☆**細胞膜** 細胞質の**いちばん外側のうすい膜**（半透膜〔➡p.124〕）。**植物の細胞と動物の細胞に共通**してある。特定の物質を通さないなどの性質があり，細胞への物質の出入りを調節する。

☆**細胞壁** **植物の細胞**だけにあり，**細胞膜の外側にあるじょうぶな壁**。細胞の形を保ち，植物のからだを支えるはたらきをする。

☆**液胞** 成長した**植物の細胞**の細胞質に見られる。液で満たされた袋で，細胞内の水分量の調節，不要物をためるなどのはたらきをする。

リボソーム 細胞質に含まれ，**タンパク質を合成**する部分。植物の細胞，動物の細胞に共通して見られる。

ゴルジ体 細胞質に含まれ，**物質を分泌する**はたらきに関係している。**動物の細胞で発達**している。

ミトコンドリア 細胞質に含まれ，**細胞の呼吸を行う部分**。酸素を使って栄養分を分解して**細胞の活動に必要なエネルギーをとり出す**はたらきをする。**植物の細胞，動物の細胞に共通して見**られる。

☆**多細胞生物** からだが**多くの細胞からできている生物**。からだは，形や大きさ，はたらきの異なる多くの細胞が集まってつくられている。肉眼で見える生物のほとんどは多細胞生物である。

☆**単細胞生物** からだが**1つの細胞でできている生物**。1つの細胞で，栄養分の吸収や不要物の排出など，生物としてのはたらきをすべて行っている。肉眼ではわからないほど小さいものがほとんどである。ゾウリムシ，アメーバ，ミカヅキモ，ミドリムシなど。

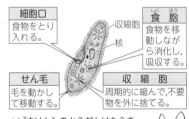

細胞口 食物をとり入れる。		食胞 食物を移動しながら消化し，吸収する。
せん毛 毛を動かして移動する。		収縮胞 周期的に縮んで，不要物を外に捨てる。

収縮胞　核

▲ゾウリムシのからだとはたらき

ミジンコは水中の小さな生物だが，多細胞生物の節足動物のなかまだよ！

☆**組織** 形やはたらきが同じ細胞が集まって特定のはたらきをしているところ。

植物…表皮組織，さく状組織，海綿状組織，木部組織，師部組織。

動物…上皮組織，神経組織，筋組織。

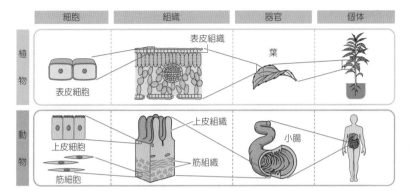

	細胞	組織	器官	個体
植物	表皮細胞	表皮組織	葉	
動物	上皮細胞 筋細胞	上皮組織 筋組織	小腸	

▲植物と動物のからだの成り立ち

★ **器官** いくつかの組織が集まって１つの**まとまったはたらきをする**ところ。

　植物…根，茎，葉，花など

　動物…心臓，胃，肺など

★ **個体** 多細胞生物のからだは，**細胞**が集まって**組織**を，いろいろなはたらきをする組織が集まって**器官**を，器官が集まってまとまったはたらきをする**個体**を形づくっている。

> ！
>
> **個体群** 〈こたいぐん〉 発展
>
> ある地域に同種の個体が集まり，群れをなしたもの。個体群の内部では雌雄の交配をはじめ，個体の間にさまざまな関係性が生まれている。食べ物が豊富で生息域が広いなど，個体群の生息する環境〈かんきょう〉の収容力を超えない限り，個体数は増加する。個体数がふえすぎると，さらに生息域を拡大するか，個体数の調整がなされることになる。

上皮組織〈じょうひ〉　動物のからだ外部の表面や，からだ内部の表面をおおう組織。上皮組織は，平面的に広がって，シート状の組織を形成している。内部を保護したり，皮膚のように外界からの刺激〈しげき〉を受けとったりするほか，消化管の表面のように物質の吸収や分泌〈ぶんぴつ〉に関わるものもある。

神経組織　神経系を構成する組織。刺激〈しげき〉の信号を中枢〈ちゅうすう〉神経に伝えたり，命令の信号を運動器官などに伝えたりするはたらきをもつ。刺激や命令の信号を伝える神経細胞（ニューロン）と，伝えるはたらきを補助する**グリア細胞**（神経こう細胞）からなる。

筋組織　筋肉を形成する筋細胞で構成され，伸び縮みすることで力を発生させる。筋組織は，横紋筋〈おうもんきん〉，平滑筋〈へいかつきん〉の２つに分類され，それぞれの特徴〈とくちょう〉がある。横紋筋には骨格筋と心筋があり，平滑筋は心臓以外の内臓を構成する。

結合組織 動物の組織は大きく分けて，上皮組織，神経組織，筋組織，結合組織の４種類に分けられる。脂肪組織，骨組織，軟骨組織などが結合組織にあたり，からだを支えるはたらきに関わっている。

骨組織 骨を形成する組織。骨細胞と多量のカルシウムなどからなり，非常にかたいが，すきまがあり弾力性をもつ。からだを支えたり，カルシウムをたくわえたりする。また，中には血液をつくる骨髄のある骨もあり，生命維持に重要な役割を果たしている。

葉・茎・根のつくりとはたらき

★ **葉** 光合成〔➡p.118〕を行って栄養分をつくる器官。また，水蒸気を放出するはたらき（蒸散〔➡p.117〕）も行っている。多くの植物の葉は，うすくて平たい形をしていて表面積が大きい。葉と葉の重なりが少なくなるように茎についているために，多くの葉に日光がよく当たる。

★ **葉のつくり** 葉は，表皮と葉肉の部分からできている。表皮には気孔〔➡p.117〕がある。葉肉は，葉緑体のある細胞が集まっている部分で，**さく状組織**と**海綿状組織**からできている。たくさんの葉脈が通っていて，水や養分の通り道になっている。

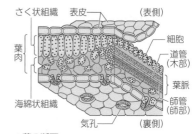

▲葉の断面

★ **葉脈** 葉に見られるすじで，葉の**維管束**〔➡p.121〕。茎の維管束とつながっている。水や養分の通り道であるとともに，うすい葉を広げ，支えるはたらきもしている。網の目のようになっている**網状脈**と，平行に通っている**平行脈**がある。裸子植物のイチョウの葉脈は二またに分かれることがくり返される**叉状脈**である。

▲葉脈

表皮 葉の表皮は，葉の表と裏にあり，一層の細胞がすきまなく並んでいる。表皮の細胞は，葉の内部を保護することと，水の蒸発を防ぐはたらきをしている。また，表皮の細胞に葉緑体はなく，ところどころに気孔〔➡p.117〕がある。気孔はふつう**葉の裏側**に多くある。

さく状組織 葉の葉肉にある組織で，表側の表皮の真下にある。ほぼ同じ大きさの細長い細胞がすきまなく並んで

いる。細胞には**葉緑体**〔➡p.118〕が多くあり，光合成が行われる。

海綿状組織 葉の葉肉にある組織で，裏側の表皮の内側にある。不規則な形の細胞が間隔をあけて並んでいる。細胞には**葉緑体**が多くあり，光合成が行われる。

葉肉 葉の表裏の表皮細胞にはさまれた組織。ただし，維管束は含まない。おもに，さく状組織(表側)と海綿状組織(裏側)からなる。葉肉の厚さはさまざまである。

★**平行脈** 葉脈が平行に通っているもの。被子植物の**単子葉類**〔➡p.102〕の葉に見られる。トウモロコシ，ツユクサ，ユリ，イネ，ススキなど。

★**網状脈** 葉脈が網の目のように枝分かれしているもの。被子植物の**双子葉類**〔➡p.102〕の葉に見られる。アサガオ，タンポポ，アブラナ，サクラなど。

★**気孔** 葉の表皮にある小さな穴。2つの**孔辺細胞**に囲まれ，孔辺細胞が変形することによって閉じたり，開いたりする。ふつう，葉の裏側に多くあり，葉で行われる光合成，呼吸，蒸散のはたらきによる**酸素**，**二酸化炭素**，**水蒸気**の出入り口となる。

	出る気体	入る気体
光合成	酸素	二酸化炭素
呼吸	二酸化炭素	酸素
蒸散	水蒸気	―

▲葉のはたらきと出入りする気体

気孔の開閉 光の強さや空気の湿度，植物体内の水分量などの影響を受ける。ふつうは，昼間は開き，夜間は閉じている。

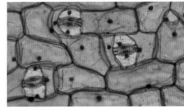

▲閉じた気孔

★**孔辺細胞** 気孔をつくる三日月形の細胞。葉緑体があり，光合成が行われる。2つの孔辺細胞内の水分量が多くなると，細胞はふくらんで気孔が大きくなり，水蒸気が外に出ていく。細胞内の水分量が少なくなると，もとにもどって気孔が閉じ，水蒸気が出ないようになる。

★**蒸散** 根から吸収した水が**水蒸気となって体外に放出される**はたらき。おもに葉の表皮にある気孔で行われる。

蒸散の効果…①道管内の水を引き上げ，根から新しい水や養分を吸収するのに役立つ。その結果，**水や養分をからだ全体にいきわたらせる**。

②水が水蒸気になるときまわりから熱をうばうために，**植物のからだの温度の上昇を防ぐことができる**。

根圧 根毛〔➡p.122〕から水を吸収することによって生じる，水を押し上げようとする圧力。道管内を水が上昇すると

きの原因の一つである。

水の凝集力 水の分子の間にはたらく，互いに引き合う力。根から茎を通って葉まで続く道管は，非常に細い管（直径が0.01mm以下）なので，その中の水柱は，水の凝集力によって途切れることはない。

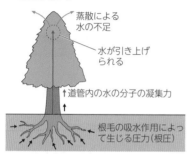

- 蒸散による水の不足
- 水が引き上げられる
- 道管内の水の分子の凝集力
- 根毛の吸水作用によって生じる圧力（根圧）

▲植物体内の水を移動させる力

20〜30mの高い木の先まで水がいきわたるのも，蒸散や根圧，水の凝集力がはたらくからだよ。

★ **葉緑体** 植物の細胞にある**緑色の粒**。葉の**さく状組織**や**海綿状組織の細胞**，**孔辺細胞**にあり，葉脈や表皮の細胞，緑色をしていない葉のふの部分の細胞にはない。葉緑体に光が当たると**光合成**が行われる。葉緑体には葉緑素（クロロフィル）という色素があり，光合成に必要な光エネルギーを吸収するはたらきがある。

★ **光合成** 植物が光を受けて，**デンプンなどの栄養分（有機物）を合成する**はたらき。細胞の中の**葉緑体**で行われる。

★ **光合成のしくみ** 気孔からとり入れた**二酸化炭素**と根から吸収した**水**を原料として，光エネルギーを使って**デンプン**などの有機物（➡p.52）をつくる。そのとき**酸素**ができる。

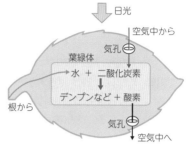

- 日光
- 空気中から
- 気孔⊖
- 葉緑体
- 水 + 二酸化炭素 → デンプンなど + 酸素
- 根から
- 気孔⊖
- 空気中へ

▲光合成のしくみ

葉でできた栄養分の移動…デンプンは**水にとける糖**に変えられて**師管**（➡p.120）を通ってからだの各部に運ばれ，からだをつくる材料や呼吸に使われたり，再びデンプンとなって根や茎，果実や種子にたくわえられたりする。

見かけの光合成速度 光合成は，二酸化炭素の出入りが呼吸と逆の反応なので，同時に行われていると，光合成の速度が実際よりも小さく見える。その呼吸の分を引いた光合成速度をいう。

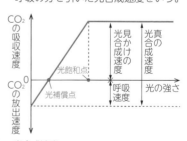

- CO_2の吸収速度
- CO_2の放出速度
- 光飽和点
- 光補償点
- 見かけの光合成速度
- 呼吸速度
- 光真の合成速度
- 光の強さ

▲光合成速度

真の光合成速度　呼吸分を引かない実際に行っている光合成の速度のこと。真の光合成速度は、光の量に大きく依存するため、変動が大きい。昼は大きく、夜は小さくなる。

インジゴカーミン溶液　**酸素**を検出する試薬。ハイドロサルファイト溶液を加えて酸素をとり除くと、無色に近いうすい黄色になる。この液は酸化しやすく、わずかでも酸素があると**青色**に変化する。

光合成での酸素の発生…うすい黄色にしたインジゴカーミン溶液に水草を入れ、しばらく光を当てると、液は青色に変化し、光合成が行われて酸素が発生したことが確認できる。

> 発生した気体を試験管に集めて、火のついた線香を入れても、酸素が確認できるね。

発芽種子　種子が発芽するとき、光合成は行われず、種子に含まれている養分が使われるために、乾燥質量はしだいに減少するが、緑色の葉が出て光合成を行って栄養分をつくり出すようになると、乾燥質量はふえていく。

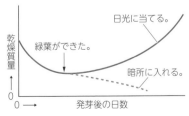

▲種子の発芽と乾燥質量の変化

緑色植物　葉緑体をもち、光合成を行ってデンプンなどの有機物をつくる植物。

ふ入りの葉　アサガオやコリウスなどの中には、葉の一部が黄白色になっているものがある。黄白色をしているのは、この部分の細胞に**葉緑体がない**ためで、黄白色の部分を**ふ(斑)**といい、ふがある葉を**ふ入りの葉**という。ふ入りの葉は、光合成が葉緑体で行われることを調べるときに使われる。

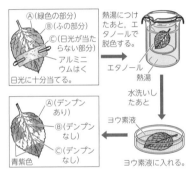

▲ふ入りの葉を使った実験

★ **ヨウ素液(ヨウ素溶液)**　黒紫色のヨウ素(固体)をヨウ化カリウム水溶液にとかしたもので、黄褐色の液体。デンプンに加えると**青紫色**に変化することから、**デンプンの検出**に使われる。

ヨウ素デンプン反応　デンプンがヨウ素液によって**青紫色に変化する**反応。青紫色は加熱すると消え、冷やすと再び現れる。

★ **デンプン**　炭水化物〔➡p.125〕の1つで、ブドウ糖〔➡p.127〕が多数結びついた物

質。植物の光合成のはたらきでつくられる。検出には**ヨウ素液**が使われる。

ピス(pith) プレパラートをつくるとき，葉などの**試料をうすく切る**ために，試料をはさむもの。ニワトコという植物の若い枝の中心の部分(髄)や発泡ポリスチレン製のものがある。試料をピスにはさんでピスごと切り，うすく切れたものをプレパラートに使う。

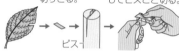

葉脈の部分を切りとる。　手前に引くようにしてピスごと切る。

▲ピスの使い方

★対照実験 調べようとする条件だけを変え，それ以外の条件は同じにして行う実験。これによって結果のちがいが，変えた条件によるものだとわかる。

植物の呼吸を調べる実験…下の図のように，🅐と🅑のちがいは植物の葉があるかないかのちがいだけであり，🅐の石灰水が白くにごったのは，植物の葉のはたらきによって二酸化炭素が放出されたからであるといえる。

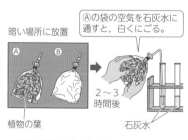

🅐の袋の空気を石灰水に通すと，白くにごる。

暗い場所に放置

2〜3時間後

植物の葉　　　　石灰水

▲植物の呼吸を調べる実験

★気体検知管 空気中の**酸素**や**二酸化炭素**の濃度を調べる器具。気体と反応して色が変わる薬品をつめた検知管と気体を集める気体採取器からできている。青色の酸素用検知管(6〜24%)と二酸化炭素用検知管(黄色は0.03〜1.0%用，赤色は0.5〜8.0%用)がある。

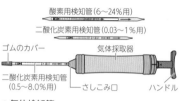

酸素用検知管(6〜24%用)

二酸化炭素用検知管(0.03〜1%用)

ゴムのカバー　　　気体採取器

二酸化炭素用検知管(0.5〜8.0%用)　さしこみ口　ハンドル

▲気体検知管

茎 植物のからだの地上部分を支え，葉や花・果実をつけるとともに，根で吸収した水や養分，葉でつくられた栄養分の通路となる。

茎のつくり 道管と師管が束のように集まっている**維管束**という部分がある。維管束の並び方は，双子葉類と単子葉類で異なる。

①**双子葉類**…維管束が輪状に並ぶ。

②**単子葉類**…維管束が茎全体に散らばっている。

★道管 根から吸収した**水と水にとけた養分**(無機養分)が通る管。根から茎を通り，葉の葉脈までつながっている。道管が集まっている部分を**木部**という。

★師管 葉で**光合成によってつくられた栄養分**が通る管。葉の葉脈から茎を通って根までつながっている。師管が集まっている部分を**師部**という。

道管と師管のちがい

道管…細長い死んだ細胞が縦につながり，細胞膜（まく）がかたくなり，管状になったもので，細胞質はなくなっている。

道管のようす

師管…細長い生きている細胞がつながったもので，境目には穴がいくつも開いたしきりがある。

師管のようす

☆☆ **維管束（いかんそく）** 道管が集まっている**木部**，師管が集まっている**師部**などからできていて，根から茎，葉までつながっている。茎の維管束では**内側の部分に道管，外側の部分に師管**がある。

形成層 双子葉類〔➡p.102〕の維管束の**木部と師部の間にある組織。細胞分裂**〔➡p.144〕をさかんに行って，内側に木部の細胞，外側に師部の細胞をつくり，茎を太らせるはたらきがある。単子葉類の維管束にはない。

年輪（ねんりん） 木の横断面に見られる**同心円状のしまもよう**。１年の気温の差が大き

い温帯地方で生育する木ではっきり見られる。気温が高い夏は形成層で**細胞分裂**がさかんで細胞も大きく成長するが，気温が低い冬は細胞がほとんどふえず，小さい細胞がつまってち密になり色も濃く見える。この濃く見える部分は１年に１つずつできていくので，年輪を観察すると，木の年齢を知ることができる。

▲年輪

根 土の中にある部分で，植物のからだを支え，**水と水にとけている養分（無機養分）を吸収する**はたらきをする。

根のつくり 道管が集まっている**木部（もくぶ）**と師管が集まっている**師部（しぶ）**がある。**木部と師部は離れていて交互に並んでいる**。根の先端付近には**根毛**が無数にある。

☆☆ **主根（しゅこん）** 双子葉類〔➡p.102〕の根に見られる，**中心の太い根を主根**という。主根から枝分かれしてのびている細い根を**側根（そっこん）**という。

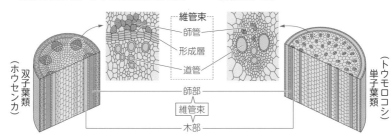

維管束
師管
形成層
道管

師部
維管束
木部

双子葉類（ホウセンカ）

（トウモロコシ）単子葉類

▲双子葉類と単子葉類の茎の維管束

裸子植物も，主根と側根からなるよ。

側根（そっこん） 主根から枝分かれして生えている根。植物を支え，水分の吸収を効率よくしている。

★**根毛（こんもう）** 根の先端付近にある，毛のようなもの。根の**表皮の細胞の一部が細長くのびたもの。**

▲根毛

★**ひげ根** **単子葉類**〔→p.102〕に見られる，茎の下の端から出る，同じような太さの根。

主根
側根

双子葉類

ひげ根

単子葉類

▲双子葉類と単子葉類の根

★**地下茎（ちかけい）** 地中にある茎。根のように見えるが，木部や師部の配列から茎と考えられる。**養分をたくわえたりするもの**が多い。**根茎**（ハス），**塊茎**（ジャガイモ），**球茎**（サトイモ），**鱗茎**（タマネギ）などがある。

根茎
（ハス）

塊茎
（ジャガイモ）

球茎
（サトイモ）

鱗茎
（タマネギ）

▲いろいろな地下茎

生命を維持するはたらき・消化と吸収

★**消化** 食物に含まれている栄養分を分解し，**体内にとり入れやすい物質に変えること。**食物は，口でかみくだかれ，消化管の運動によって小さくなる（**機械的消化**）。同時に，消化管を通る間に消化液のはたらきによって小さな成分に分解される（**化学的消化**）。

★**吸収** 消化のはたらきによって分解された栄養分を，体内にとり入れること。栄養分は小腸から吸収される。

同化（どうか） 発展 生物がエネルギーを利用して，生命活動に必要な物質を合成する反応。植物などが行う光合成が代表例である。

異化（いか） 発展 生物が有機物を分解して，そこからエネルギーをとり出すことを異化という。同化と異化は生物にとって，エネルギーを吸収したり，とり出したりする対称関係にあたる。

★**だ液** 口の中に出される**消化液**。だ液せんでつくられる。だ液に含まれるアミラーゼという**消化酵素**によって，**デンプンが麦芽糖に分解される。**

だ液せん だ液を分泌する器官。食物が口に入ると，だ液せんから消化酵素であるアミラーゼが含まれるだ液が分泌される。ヒトには舌下せん，がく下せん，耳下せんなどのだ液せんがある。

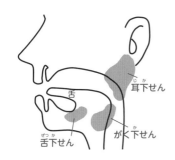

▲ヒトのだ液せん

★**消化酵素** ほとんどの消化液に含まれ，栄養分を**化学的に分解する**はたらきをもつ物質。わずかな量で多量の物質を分解し，消化酵素自身は分解の前後で変化しない。ヒトの体温に近い温度（30〜40℃）のときよくはたらく。これより温度が低くても高くても，あまりはたらかない。高温過ぎると，消化酵素自体がこわれてはたらきを失う。

酵素 体内でつくられるタンパク質の1つで，**少量で化学変化を促進するはたらきをもつ**が，酵素自体は変化しない。体内での化学変化は，ほとんど酵素のはたらきで行われる。

触媒 自分自身は反応せずに，ほかの化学反応を促進したり，抑制したりする作用のある物質。生物の体内で触媒のはたらきをするのが「酵素」である。デンプンを分解するアミラーゼ，タンパク質を分解するトリプシン，脂肪を分解するリパーゼなど，からだの中の消化酵素は触媒としてはたらく。

基質特異性 〔発展〕 酵素がそれぞれの種類によって，特定の物質（基質）にだけはたらくこと。たとえば，だ液に含まれる**アミラーゼ**はデンプンに，胃液に含まれる**ペプシン**はタンパク質にだけはたらく消化酵素である。

★**ベネジクト液** 糖（ブドウ糖や麦芽糖）を検出する青色の試薬。糖を含む溶液にベネジクト液を加えて煮沸（加熱）すると，糖の量に応じて，黄褐色から赤褐色の沈殿が生じる。

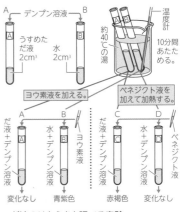

▲だ液のはたらきを調べる実験

★**消化液** 消化管に出される液で，食物に含まれる栄養分を分解するはたらきをする。**だ液**（だ液せん），**胃液**（胃），**胆汁**（肝臓），**すい液**（すい臓など）がある。（　）内は消化液をつくる器官。

★**消化管** 口から始まり，**食道→胃→小腸→大腸**を通って**肛門**で終わる1本の管。食物の消化と消化された栄養分を吸収するはたらきをする。

生物

第2章　生物のからだのつくりとはたらき

123

消化系 消化管と消化にかかわる器官（だ液せん，肝臓，胆のう，すい臓）をまとめて表す用語。〔➡p.126消化器官〕

★ **口** 消化管の入り口で，食物をとりこむ部分。歯が食物を細かくかみくだき，だ液せんから出る**だ液**と食物を混ぜ合わせる。だ液に含まれるアミラーゼによって，デンプンの一部が**麦芽糖**に分解される。

★ **食道** 口と胃をつなぐ消化器官。食道の壁は筋肉でできていて，**ぜん動運動**によって，食物を胃へ送る。

★ **胃** じょうぶな筋肉の袋（容積約1.5L）で，内側にはたくさんのひだがある。塩酸を含む強い**酸性**〔➡p.83酸〕の**胃液**〔➡p.125〕を分泌する。胃液によって食物が殺菌され，**タンパク質**の一部が消化される。

ぜん動運動 消化管のまわりの**筋肉が波を打つように順に収縮**する運動。この運動がくり返されて食物が消化管内を運ばれていく。ぜん動運動は食道，胃，小腸，大腸に広く見られる。

消化管

食物を先に送る。

▲ぜん動運動

半透膜 ある大きさより小さい粒子（分子またはイオン）は通すが，それ以上大きい粒子は通さない膜。**細胞膜**〔➡p.114〕や**セロハン**など。セロハンはデンプンは通さないが，デンプンの消化によってできたブドウ糖は通す半透膜である。

十二指腸 胃と小腸をつなぐ20〜30㎝の部分。胆汁〔➡p.125〕とすい液〔➡p.125〕が分泌される。

★ **小腸** 曲がりくねった長さ6〜8mの管。**消化**と**栄養分の吸収**が行われる器官。内側の表面の壁から消化酵素が分泌され，**デンプンとタンパク質**が消化される。小腸で，炭水化物，タンパク質，脂肪の消化が完了する。ひだ状の表面に分布している柔毛〔➡p.127〕では**栄養分**の吸収が行われ，**水分**も吸収される。

★ **大腸** 小腸に続く長さ約1.5mの太い管。消化液の分泌はなく，消化は行われないが，**水分の吸収**が行われる。消化された食物の残りはぜん動運動によって肛門に送られ，大便として排出される。

★ **肛門** 消化管の出口で，吸収されずに残ったものを大便として排出する部分。

★ **すい臓** 胃の下にあり，**すい液**〔➡p.125〕をつくる器官。すい液は十二指腸に分泌される。血液中のブドウ糖の濃度を一定に保つホルモンも分泌する。

ランゲルハンス島 すい臓にある，消化液を分泌する細胞の間に島のように点在する組織。血液中の**ブドウ糖の濃度を調節するインシュリンなどのホルモンを分泌する**。これを発見したドイツの学者ランゲルハンスにちなんで名

づけられた。

ホルモン 体内に分泌され，微量で特定の機能を調節するはたらきをする物質。

★ **胆のう** 肝臓でつくられた**胆汁**を一時的にたくわえる器官。胆汁は，十二指腸に分泌される。

★ **肝臓** ヒトの内臓の中で最大の器官。さまざまなはたらきをしている。
①脂肪の消化を助ける**胆汁**をつくる。
②有毒な物質を**無毒化する**。アンモニアから**尿素**〔→p.134〕をつくる。
③血液中の**糖の量を調節する**。小腸で吸収されたブドウ糖は，必要な量だけ血液中を流れ，余ったものはグリコーゲンとして肝臓にたくわえる。
④古い血液細胞をこわす。

★ **胃液** 胃の胃せんから分泌される消化液。**ペプシン**という消化酵素を含み，**タンパク質**を分解する。塩酸が含まれ強い酸性を示す。

★ **すい液** すい臓から十二指腸に分泌される消化液。**炭水化物，タンパク質，脂肪**をそれぞれ分解する消化酵素を含んでいる。

★ **胆汁（胆液）** **肝臓**でつくられる消化液。消化酵素を含まないが，**脂肪の消化を助ける**。胆のうに一時たくわえられて濃縮されたあと，十二指腸に分泌される。

★ **アミラーゼ** **デンプンを麦芽糖に分解する**消化酵素。だ液やすい液に含まれている。麦芽糖は，ブドウ糖の分子が2個結びついた物質である。

★ **ペプシン** **タンパク質をペプトンに分解する**消化酵素。胃液に含まれる。ペプトンは，結びついているアミノ酸の分子の数がタンパク質より少ない。

トリプシン すい臓から分泌されるすい液に含まれる消化酵素の1つ。タンパク質や，その分解されたもののペプトンを，さらに分解する。

★ **デンプン** 炭水化物の1つで，**ブドウ糖**〔→p.127〕の分子が多数結びついたもの。食物に含まれるデンプンは，消化されて最終的にブドウ糖に分解される。

★ **炭水化物** 三大栄養素の1つ。デンプンやブドウ糖〔→p.127〕，砂糖（ショ糖），グリコーゲン〔→p.127〕など，炭素C，水素H，酸素Oからできている有機物。

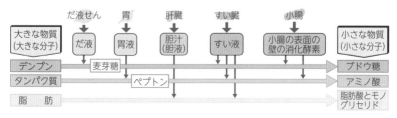

▲ 消化液とそのはたらき

細胞呼吸〔➡p.128〕によって分解され，生活活動のためのエネルギーをとり出すもととなる物質である。

★★ **タンパク質** 三大栄養素の1つ。**アミノ酸**が多数結びついてできた有機物。炭素C，水素H，酸素O，窒素Nを含む。タンパク質を消化してできたアミノ酸は，エネルギー源とともに，からだをつくるもとになる物質。

★★ **脂肪**（しぼう） 三大栄養素の1つ。**グリセリン**と**脂肪酸**（しぼうさん）の分子3個が結びついたもの。脂肪が消化されると，脂肪酸とモノグリセリドに分解される。おもにエネルギー源となり，余分なものは**皮下脂肪**（ひか）として貯蔵される。

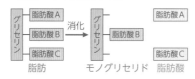

▲脂肪とモノグリセリド

三大栄養素 炭水化物・タンパク質・脂肪の3つの物質をいい，生物のからだをつくっている最も重要な物質である。炭水化物と脂肪は生活活動のエネルギー源となり，タンパク質はエネルギー源とともにからだの細胞をつくる材料となる物質である。

三大栄養素に加えて無機塩類とビタミンを加えて五大栄養素という。

消化器官 食物の消化や栄養の吸収にはたらく器官。食物が直接通る消化管と，消化液を分泌（ぶんぴつ）する消化せんに分類される。あごや歯によるそしゃくによって，食物を細かくくだく口も，消化

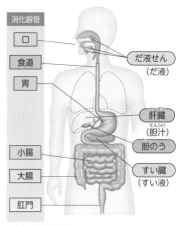

消化器官

口
食道
胃
小腸
大腸
肛門

だ液せん（だ液）
肝臓（かんぞう）（胆汁）（たんじゅう）
胆のう
すい臓（すい液）

▲ヒトの消化器官

消化せん	消化液	消化酵素		消化酵素のはたらき
だ液せん	だ液	炭水化物分解酵素	アミラーゼ	デンプンを麦芽糖に分解。
胃	胃液	タンパク質分解酵素	ペプシン	タンパク質をペプトンに分解。
すい臓	すい液	炭水化物分解酵素	アミラーゼ	デンプンを麦芽糖に分解。
		タンパク質分解酵素	トリプシン	タンパク質をペプチドやアミノ酸に分解。
			ペプチダーゼ	ペプトンをアミノ酸に分解。
		脂肪分解酵素	リパーゼ	脂肪を脂肪酸とモノグリセリドに分解。
腸	小腸の表面の消化酵素	炭水化物分解酵素	マルターゼ	麦芽糖をブドウ糖に分解。
		タンパク質分解酵素	ペプチダーゼ	ペプチドをアミノ酸に分解。

▲いろいろな消化酵素のはたらき

器官の1つである。消化では，各消化器官でそれぞれ異なる消化液（消化酵素）が分泌され，異なる養分が分解される。ほとんどの栄養分や水分は，おもに小腸から吸収される。

★ **麦芽糖**　デンプンが分解されたもの。だ液，すい液に含まれているアミラーゼによって分解される。ブドウ糖が2個つながってできている。麦芽糖がマルターゼという消化酵素で分解されると，2個のブドウ糖ができる。マルトースともいう。水あめのおもな成分である。

★ **ブドウ糖**　くだものなどに含まれ，水にとけやすく，あまい味がする。デンプンがいろいろな消化酵素によって分解され，最終的にできる物質。

★ **アミノ酸**　タンパク質〔➡p.126〕をつくっている物質。いろいろな消化酵素によって**タンパク質が分解されてできる**。動物の体内では合成できないために，食物からとらなければならないアミノ酸がある。ヒト（成人）の場合は約9種類あり，**必須アミノ酸**という。

★ **脂肪酸**　グリセリンとともに脂肪をつくっている物質。すい液に含まれる**消化酵素によって脂肪が分解されてできる**。

★ **グリセリン**　脂肪酸とともに脂肪をつくっている物質。

グリコーゲン　炭水化物〔➡p.125〕の一種でブドウ糖が多数結びついた物質。肝臓や筋肉などにたくわえられてい

る。小腸から吸収され，肝臓に運ばれた**ブドウ糖はグリコーゲンに合成されて貯蔵される**。肝臓にたくわえられたグリコーゲンは，血液中のブドウ糖の量が減少すると分解されてブドウ糖になり，血液中に送り出される。

★ **モノグリセリド**　グリセリンと脂肪酸1分子が結びついている物質。すい液に含まれる消化酵素によって**脂肪が分解されてできる**。

★ **柔毛（柔突起）**　小腸の内壁の表面をおおっている長さ約1mmの小さな突起。内部には多数の**毛細血管**〔➡p.128〕と**リンパ管**〔➡p.128〕が分布している。消化された栄養分は，柔毛の表面の細胞を通って毛細血管やリンパ管の中に入る。**ブドウ糖・アミノ酸**…毛細血管に入る。**脂肪酸とモノグリセリド**…柔毛内で合成されて脂肪になり，**リンパ管**に入る。

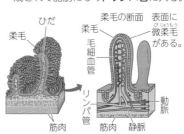

▲柔毛のつくり

内壁のひだや柔毛があるために，小腸の表面積が非常に大きくなっている。このため栄養分を効率よく吸収できるんだよ。

★★ **毛細血管** 動脈〔➡p.131〕と静脈〔➡p.132〕を結ぶ**非常に細い血管**で，壁は一層の細胞からできている。直径は0.005mm〜0.02mm。全身のあらゆる組織に網の目のように分布している。血液が通る間に血管の壁を通して，**組織の細胞との間で物質の交換**が行われる。

★ **リンパ管** リンパが流れている管。ところどころに**逆流を防ぐ弁**がある。先端が開いているリンパ管は，細胞の間に網目状に分布している毛細血管の間に入りこんでいる。非常に細いリンパ管はしだいに集まって太い管になり，最後は大静脈〔➡p.132〕とつながっている。

★ **リンパ(液)** リンパ管内を流れている液。組織液〔➡p.130〕の一部がリンパ管に入ったもの。無色透明で血しょう〔➡p.130〕の成分に近く，少量のリンパ球を含んでいる。細胞に栄養分を届け，細胞で生じた不要な物質を受けとるはたらきをしている。また，小腸からのリンパ管には多量の脂肪を含んでいる。

リンパせん(リンパ節) リンパ管のところどころにあり，**リンパ球をつくる**ことと，組織からリンパ管に入った**細菌などをとらえて分解する**はたらきをしている。

リンパ球 白血球〔➡p.130〕の一種である。骨髄でつくられ，リンパや血液中に見られる。ウイルスなどを攻撃してからだを守るはたらきがある。

生命を維持するはたらき・呼吸

★ **呼吸** 肺などの呼吸器に空気を出し入れし，酸素と二酸化炭素の交換（ガス交換）を表す場合（**外呼吸**）と，生物の細胞内で，**酸素を使って栄養分を分解し，細胞の生活活動に必要なエネルギーをとり出す**はたらき（**細胞呼吸，内呼吸**）を表す場合がある。

★★ **細胞呼吸(内呼吸)** 生物の細胞で行われている，**酸素を使って栄養分を分解し，エネルギーをとり出すはたらき**。ヒトの細胞呼吸は，小腸で吸収し，血液で運ばれた栄養分を，肺でとり入れて血液によって運ばれた酸素を使って二酸化炭素と水に分解し，エネルギーをとり出している。このとき発生した二酸化炭素は不要な物質で，血液によって肺に運ばれて体外に排出される。

栄養分＋酸素

→二酸化炭素＋水＋エネルギー

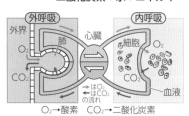

O₂→酸素　CO₂→二酸化炭素

▲肺での呼吸と細胞呼吸

★ **外呼吸** 一般に呼吸というときは外呼吸（肺などで行われる酸素と二酸化炭素の交換）のことを指す。

呼吸系 呼吸のはたらきに関係している器官をまとめたもの。ヒトの呼吸系は，**肺，気管，気管支**からできている。

★★ **肺** 呼吸〔➡p.128〕のはたらきをする器官。空気中の酸素を血液中にとり入れ，不要になった二酸化炭素を排出する。ヒトの肺は，左右に1つずつあり，細かく枝分かれした**気管支**とその先にある**肺胞**が集まってできている。肺胞のまわりは毛細血管が網の目のようにとり巻いている。

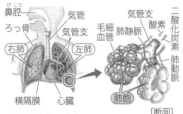

▲ヒトの肺のつくり

★ **気管** のどと肺をつなぐ管。鼻や口から吸いこまれた**空気の通り道**となる。気管は途中で2つに分かれて**気管支**となり，左右の肺とつながっている。

★ **気管支** 気管が枝分かれしたもの。気管が2つに枝分かれした気管支は，次々に枝分かれしてしだいに細くなる。気管支の先端に**肺胞**がある。

★★ **肺胞** 気管支の先にある小さな袋。肺胞には毛細血管が分布し，肺胞内の**空気から血液中に酸素がとり入れられ，血液中の二酸化炭素が肺胞中に放出される**。肺胞は，直径約0.2mm，左右の肺を合わせて3〜5億個ある。肺全体の表面積は約100㎡にもなり，**酸素と二酸化炭素の交換が効率よく行われる**。

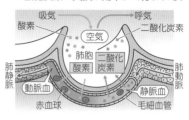

▲酸素と二酸化炭素の交換

★ **横隔膜** 胸腔と腹腔(小腸や大腸など消化管などがある部分)との境にある筋肉質の膜。肺への空気の出し入れは，横隔膜とろっ骨をおおう筋肉を動かし，胸腔の体積を変化させて行われる。

★ **胸腔** ろっ骨をおおう筋肉質の膜と横隔膜で囲まれた空間。胸腔の中に肺がある。

息をはくとき…横隔膜が上がり，ろっ骨が下がる。→胸腔がせばまり，肺から空気が出る。

息を吸うとき…横隔膜が下がり，ろっ骨が上がる。→胸腔が広がり，肺に空気が入る。

▼肺に空気が出入りするしくみ

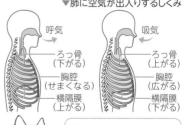

筋肉がない肺は，自分で空気の出し入れはできない。胸腔の体積を変化させて行っているんだ。

呼吸器官 外呼吸を行うための器官。水中で生活する動物はえら，セキツイ動物は魚類と両生類の幼生以外の動物は肺，節足動物は気管で呼吸を行う。動物はこれらの呼吸器官や体表を通して，体外から酸素をとり入れ，二酸化炭素を排出している。

循環系 血液循環に関係する器官をまとめたもの。血液が流れる**血管**と血液を循環させる**心臓**，リンパが流れる**リンパ管**などからできている。

★ **血液** 血管を流れる赤色の液体。全身の**細胞に酸素や栄養分を運び**，細胞で生じた**二酸化炭素などの不要な物質を**運搬している。ヒトの体重の約７％を占め，**赤血球**，**白血球**，**血小板**の固形成分と**血しょう**の液体成分からなる。

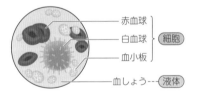

▲血液の成分

★ **赤血球** 血液中に最も多く含まれる**赤色の固形成分**。円盤状で真ん中にくぼみがある形で，１個の細胞だが核はない。**ヘモグロビン**という色素を含み，**酸素を運ぶ**。赤血球が赤色をしているのはヘモグロビンがあるためである。

★ **白血球** 赤血球より大きく，核がある。いくつかの種類があり，細菌やウイルスなどから，からだを守る免疫に関わっている。

★ **血小板** 赤血球より小さく，不定形で核はない。**血液の凝固に関係する物質**を含み，出血したとき血液を凝固させて傷口をふさぎ，多量の出血を防ぐ。

★ **血しょう** 淡黄色の透明な液体。約90％が水。**栄養分**を組織に運び，細胞呼吸〔➡p.128〕で生じた**二酸化炭素，そのほかの不要物**をとかして運ぶ。

★ **組織液** 血しょうの一部が毛細血管からしみ出し，組織の細胞の間にたまったもので，血しょうとほぼ同じ成分。血液中の**酸素と栄養分**は組織液に入り，組織液から細胞に渡される。細胞から出た**二酸化炭素や不要物**は組織液から血管に入り，血液によって運ばれる。

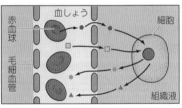

● 酸素　■ 栄養分
● 二酸化炭素　▲ 不要物（アンモニアなど）

▲組織液のはたらき

骨髄 骨の中にある血液をつくる組織で，赤血球，白血球などをつくる。骨髄の中には，各血球になる**造血幹細胞**が存在する。

脾臓 循環系の器官。血液中の古くなった赤血球をこわす。体内に入ってきた病原体などとたたかうリンパ球〔➡p.128〕をつくるはたらきもある。

★ **ヘモグロビン** 赤血球に含まれている赤色の色素で，鉄を含んでいる。肺のように**酸素が多いところでは酸素と結びつき，**組織のように**酸素の少ないところでは酸素を放す**性質がある。

★ **心臓** 血液を全身に送るはたらきをしている器官。厚い筋肉(心筋)でできていて，内部は**4つの部屋**(右心房，右心室，左心房，左心室)に分かれ，それぞれの部屋には太い血管がつながっている。**規則正しく収縮して，全身に血液を送る。**心房と心室の境，心室と動脈の境には，血液の**逆流を防ぐ弁**がある。

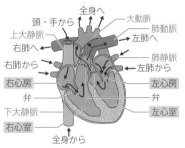

▲ヒトの心臓のつくり

★ **心房** 心臓にもどってきた血液が流れこむ部屋。大静脈がつながる**右心房**には，**全身からもどってきた血液**が流れこむ。肺静脈がつながる**左心房**には，**肺からもどってきた血液**が流れこむ。

★ **心室** 心房から流れこんだ血液を送り出す部屋。肺動脈がつながる右心室は，右心房から流れこんだ**血液を肺へ送り出す。**大動脈がつながる左心室は，左心房から流れこんだ**血液を全身へ送り出す。**

★ **拍動** 心臓が規則正しく収縮する運動。この運動は1分間に60〜80回くり返され，血液の流れをつくり出している。

① 心房が広がり，**静脈から血液が流れこむ。**

② 心房が収縮し，**心室へ血液が流れこむ。**

③ 心室が収縮し，**動脈へ血液が流れ出る。**

★ **動脈** 心臓から送り出された血液が流れる血管。血管の壁が厚く，弾力性がある。からだの深い部分に分布。

★ **大動脈** 心臓の左心室とつながり，全

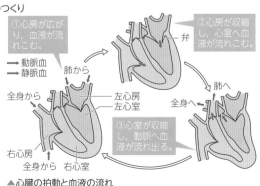

▲心臓の拍動と血液の流れ

131

身へ送り出された血液が通る。

★ **肺動脈** 心臓の右心室と肺をつないでいる動脈。この動脈だけは，ほかの動脈とは異なり，全身から二酸化炭素を受けとった血液が通っている。

★ **静脈**（じょうみゃく） 心臓にもどる血液が流れる血管。血管の壁がうすく，ところどころに血液の**逆流を防ぐ弁がある**。からだの浅い部分に分布。

門脈（もんみゃく） 発展 肝臓とつながっている血管のうち，消化器官から直接つながっている血管。消化器官で吸収されたブドウ糖などが，多く含まれた血液が流れる。**肝門脈**（かんもんみゃく）ともいう。

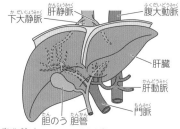

肝静脈（かんじょうみゃく） 腹大動脈（ふくだいどうみゃく） 下大静脈（かだいじょうみゃく） 肝臓 肝動脈（かんどうみゃく） 胆のう（たん） 胆管（たんかん） 門脈（もんみゃく）

★ **大静脈**（だいじょうみゃく） 心臓の右心房とつながり，**全身から心臓にもどる血液**が通る血管。

★ **肺静脈**（はいじょうみゃく） 心臓の左心房とつながり，**肺から心臓にもどる血液**が通る血管。

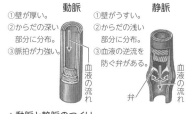

動脈
①壁が厚い。
②からだの深い部分に分布。
③脈拍が力強い。

静脈
①壁がうすい。
②からだの浅い部分に分布。
③血液の逆流を防ぐ弁がある。

血液の流れ 弁 血液の流れ

▲動脈と静脈のつくり

★ **動脈血** 酸素を多く含む血液。肺で，赤血球に含まれるヘモグロビンが酸素と結びつき，鮮やかな赤色(鮮紅色)（せんこうしょく）をしている。**肺静脈→心臓→大動脈**と流れている。

★ **静脈血** 含まれる酸素の量が少ない血液。各組織で酸素を放出し，黒ずんだ赤色(暗赤色)（あんせきしょく）をしている。動脈を流れる血液が動脈血，静脈を流れる血液が静脈血とは限らない。**肺動脈には静脈血が，肺静脈には動脈血が流れている。**

2心房2心室 心臓のつくりが2つの**心房**(右心房，左心房)と2つの**心室**(右心室，左心室)に分かれているつくり。これは，**ホニュウ類と鳥類**の心臓のつくりで，動脈血と静脈血が混ざり合うことはない。ほかのセキツイ動物の心臓は，**魚類は1心房1心室**で，心臓には**静脈血**が流れている。**両生類は2心房1心室**で，動脈血と静脈血が混じり合う。**ハチュウ類は2心房1心室**だが，心室に不完全なしきりがあり，動脈血と静脈血は少し混ざり合う。

弁（べん） 血液の逆流を防ぐためのもの。心臓の**心房と心室の境，心室と動脈の境，静脈**にそれぞれある。

★ **体循環**（たいじゅんかん） ヒトの血液循環で，心臓から出て，肺以外の**からだの各部分を通って心臓にもどる道すじ**。全身の細胞に酸素と栄養分を与え，細胞から出た二酸化炭素などの不要物を運び去る。

★ **肺循環**（はいじゅんかん） ヒトの血液循環で，心臓から

出て**肺を通って心臓にもどる道すじ。**
肺で二酸化炭素を放出し、酸素をとり
入れる。

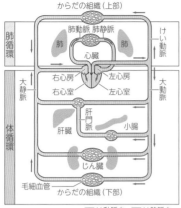

▲ヒトの肺循環と体循環

> ⚠ **血液の循環**
>
> 血液中には赤血球があり、細胞呼吸の
> ための酸素を運ぶ役割を果たしている。
> また、血液は栄養分を細胞に届けたり、
> 細胞から出た不要物などを運んできた
> りする重要な役割もしている。注射や薬
> が効くのも、血液に成分が運ばれて全
> 身に送られるからである。

★ **排出** 細胞呼吸〔→p.128〕によって生じた
二酸化炭素やアンモニアなどの不要物
を体外に捨てること。

① **二酸化炭素**は、血液によって**肺**に運
ばれ、体外に排出される。

② 有毒な**アンモニア**は、**肝臓**で毒性の
少ない**尿素**に変えられ、**尿**として**じ
ん臓**などの排出器から体外に排出さ
れる。また、一部は**汗**として排出さ
れる。

排出系 じん臓・
ぼうこう・輸尿
管など、不要物
の排出に関係す
る器官をまとめ
たもの。

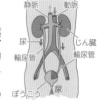

▲ヒトの排出系

★★ **じん臓** 血液から**尿素などの不要物**、
余分な**水や塩分をとり除き、尿をつく
る器官。**腰の上部の背骨の左右に1対
あり、にぎりこぶしくらいの大きさ。
じん臓でこし出された尿は輸尿管を通
ってぼうこうに一時ためられてから、
体外に排出される。

じん臓のはたらき…血液から**尿素など
の不要物をとり除く**ことと、余分な水

生物

第2章 生物のからだのつくりとはたらき

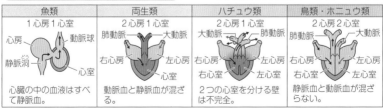

魚類	両生類	ハチュウ類	鳥類・ホニュウ類
1心房1心室	2心房1心室	2心房1心室	2心房2心室
心臓の中の血液はすべて静脈血。	動脈血と静脈血が混ざる。	2つの心室を分ける壁は不完全。	静脈血と動脈血が混ざらない。

→静脈血の流れ、 →動脈血の流れ

▲セキツイ動物の心臓のつくり

分や塩分をとり除き，**血液中の塩分濃度を一定に保つこと。**

* **ぼうこう**　尿を一時的にためておく器官。じん臓でつくられた尿は，輸尿管を通ってぼうこうにためられる。

* **輸尿管**　じん臓から出てぼうこうにつながっている管。尿はこの管を通ってぼうこうに運ばれる。

ボーマンのう　じん臓に無数にある，糸球体（毛細血管がまりのように集まったもの）を包む袋。糸球体で血液をろ過して尿がつくられる。

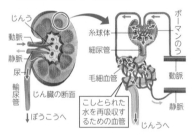

▲じん臓のしくみ

糸球体　[発展]　じん臓のじん動脈から枝分かれして球状に集まった毛細血管。血液が糸球体を流れると，赤血球や白血球，タンパク質のような大きな物質以外は，毛細血管からろ過されて，ボーマンのうに入り，原尿となる。

じんう　[発展]　じん臓の内側にある袋状の部分。じん臓で再吸収されずに残った不要物や余分な塩分，水分は尿として集められ，じんうから輸尿管を通って，ぼうこうへ送られる。

* **尿**　じん臓で血液をこしとってつくられる液体。成分の大部分は水。ほかに尿素などの不要物，塩分などを含む。輸尿管を通って一時ぼうこうにたまり，その後，体外に排出される。

* **尿素**　タンパク質（アミノ酸）の分解で生じた有害なアンモニアから，**肝臓でつくり変えられた毒性の少ない物質。**

* **汗**　尿とほぼ同じ成分だが，尿よりずっとうすい。皮膚の汗せんでつくられる。汗の排出によって**体温の上昇を防ぐ**はたらきをしている。

汗せん　皮膚にある，汗を分泌する器官。ホニュウ類の一部で発達している。ヒトでは体温を下げる役割を果たしている。汗せんから出た汗が蒸発するときに，体温が下がる。においを出すはたらきもある。

再吸収　ボーマンのうの糸球体で血液をろ過してできた尿には，栄養分などが含まれている。ボーマンのうから流れ出た尿が**細尿管**を通るとき，栄養分や水などが血液中に再び吸収される。

刺激と反応

* **刺激**　光や音，におい，味，温度などのように，生物にはたらいて特定の反応を引き起こす原因となるもの。

* **反応**　刺激に対して起こる生物の変化や動きのこと。

走性　動物が刺激に対して**一定の方向に動く**こと。刺激のある方向に動くこ

とを**正の走性**，刺激とは遠ざかる方向
に動くことを**負の走性**という。暗い方
向に逃げるミミズの動きは，光の刺激
で起こる負の走光性である。

屈性〔くっせい〕 植物が，**刺激によってからだを曲
げる性質**。刺激の方向に曲がることを
正の屈性，刺激と反対方向に曲がるこ
とを**負の屈性**という。

屈地性〔くっちせい〕 **重力**が刺激となって起こる屈
性。植物の根は下（重力の向き）に，茎
は上（重力の逆向き）にのびる性質があ
り，**根は正の屈地性，茎は負の屈地性**
をもつ。

インゲンマメ　横にたおしておく。
茎
根
根は重力の方向に，茎は重力
と反対の方向に曲がる。

▲植物の屈地性

屈光性〔くっこうせい〕 **光**が刺激となって起こる屈性。
植物の茎は，光に向かってのびる**正の
屈光性**，根は光と反対方向にのびる**負
の屈光性**をもつ。

★**感覚器官** 光や音などの外界からの**刺
激を受けとる器官**。感覚器官によって
受けとる刺激はそれぞれ決まっている。
ヒトのおもな感覚器官には，**目，耳，
鼻，舌，皮膚**などがある。感覚器官で
受けとった刺激は，**神経を通って脳に
伝わってはじめて刺激として感じとる**。

刺激	感覚器官	生じる感覚
光	目	視覚
音	耳	聴覚
味	舌	味覚
におい	鼻	嗅覚
圧力・温度 痛み・接触	皮膚	圧覚・温覚 痛覚・触覚

▲刺激とヒトの感覚器官

五感〔ごかん〕 ヒトのおもな5つの感覚。視覚，
聴覚〔ちょうかく〕，嗅覚〔きゅうかく〕，味覚，皮膚感覚。

感覚細胞 感覚器官にある，**刺激を受
けとる細胞**。視細胞（目），聴細胞〔ちょうさいぼう〕（耳），
味細胞〔みさいぼう〕（舌），嗅細胞〔きゅうさいぼう〕（鼻）などがある。

★**目のつくり** 目は光の刺激を受けとる
感覚器官。前面から**角膜**〔かくまく〕，**こうさい，
水晶体（レンズ）**〔すいしょうたい〕，**ガラス体**があり，そ
の奥に像がうつる**網膜**〔もうまく〕がある。

ものが見えるしくみ

①角膜，ひとみを通った光は水晶体で
屈折して**網膜上に像（上下左右が逆
の実像〔➡p.10〕）を結ぶ。**

②網膜で光の刺激を信号に変え，**視神
経を通して脳に送る。**

③脳は信号を受けとり，**ものが見えた**

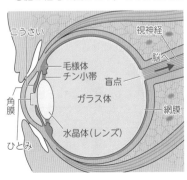

こうさい
視神経
脳へ
毛様体
チン小帯
盲点
角膜
ガラス体
網膜
水晶体（レンズ）
ひとみ

▲目のつくり

と判断する。

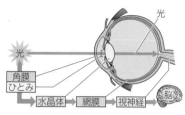

▲ものが見えるしくみ

★ **水晶体（レンズ）** 凸レンズのようなはたらきをし、角膜を通った**光を屈折させて集め、網膜上に像を結ぶ**はたらきをする。毛様体の伸縮によって水晶体のふくらみを変える。近い物体を見るときは水晶体を厚くし、遠い物体を見るときは水晶体をうすくする。

こうさい 黒色の色素をもった膜。まわりの明るさに応じて伸縮して、中央にあるひとみの大きさを変え、**水晶体に入る光の量を調節する。**

〈明るいところ〉　　　〈暗いところ〉

ひとみ

こうさい

こうさいが広がり、　　こうさいが縮んで、
ひとみが小さくなる。　ひとみが大きくなる。

▲明るさとこうさいの伸縮

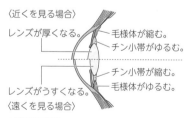

〈近くを見る場合〉
レンズが厚くなる。　　毛様体が縮む。
　　　　　　　　　　　チン小帯がゆるむ。

　　　　　　　　　　　チン小帯が縮む。
レンズがうすくなる。　毛様体がゆるむ。
〈遠くを見る場合〉

▲遠近の調節

136

こうさいの伸縮は無意識に起こる**反射**〔➡p.141〕の反応である。

ガラス体 眼球の中を満たしている透明で半流動性のもの。眼球の形を保ち、光の乱反射を防いでいる。

角膜 眼球の最も前方にある透明な膜で、**水晶体を保護している。**眼球の最も外側をおおっている**強膜**とつながっている。

★ **網膜** 光を刺激として受けとる感覚細胞（視細胞）とその刺激を脳に伝える**視神経**のあるうすい膜。水晶体によってつくられた像が網膜上にうつると、視細胞ではその刺激が信号に変えられ、視神経によって脳へ送られる。

★ **視神経** 網膜の感覚細胞（視細胞）が受けとった光の刺激を脳へ伝える。

★ **視覚** 五感のうちの、光を受けて感じとる感覚。ものが発したり反射したりして目に届いた光を像としてとらえている。生物種などで感じとることのできる色（波長）の範囲は異なる。

盲点 目の内側にある網膜の構造上、光を受けられない点。網膜が受けた光が視神経に伝わり、脳に伝わる。視神経は束ねられ、脳につながっているが、視神経が束ねられた部分には視細胞が存在しないため、その部分に当たる光は感じとることができない。

比喩としての盲点は、この盲点から、見落としがちなことがらをいうんだね。

耳のつくり 耳は，音波（空気の振動）を刺激として受けとる感覚器官。外耳・中耳・内耳の3つの部分からできている。内耳には，からだのつり合いを保つはたらきもある。

①**外耳**…音波を集めるはたらきをする**耳かく**と**外耳道**に分かれる。

②**中耳**…**鼓膜**の内側の部屋。鼓膜と内耳をつなぐ3つの**耳小骨**がある。

③**内耳**…音の振動を刺激として受けとる**うずまき管**と，からだのつり合いを保つはたらきをしている**半規管**と**前庭（器官）**がある。

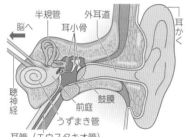

▲耳のつくり

★★ **鼓膜** 外耳と中耳の境目にあるうすい膜。外耳道に入った音（空気の振動）をとらえて振動し，この振動が中耳にある耳小骨に伝わる。

★★ **耳小骨** 中耳にある3つの小さな骨（つち骨，きぬた骨，あぶみ骨）。鼓膜から伝わった振動は，3つの骨を順に伝わる間に増幅されて内耳のうずまき管に伝わる。

半規管（三半規管） からだの回転をとらえる感覚器官である。前庭の先についている3つの半円形の管で，管の中に入っている**リンパ**〔➡p.128〕がからだの回転とともに流れ，その流れを感覚細胞が刺激としてとらえ，これが脳に伝わってからだの回転を感じる。3つの管は互いに直角になるような位置にあり，**どの方向の回転も感じることができる**。

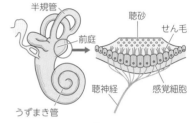

▲半規管・前庭・うずまき管

前庭 内耳のうずまき管に続いたところにあり，**からだの傾きやからだのつり合い**をとらえる器官。せん毛の生えた感覚細胞の上に**聴砂**（聴石ともいい，カルシウムのかたまり）がのっている。からだが傾くとその方向に聴砂が動き，それをせん毛のある感覚細胞がとらえた信号が聴神経によって脳に伝えられ傾きを感じる。

★ **うずまき管** 内耳にあり，**音の振動を刺激として受けとる**器官。カタツムリの殻のような形をした管で，内部は**リンパ**〔➡p.128〕で満たされている。耳小骨で増幅された音の振動がうずまき管の中のリンパに伝わり，その振動が

聴細胞を刺激し，聴神経によって脳に伝えられる。

耳管（エウスタキオ管）　中耳とのどをつないでいる管で，のどから外界に連なっている。**中耳内の気圧を外界の気圧と等しくして，鼓膜が正常に振動する**ようにしている。

★**聴神経**　音の刺激を脳に伝える神経。うずまき管にあり，音の刺激をとらえた聴細胞からの信号を脳に伝える。

聴覚　五感のうちの，音を受けて感じとる感覚。振動が耳などに伝わり，音としてとらえられる。

鼻のはたらき　鼻は呼吸のための空気の通り道となると同時に，**においの刺激を受けとる感覚器官**である。鼻の奥にある**嗅細胞の集まりににおいのもとになる物質**が付着すると，その刺激が嗅神経を通して脳に伝えられ，においを感じる。

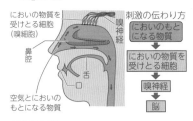

▲鼻のつくり

嗅覚　五感のうちの，においとして感じとる感覚。ものから出ている物質が鼻などにつき，感じとる。

★**嗅神経**　鼻の奥の鼻腔の上部にある神経。**においの刺激を受けとる嗅細胞**から

の刺激の信号を脳に伝える。

舌のはたらき　食物をだ液とよく混ぜ合わせるはたらきをもつ。**味による刺激を受けとる感覚器官**でもある。舌の表面はざらざらしており，小さな突起がたくさんあり，その表面にある**味細胞**に，水にとけた物質が作用すると，その刺激が味神経によって脳に伝えられ，味覚を引き起こす。

ヒトの味覚…甘い味・苦い味・塩辛い味・すっぱい味・うま味の5つの味が基本で，これらの組み合わせによっていろいろな味を感じている。

味覚　五感のうちの，味として感じとる感覚。

皮膚感覚　皮膚の表面に分布する**感覚点**が刺激を受けて起こる感覚。**温覚，冷覚，痛覚，触覚**の4種類がある。

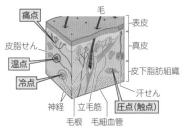

▲ヒトの皮膚のつくりと感覚点

感覚点　皮膚などにある感覚を感じとる点。皮膚の感覚点には，温点，冷点，痛点，圧点（触点）の4つがある。

触覚　五感のうちの，ふれた感触として感じとる感覚。何かものにふれたときに，皮膚などで感じとる。

痛覚 痛みを感じとる感覚。皮膚の痛点で感じたり，臓器組織の圧迫や障害などを感じとったりする。からだを守るために重要な感覚の１つである。

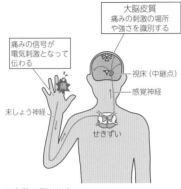

大脳皮質
痛みの刺激の場所や強さを識別する

痛みの信号が電気刺激となって伝わる

視床（中継点）

感覚神経

末しょう神経

痛

せきずい

▲痛覚の伝わり方

温覚 温かさ，熱さを感じとる感覚。温覚を感じとる神経は，熱が伝わると，その熱を感じとる。皮膚よりも高い温度のみを感じとることができる。

冷覚 冷たさを感じとる感覚。冷覚を感じとる神経は，熱がうばわれると，それを冷たいと感じとる。冷たさを感じる皮膚の冷点は，温かさ，熱さを感じる温点よりも多く存在する。

★**神経** 外界の刺激や反応の命令を伝えたり，いろいろな器官のはたらきを調節するもの。または，中枢神経と各器官をつなぐ神経繊維の束のこと。

★**神経系** 刺激の信号や命令の信号を伝えたり，判断・命令などを行う器官をまとめたもの。**神経細胞**（ニューロン）の集まりで，**中枢神経**と**末しょう神経**

からなる。

★**中枢神経（系）** 神経細胞が多く集まっている部分で，**脳とせきずい**からなる。**感覚器官**〔➡p.135〕からの信号を受けとり，**処理・判断**し，反応を起こすように命令を出す。

★**末しょう神経（系）** 中枢神経から出て，細かく枝分かれしてからだ全体に分布している。**感覚神経**〔➡p.141〕と**運動神経**〔➡p.141〕に分けられる。

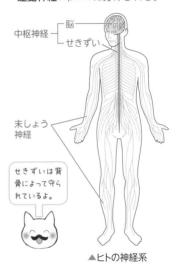

中枢神経 — 脳
　　　　　 せきずい

末しょう神経

せきずいは背骨によって守られているよ。

▲ヒトの神経系

神経細胞（ニューロン/神経単位）
神経系をつくる細胞。核のある**細胞体**とそこから多くの**樹状突起**や長い**神経繊維**がのびている。樹状突起でほかの神経細胞から信号を受けとり，神経繊維によって，ほかの神経細胞や筋肉，内臓などに信号を伝達する。

139

かなり変わった形の細胞だね。

核
細胞体
信号が伝わる

▲神経細胞

ホルモン　体内の特別な器官（**内分泌器官**）から，**血液中に直接分泌される**物質で，ほかの決まった細胞などにはたらき，生物の活動を支える。

内分泌器官（内分泌せん）　ホルモンを分泌する器官。**脳下垂体，甲状せん・すい臓のランゲルハンス島〔➡p.124〕・副じん・卵巣・精巣**などがある。

脳下垂体　間脳の下にある内分泌器官。からだの成長をうながす**成長ホルモン**を分泌するほかに，ほかの内分泌器官にはたらくホルモンを分泌し，す**べての内分泌器官を調節するはたらき**をしている。

甲状せん　のどの奥にある内分泌器官。チロキシンなどのホルモンを分泌する。チロキシンは炭水化物の酸化を助け，発育・成長に影響を与える。

★ **脳**　中枢神経の１つで，神経細胞が集まり，**生命活動の中枢**である。感覚器官からの刺激の信号をもとに感覚が生じ，それに応じた命令を筋肉や器官に伝えて反応や行動を起こさせる。また，**判断・思考・記憶・感情などの高度な活動**を行う。**大脳・中脳・小脳・**

間脳・えんずいなどに分けられる。

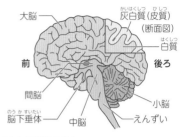

大脳
灰白質（皮質）
（断面図）
白質
前
後ろ
間脳
小脳
脳下垂体
中脳
えんずい

▲ヒトの脳のつくり

★ **大脳**　ヒトでは最も発達し，脳の多くの部分を占め，頭骨で保護されている。左右２つの半球に分かれ，左の半球は右半身，右の半球は左半身のはたらきに関係している。いろいろな**感覚や運動の中枢，判断，思考，記憶，感情などの高度な精神的活動**の中枢である。

★ **小脳**　からだの平衡を保つための中枢。大脳の運動中枢と連絡をとり，からだのバランスをとるはたらきをする。

水中生活の魚類や空中で活動する鳥類は，からだのつり合いを保つ必要が大きいので，小脳が最も発達している。

脳幹　大脳と小脳を除き，脳の幹になる部分をいう。中脳・間脳・えんずいなどからなる。

★ **中脳**　間脳の下にある。**眼球の運動やこうさいの動き，姿勢などを調節する**中枢がある。

★ **間脳**　大脳の下にあり，**内臓のはたらきや体温の調節，ホルモンの分泌**に関係している。

★ **えんずい** 脳とせきずいを連絡すると
ころにある。**呼吸運動, 心臓の拍動,**
血管の収縮など, 無意識に行う運動の
調節をしている。生命の維持になくて
はならない器官である。

★ **せきずい** 脳とともに中枢神経をつく
る。背骨の中を通る神経細胞の束で,
脳のえんずいとつながっている。**脳と**
末しょう神経をつなぐ通路となり, 信
号のやりとりのなかだちをしている。
汗の分泌, 排せつや排便の中枢, **せき**
ずい反射の中枢である。

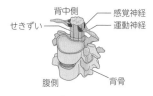

▲ヒトのせきずいのつくり

★ **反射** 外界からのある刺激に対して**意**
思とは関係なく起こる反応で, 大脳は
関係しない。ヒトには生まれながらに
備わっている。反射の中枢は**せきず**
い, えんずい, 中脳にある。

せきずい反射…感覚器官からの刺激の

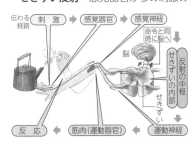

▲ヒトの反射のしくみ

信号は, 大脳に伝わる前に**せきずいで**
命令に変えられ, 運動神経を通して筋
肉に伝えられる。反応に要する時間が
短いので, **からだを危険から守るのに**
つごうがよい。

　たとえば, 熱いものに手がふれる
と, 瞬間的に手を引っこめる。ひざの
下をたたくと, ひざがのびるなど。

条件反射 ある条件をくり返し与える
ことによって, 反射のように, ほとん
ど無意識に起こる反応。生理学者のパ
ブロフが発見した。同じ条件を何回も
与えられると, もともとなかった反応
経路ができる。イヌに食べ物を与える
とき, いつもベルの音を聞かせている
と, やがてイヌはベルの音を聞いただ
けでだ液を分泌するようになる。

▲条件反射の例

★★ **運動神経** 末しょう神経の1つで, 中
枢神経からの**命令の信号を筋肉などの**
運動器官に伝える神経。

★ **感覚神経** 末しょう神経の1つで, 感

141

覚器官からの**刺激の信号を中枢神経に伝える**神経。

自律神経 呼吸や循環のように，意思とは関係のないはたらきを制御する神経系。一般に，自律神経は，1つの器官に交感神経と副交感神経の2種類の神経が通っている。

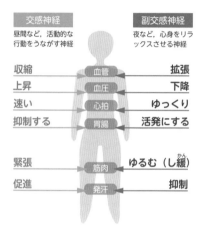

交感神経		副交感神経
昼間など，活動的な行動をうながす神経		夜など，心身をリラックスさせる神経
収縮	血管	拡張
上昇	血圧	下降
速い	心拍	ゆっくり
抑制する	胃腸	活発にする
緊張	筋肉	ゆるむ（し緩）
促進	発汗	抑制

▲自律神経系によるからだの制御

交感神経 自律神経の1つで，おもに興奮状態にあるときにはたらく神経。交感神経系がはたらくと，ひとみが大きくなったり，拍動数が多くなったり，呼吸が速くなったりする。

副交感神経 自律神経の1つで，おもに休息状態にあるときにはたらく神経。副交感神経系がはたらくと，ひとみが小さくなったり，拍動数が少なくなったり，呼吸が遅くなったりする。

★ **運動器官** からだを動かして移動するための器官。動物の多くは，**筋肉による運動**，または**筋肉と骨格による運動**，単細胞生物はせん毛やべん毛による運動である。

★ **骨格** 動物のからだを支え，保護している骨組み。骨につながっている筋肉を動かして運動を行う。**内骨格**と**外骨格**がある。

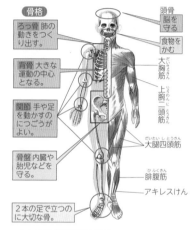

骨格

ろっ骨 肺の動きをつくり出す。

背骨 大きな運動の中心となる。

関節 手や足を動かすのにつごうがよい。

骨盤 内臓や胎児などを守る。

頭骨 脳を守る

食物をかむ

大胸筋

上腕二頭筋

大腿四頭筋

腓腹筋

アキレスけん

2本の足で立つのに大切な骨。

▲ヒトの全身の骨格と筋肉

★ **内骨格** 骨格がからだの**内側**にあり，外側に筋肉がついているつくり。**セキツイ動物**〔➡p.106〕の骨格である。

ヒトの骨格…**背骨**を中心として，**頭骨**，**ろっ骨**，**骨盤**，**うで・足の骨**など，約200本の骨がある。背骨と足の骨でからだ全体を支え，頭骨は脳を，ろっ骨は心臓と肺を，背骨はせきずいを保護し，骨盤と背骨は小腸や大腸，じん臓などの内臓を守っている。

★ **外骨格** 骨格がからだの**外側**にあり，その内側に筋肉がついているつくり。

節足動物〔➡p.109〕などの骨格である。

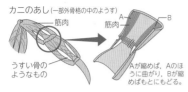

カニのあし（一部外骨格の中のようす）

筋肉 —
筋肉 — A
— B

うすい骨の
ようなもの

Aが縮めば，Aのほうに曲がり，Bが縮めばもとにもどる。

▲カニの骨格と筋肉

★ **筋肉** 筋繊維という細長い細胞が集まっている組織。神経からの刺激の信号で収縮する。次の3種類がある。

横紋筋 細胞に横しま（横紋）のもようがある筋肉。骨格についている筋肉があてはまる。自分の意思で動かせる随意筋である。収縮は速く，疲労しやすい。

横紋筋

平滑筋

▲横紋筋と平滑筋

平滑筋 細胞に横しま（横紋）のもようがない筋肉。内臓を動かす筋肉があてはまる。自分の意志で動かせない不随意筋である。収縮は遅いが，疲労しにくい。

心筋 心臓をつくる筋肉で横紋筋。ほかの横紋筋は収縮が速く疲労しやすいが，心筋は，収縮は速いのに疲労しにくい。心筋が疲労しにくいことで，血液の循環が続けられる。不随意筋である。

★ **関節** 骨と骨のつながり方の1つで，手足のつけ根，ひじ，ひざなどの骨のつながり方。関節の部分では，1対の筋肉の両端が，関節をへだてて2つの骨に結びついている。1対の筋肉の一方の筋肉が縮み，もう一方の筋肉がゆるむことによって，関節の部分で曲げたりのばしたりすることができる。

▼うでを曲げるとき

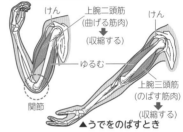

けん
上腕二頭筋（曲げる筋肉）
（収縮する）
けん
ゆるむ
関節
上腕三頭筋（のばす筋肉）
（収縮する）

▲うでをのばすとき

▲うでの伸縮のしくみ

★ **けん** 筋肉の端を骨に結びつけている非常にじょうぶな組織。多くの繊維が束になっている。ヒトではかかとにあるアキレスけんが最も大きい。

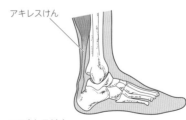

アキレスけん

▲アキレスけん

細胞分裂と生物の成長

★ **細胞分裂**　1つの細胞が2つの細胞に分かれること。体細胞分裂ともいう。多細胞生物は，細胞分裂をくり返すことによって，**細胞の数がふえ，ふえた細胞がもとの大きさになる**ために，からだが大きくなる。

★ **体細胞分裂**　からだをつくる細胞がふえるときの細胞分裂のこと。体細胞分裂では，その前後で**染色体**〔➡p.113〕の数は変化しない。

★ **細胞分裂の順序**　体細胞分裂は，次の順序で進む。

①それぞれの染色体が複製され，同じ染色体が2本ずつになる。

②核の中に染色体が現れ，**染色体には縦に割れ目ができている**（2本の染色体がくっついたままになっている）。

③染色体が細胞の**中央に並ぶ**。

④2本の染色体が分かれて，それぞれ細胞の**両端に移動する**。

⑤**2個の核**ができ，染色体は見えなくなる。細胞にしきりができる。

⑥**2個の細胞**になる。

⑦2個の細胞がそれぞれ**大きくなる**。

★ **染色体の複製**　細胞分裂のときに，新しい細胞に含まれる染色体が，もとと同じになるように起こる。2本で1対だった染色体が1本ずつに分かれ，それぞれが複製される。複製された染色

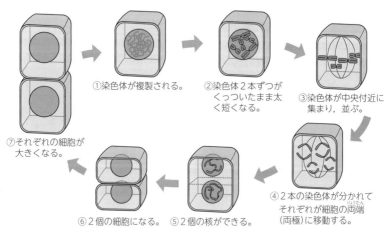

⑦それぞれの細胞が大きくなる。

①染色体が複製される。

②染色体2本ずつがくっついたまま太く短くなる。

③染色体が中央付近に集まり，並ぶ。

⑥2個の細胞になる。　⑤2個の核ができる。

④2本の染色体が分かれてそれぞれが細胞の両端（両極）に移動する。

▲体細胞分裂の順序（植物細胞）

体ともとの染色体がそれぞれ1本ずつで1対となって，2つの細胞ができる。

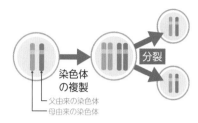

染色体の複製
分裂
父由来の染色体
母由来の染色体

▲体細胞における染色体の複製

柄つき針 柄をつけて持ちやすくした針。**生物の解剖**や**プレパラート**をつくるときなどに使う。針で試料をほぐしたり，つぶしたり，カバーガラスをかけるときなどに使う。

塩酸処理 細胞を観察するとき，試料をうすい塩酸に入れること。**細胞の活動を止めること**と，細胞壁どうしをくっつけているものを分解して**細胞を離れやすくする**ために行う。これによって，細胞の重なりをなくし，観察しやすくする。

解剖用はさみ 動物を解剖して観察するときに使う器具。片方の刃先が丸いはさみは，丸いほうを下にして使い，下の組織を傷つけないようにする。

成長 生物のからだが大きくなること。生物のからだが大きくなるのは，**細胞分裂によって細胞の数がふえ，ふえた細胞のそれぞれがもとの大きさまで大きくなる**からである。

★ **成長点** 植物の根や茎の先端近くにあ

り，**細胞分裂のさかんな細胞が集まった組織**(頂端分裂組織)になっている。根は，先端にある**根冠**によって保護されている。茎の成長点は**茎頂**といい，若い葉に囲まれて保護されている。

頂端分裂組織 根や茎の先端付近にある，**細胞分裂のさかんな細胞が集まっている組織**で，成長点をつくっている組織。根や茎のもとのほうへ，次々に新しい細胞をつくり出している。

①のびない部分
…細胞が一定の大きさに達している。

②のびる部分
…細胞が分裂してふえ，大きくなっている。

③根の先
…根を守る根冠の部分。

細胞が分裂しているところ(成長点)

▲根の先端の部分

★ **根冠** 根の先端にある冠状の組織。成長点をおおって**保護**している。細胞分裂は行われない。

生物のふえ方

★★ **生殖** 生物が，自分と同じ種類の新しい個体をつくり，**なかまをふやすはたらき**。**有性生殖**と**無性生殖**がある。

★★ **有性生殖** 雄と雌の**生殖細胞の受精**によって子ができる生殖。子は両親の特徴(両親の**染色体**〔➡p.113〕)を半分ずつ受けつぐので，**親とは異なる性質**を

145

もつ子がうまれる。

★ **生殖細胞**　生殖のための特別な細胞。**減数分裂**〔➡p.149〕によってできるので，染色体の数は体細胞の半分である。植物では，胚珠の中の**卵細胞**，花粉管の中の**精細胞**，シダ植物やコケ植物の**胞子**，動物では，卵巣でつくられる**卵**と精巣でつくられる**精子**である。

★ **卵**　動物の**雌の卵巣**でつくられる**生殖細胞**。1個の細胞でできている。**減数分裂**〔➡p.149〕によってできるので，**染色体の数は体細胞の半分**である。受精後に**胚**〔➡p.147〕に成長するための養分が含まれている。

★ **精子**　動物の**雄の精巣**でつくられる**生殖細胞**。1個の細胞でできている。**減数分裂**〔➡p.149〕によってできるので，染色体の数は体細胞の半分である。べん毛を使って運動し，卵に達する。

★ **卵細胞**　植物の**雌の生殖細胞**。胚珠の中でつくられ，減数分裂によってできるので，染色体の数は体細胞の半分。

★ **精細胞**　植物の**雄の生殖細胞**。花粉管の中でつくられ，減数分裂によってできるので，染色体の数は体細胞の半分。

卵巣　動物の雌がもつ生殖器。卵（または卵子）をつくる器官。女性ホルモンが分泌される器官でもある。

精巣　動物の雄がもつ生殖器。精子をつくる器官。男性ホルモンが分泌される器官でもある。

★ **体細胞**　多細胞生物における生殖細胞以外の細胞。さまざま組織や器官を形成する。生殖細胞と体細胞の最大のちがいは染色体の数で，生殖細胞は体細胞の半分である。受精卵から分裂し，細胞は筋肉，臓器，骨，皮膚など，それぞれの機能や役目をもつ細胞に**分化**していく。分化した体細胞は，その後，骨から筋肉になったり，臓器から筋肉になったりなど，ちがう機能の体細胞に変化することはない。

★ **花粉管**　受粉〔➡p.101〕後に，花粉から胚珠に向かってのびる管。この中を生殖細胞の**精細胞**が送られる。

★ **受精**　動物では，卵の中に1つの精子が進入し，**卵の核と精子の核が合体する**こと。植物では，花粉管の中の**精細胞の核と胚珠の中の卵細胞の核が合体する**こと。受精によって，**受精卵**の染色体の数は，体細胞と同じになる。

被子植物の受精

①精細胞の核が卵細胞の核と合体する。　②受精卵は分裂をくり返して胚になる。　③胚珠全体は種子になる。

卵細胞
↓
受精卵　　　胚　　種子　胚　果実

カエルの受精

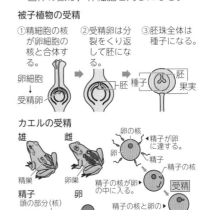

雄　　雌
精巣　　卵巣
精子　　卵
頭の部分（核）
尾（べん毛）

卵の核
精子が卵に達する。
精子
精子の核
精子の核が卵の中に入る。　受精
精子の核と卵の核が合体する。　受精卵

▲被子植物とカエルの受精のようす

146

★**体外受精**…受精が体外で行われること。雌が水中に産んだ卵に雄が精子をかけると，精子は水中を泳いで卵にたどりついて受精する。水中に卵をうむ**魚類**や**両生類**，軟体動物など。

体内受精…**受精が雌の体内で行われること**。交尾によって精子が雌の体内に送りこまれて，体内で受精する。ハチュウ類，鳥類，ホニュウ類，昆虫類など。

★**受精卵**　受精した卵。**1個の細胞**。卵の核と精子の核（植物では卵細胞の核と精細胞の核）が合体して1つの核になるので，**染色体の数は体細胞と同じになる**。受精卵は細胞分裂をくり返して，やがて新しい個体ができていく。

★**発生**　1個の細胞である受精卵が細胞分裂をくり返して，**親と同じからだになるまでの過程**。

卵割…発生の初期の細胞分裂をいう。**体細胞分裂**[➡p.144]とちがい分裂した細胞は大きくならず，**卵割が進んでも胚全体の大きさはほとんど変化しない**。

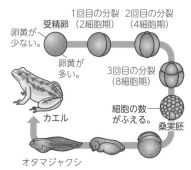
▲カエルの発生

受精卵
卵黄が少ない。
卵黄が多い。
1回目の分裂（2細胞期）
2回目の分裂（4細胞期）
3回目の分裂（8細胞期）
細胞の数がふえる。
桑実胚
カエル
オタマジャクシ

★**胚**　受精卵が細胞分裂をくり返してできた子にあたる部分。動物の場合は，**受精卵から自分で食物をとり始めるまでの間の子**のこと。種子植物の場合は，**種子**[➡p.101]の中にできる，次の世代の植物のからだになる部分。

★**無性生殖**　雌と雄が関係しないふえ方。親のからだが分裂したり，一部が分かれたりして新しい個体ができる。**体細胞分裂**[➡p.144]によって親と同じ**染色体**[➡p.113]を受けつぐので，**子はすべて親と同じ形質をもつ**。分裂，栄養生殖，出芽などがある。

★**栄養生殖**　無性生殖の1つ。植物の**根や茎，葉などの一部から，新しい個体ができるふえ方**。**塊茎**（ジャガイモ），**球茎**（サトイモ），**塊根**（サツマイモ，ダリア），**むかご**（オニユリ，ヤマノイモ），**ほふく茎**（ユキノシタ，オランダイチゴ），**さし木**（人工的に行う栄養生殖）など。

ジャガイモやサツマイモは栄養生殖を利用して栽培している。

出芽　無性生殖の1つ。からだの一部が**芽が出る**ようにふくらみ，やがて離れて新しい個体ができるふえ方。ヒドラ，イソギンチャク，コウボキンなど。

分裂　無性生殖の1つ。**からだが2つに分かれるふえ方**。ゾウリムシ，アメーバ，ミカヅキモなど，**単細胞生物で見**

られる。

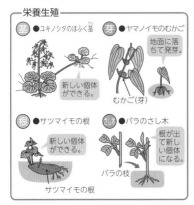

― 栄養生殖 ―

茎 ●ユキノシタのほふく茎

芽 ●ヤマノイモのむかご
地面に落ちて発芽。
むかご(芽)

新しい個体ができる。

根 ●サツマイモの根
新しい個体ができる。
サツマイモの根

さし木 ●バラのさし木
根が出て新しい個体になる。
バラの枝

― 分裂 ―

●アメーバ

▲からだが2つに分かれる。

― 出芽 ―

●ヒドラ
突起

▲突起が出て分かれる。

▲いろいろな無性生殖

メタセコイア 生きている化石の1つ。日本の新生代の地層から化石として多く産出される。絶滅したと考えられていたが，中国で発見されて以降，日本各地に植えられている。さし木でよくつき，生育が非常に早い。

▲メタセコイアの化石
©CORVET

148

遺伝の規則性と遺伝子

★ **形質** 生物のからだの特徴となる形や性質。花弁の色(白い，赤い)，種子の形(丸い，しわ)など。

★ **遺伝** 親の形質が子に伝わること。

★ **遺伝子** 生物の**形質を現すもとになるもの**。遺伝子の本体は，染色体にある**DNA**という物質。1つの形質について2つの遺伝子(対立遺伝子)が支配している。たとえば，エンドウの種子の形については，丸い種子をつくる遺伝子と，しわのある種子をつくる遺伝子がある。

ゲノム 発展 生物のもつ**染色体**〔➡p.113〕にあるすべての遺伝子，またはDNAにかかれたすべての遺伝情報のこと。生物が生存し生活できるために必要な遺伝情報のまとまりである。

ヒトゲノム 発展 ヒトのDNAがもつ遺伝情報のすべてをヒトゲノムという。ヒトゲノムは，約30億個の塩基対からなり，2万〜3万個の遺伝子が含まれているとされている。

★★ **DNA(デオキシリボ核酸)** 遺伝子の本体となる物質。細胞の核内にあり，染色体の主要な成分。たくさんの遺伝子が集まっている。

DNAの構造…**ヌクレオチド**という単位が多数つながってひも状になっている。各単位に1つずつある**塩基という**

構成要素（A，T，G，Cの4種類）の性質によって，2本のひもがらせん状に巻きついたつくりになっている。

DNAの構成要素…アデニン，チミン，グアニン，シトシンという4種類の塩基とよばれる物質。それぞれ**A，T，G，C**の略号で表され，AはTと，GはCと結びつく性質がある。遺伝子は，実際には**DNA上のA，T，G，Cの並び方**として記録されたものである。

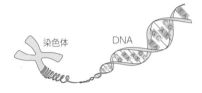

▲DNAのモデル

二重らせん構造 発展 らせん状に絡み合ったDNAの構造のこと。DNAは，リン酸と糖，塩基からなるヌクレオチドとよばれる物質が多数，ひも状につながっている。このひもは2本あって，ねじれながら塩基で結合している（上図）。1953年にワトソンとクリックによって提唱され，のちに2人はノーベル生理学・医学賞を受賞した。

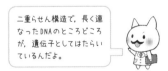

二重らせん構造で，長く連なったDNAのところどころが，遺伝子としてはたらいているんだよ。

DNAの複製 発展 細胞分裂のときに，もとのDNAと同じDNAがもう1

組つくられる過程。いちどDNAの量が2倍になるが，分裂後にはもとの細胞と同じになる。具体的には，複製のときに，DNAの二重らせんの結合がはずれ，ほどけた2本の鎖がそれぞれ鋳型になり，そこから新しいDNAがつくられる。つまり，半分はもとのDNAをもとに複製される（これを**半保存的複製**という）。ワトソンとクリックが提唱し，後に実験で証明された。

★ ★ **減数分裂** 生殖細胞〔➡p.146〕がつくられるとき，**染色体の数が体細胞の半分になる**特別な細胞分裂。

減数分裂のしくみ…細胞分裂が2回連続して起こり，1回目の分裂前に対になっている染色体がそれぞれ複製されて2倍の量になる。1回目の細胞分裂でこれらの染色体が2つに分かれ，染色体数が半分になる。2回目の分裂では染色体が複製されずに，2倍になっていた染色体が1本ずつに分かれる。

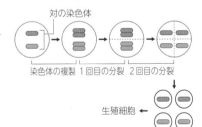

▲減数分裂のしくみ

★ **遺伝のしくみ** 遺伝のしくみの解明は，オーストリアの**メンデル**（1822年～1884年）の**エンドウの実験**がもと

になった。遺伝のしくみは，**顕性と潜性，分離の法則**によって示される。

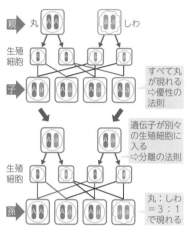

▲遺伝のしくみ

顕性と潜性 顕性の形質をもつ純系の親と潜性の形質をもつ純系の親をかけ合わせると，子の代では顕性の形質だけが現れる。

★**純系** 自家受粉をして代を重ねても同じ形質が現れ，**遺伝子の組み合わせが変化しない個体。**

★**自家受粉** 同じ株にさく花の間で受粉が行われること。エンドウなど。

★**顕性形質** 対立形質をもつ純系どうしのかけ合わせで，**子に現れる形質のこと。**

★**潜性形質** 対立形質をもつ純系どうしのかけ合わせで，**子に現れない形質。**

★**対立形質** 草たけが高い・低い，種子の形が丸い・しわがあるなどのように，

1つの個体に同時には現れない，相対する形質のこと。

★★**分離の法則** 生殖細胞[➡p.146]ができるときに，1対になっている**遺伝子がそれぞれ分かれて，別々の生殖細胞に入る**こと。

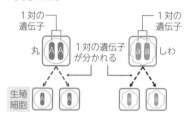

▲分離の法則

独立の法則 異なる形質がそれぞれ影響せずに，独立して遺伝すること。ただし，同じ染色体にある遺伝子どうしは，影響していることがある。

品種 農産物や家畜などで，同じ種だが形態や性質がほかと異なるグループ。米などのブランドも品種である。

品種改良 異なる品種のものをかけ合わせることで，新たな形態や性質の品種をつくり出し，目的に合った品種にする。

クローン 起源が同じで，全く同一な遺伝子をもつ生物個体の集団。身近な例では，**さし木**がある。さし木によってふえた植物は，もとの個体と遺伝子が同一なのでクローンといえる。動物では，体細胞からとり出した核を未受精卵に移植することによって，クローンをつくることができる。ホニュウ類のクローンは，1996年にはじめて，

ヒツジでつくられた。

クローン技術 完全に同じ遺伝情報をもつ個体をクローンといい，そのクローンを人工的につくり出す技術。肉が良質で病気に強いウシなどを，安定的につくり出すことができる。

DNA解析 遺伝情報となっている，DNA上の4種類の構成要素[➡p.149]の並び方を調べて研究すること。たとえば，病気に関係する遺伝子の異常がわかれば，病気の治療や新しい医薬品の開発に役立てることができる。

DNA鑑定 DNAを分析して**個人を識別**すること。DNAの構成要素[➡p.149]の並び方が人によってそれぞれ異なっている部分がある。これが偶然に一致するのは約5兆分の1の割合であるといわれていて，個人を識別する方法として，犯罪捜査や親子の鑑定などに利用されている。

遺伝子組換え ある生物のDNAに，ほかの生物の遺伝子を組みこみ，その**生物がもつ遺伝子を変化させる**こと。ダイズやトウモロコシの遺伝子の一部を組み換え，特定の害虫や除草剤の影響を受けにくい性質をもつ個体をつくることなどに利用されている。

iPS細胞 **人工多能性幹細胞**といい，**いろいろな種類の細胞になる能力をもつ万能細胞**の1つ。ヒトの体細胞（皮膚組織など）を利用して，いろいろな組織や器官をつくり出す細胞をつくる研

究が進められている。事故や病気で失われたからだの一部を再生できるのではないかと期待されている。

再生医療 発展 失った組織や器官を再生させる医療のこと。本来，体細胞からほかの部位や機能をもった細胞を新たにつくり出すことはできない。これを「**分化**」した細胞という[➡p.146「体細胞」参照]。これに対してほかの機能をもった細胞に変化できる細胞を「**未分化**」の細胞という。未分化の幹細胞や，iPS細胞などの多能性幹細胞を利用して，患者に足りない細胞を新しく生み出そうとする医療のことをいう。

生物の種類の多様性と進化

生物多様性 地球上にさまざまな生態系，種，遺伝子の生物が存在すること。地球上では，さまざまな生物が互いに影響し合って生きている。

生態系の多様性 地球上には，さまざまな生態系が見られること。異なる地域や環境に生息する生物は，それぞれ異なる生態系を形成している。

種の多様性 地球上にさまざまな種の生物が存在すること。長い期間に生息地域を移動したり，生息地域の環境変化に適応したりすることによって，生物は進化し，多様性が生まれる。

遺伝子の多様性 同じ種であっても，個体1つひとつの遺伝子はクローンで

ない限り，ある程度のばらつき，個性
がある。外見がよく似た同じ種でも集
団で比べたとき，地域や環境の差によ
って遺伝子にちがいが見られることは
多い。このように集団や個体が示す遺
伝的な差を**遺伝的多様性**という。種の
中で遺伝的なちがいが多く見られるこ
とを，遺伝子の多様性があるという。

生物多様性条約（CBD） <発展> 生物
多様性を保全し，その持続可能な利用
を実現するための条約。

☆ **進化** 生物が長い年月の間に，**しだい
に変化して，たくさんのちがう生物に
分かれていくこと**。からだのつくりが
単純なものから複雑なものへ，水中で
の生活から陸上での生活に適したつく
りへと変化してきたと考えられている。

系統樹 生物の進化の道すじやつなが
りを**系統**といい，それを枝分かれした
樹木に見立てて図に表したもの。幹は
共通の祖先を示し，根もとに近いほど
古い時代に分かれたことを示す。

☆ **相同器官** 外見やはたらきは異なる
が，その**起源は同一である**と考えられ
る器官。セキツイ動物の前あし（魚類
の胸びれ，両生類・ハチュウ類の前あ
し，鳥類のつばさ，ホニュウ類の前あ
しや手）を比べたとき，形やはたらき
は異なるが，骨の数や位置がよく似て
いて，**起源が同じである**と考えられ
る。相同器官をもつ動物は**共通の祖先
から進化してきた**と考えられている。

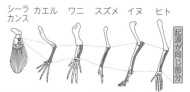

シーラ　カエル　ワニ　スズメ　イヌ　ヒト
カンス

胸びれ　前あし　前あし　つばさ　前あし　うで・手

▲セキツイ動物の相同器官

相似器官 はたらきや外形が似ていて
も，発生の起源や基本的な構造が異な
る器官のこと。コウモリの翼とトンボ
のはねなどがある。どちらも，それぞ
れのはたらきは似ているが，発生の起
源が異なる。

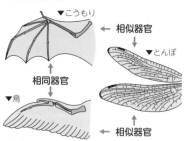

▼こうもり　← 相似器官　▼とんぼ

相同器官 ↑

▼鳥　← 相似器官

▲相似器官と相同器官

痕跡器官 その生物の祖先では器官と
してはたらいていたが，現在では退化
して跡だけが残っている器官。クジラ
の後肢，ニシキヘビの後肢，ヒトの虫
垂など。

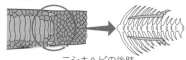

▲痕跡器官　ニシキヘビの後肢

★ **始祖鳥**〔し そ ちょう〕　約１億5000万年前の地層から化石として発見された生物。全長は約40㎝。からだは羽毛でおおわれているが，つばさにはするどいつめのある３本の指，口にはするどい歯がある。鳥類とハチュウ類の両方の特徴をもっている生物である。

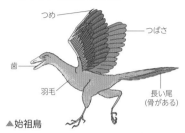

▲始祖鳥

- つめ
- つばさ
- 歯
- 羽毛
- 長い尾（骨がある）

★ **生きている化石**　地質時代〔➡p.172〕から現在まで，基本的な**性質をほとんど変えずに生きている**生物。化石が発見されても内臓のようすなどはほとんどわからないが，生きていればそのようすがわかり，生物の進化やつながりを知る上で重要である。

★ **シーラカンス**　生きている化石。数千万年前に絶滅した魚類の形を保っている生物。ひれの骨格から**魚類から両生類への進化**の初期段階と考えられる。

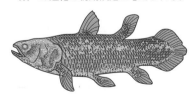

▲シーラカンス

オウムガイ　生きている化石。**中生代のアンモナイトより古い時代の生物**が祖先と考えられている。

▲オウムガイ

カブトガニ　生きている化石。**古生代に生きていたときの姿からほとんど変化していない**と考えられている。

▲カブトガニ

★ **カモノハシ**　生きている化石。からだは毛でおおわれ，**卵生のホニュウ類**であるが，子どもは乳で育てる。骨格は**ハチュウ類**に似ている。

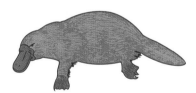

▲カモノハシ

★ **ハイギョ**　生きている化石。約４億年前に出現した**魚類**であるが，成体は**肺**をもち，両生類の特徴もある。

▲ハイギョ

自然界のつり合い

★ **食物連鎖** 自然界の生物どうしの**食べる・食べられる**という関係によるつながり。食物連鎖の出発点は，光合成を行って**自分で栄養分をつくり出す植物**，最後には**肉食動物**[⇒p.108]がくる。

★ **食物網** 食物連鎖が**網の目のようなつながり**になっていること。動物は複数の生物を食べるので，食べる・食べられるの関係は複雑にからみ合っている。

★ **生産者** 食物連鎖の生物の中で，**無機物から有機物をつくる生物**。光合成を行って栄養分をつくる**植物**，ソウ類，植物プランクトンなどが属している。

★ **消費者** 生産者がつくり出した**有機物を利用する動物**。無機物から有機物をつくることができず，植物またはほかの動物を食べて栄養分をとり入れる。食べる食物によっていくつかの段階に分けられる。

第一次消費者…植物をえさとする**草食動物**。バッタ，ウサギなど。

第二次消費者…草食動物をえさとする小形の**肉食動物**。カエル，トカゲなど。

第三次消費者…第二次消費者を食べる大形の**肉食動物**。フクロウ，イヌワシなど。

> さらに，第四次消費者，第五次消費者…などの動物もいるよ。

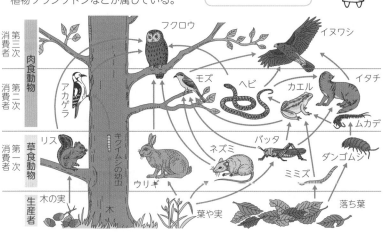

▲食物網の例

(生態)ピラミッド　ある限られた地域の中で生活する**生物の数量の関係を表したもの**。数量が最も多い**植物**が底辺，食物連鎖の上位の動物ほど少なく，**大形の肉食動物**を頂点とするピラミッドの形になる。

▲生態ピラミッド

★**生物の数量のつり合い**　ある限られた地域の生物の数量は多少の増減をくり返すが，長い期間で見ると**つり合いは一定に保たれている**。

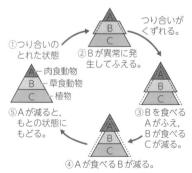

▲生物の数量のつり合い

　つり合いがくずれた場合…山火事や洪水などの自然災害，**外来種**[➡p.96]の大量発生，森林の伐採などによって，生物のつり合いが大きくくずれると，もとにもどらなくなることがある。

★**プランクトン**　水中で浮遊して生活する生物。微生物が多いがクラゲなどの大形のものもある。**植物プランクトン**と**動物プランクトン**がある。

　植物プランクトン…葉緑体があり，光合成を行う。ミカヅキモ，ケイソウなど。

　動物プランクトン…葉緑体がなく，ほかのプランクトンなどを食べる。ミジンコ，ワムシ，ヤコウチュウ，エビやカニの幼生など。

ツルグレン装置　土中の小動物を集める装置。小動物が光や熱，乾燥をきらう性質を利用する。電球をつけると，土中の動物は追い出されて下に落ち，ビーカーに集められる。

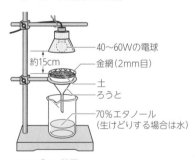

40～60Wの電球
約15cm
金網（2mm目）
土
ろうと
70%エタノール
（生けどりする場合は水）

▲ツルグレン装置

★**分解**　有機物を化学的に細かくして無機物にすること。生態系において，分解する生物を分解者という。分解者は，生物の死がいやふんを養分とする。

★**腐敗**　有機物が微生物によって分解されて，毒性や悪臭のある物質ができるはたらき。悪臭のもとは硫化水素やア

155

ンモニアなど。

★ **発酵** 微生物が有機物を分解して，ヒトに有用なものを生成するはたらき。たとえば，酵母菌が糖をアルコールに変えるはたらきなどがある。

培地 微生物や動植物の細胞などを，人工的に育てるために使用する液体や，それを寒天などで固めたもの。生物を育てるために必要な養分を含んでいる。

培養 微生物や動植物の細胞などを人工的に育てること。温度や湿度，栄養などの条件を管理して育てる。

★ **微生物** 肉眼では見えず，顕微鏡を使って観察することができる小さな生物。細菌類や原生生物など。

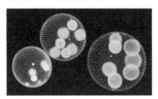
▲ボルボックス

★ **菌類** カビやキノコのなかま。からだは菌糸からできていて，葉緑体はない。胞子でふえる。**落ち葉や枯れ木，動物の死がいやふんなどを分解して養分を吸収**している。細菌類とともに自然界では**分解者**に属している。アオカビ，クロカビ，シイタケなど。

★ **細菌類** 単細胞生物で，**バクテリア**ともいう。非常に小さく，空中，水中，土中のどこにでもいる。葉緑体はなく，分裂によってふえる。菌類ととも

に自然界の**分解者**である。ニュウサンキン，ダイチョウキンなど。

微細藻類 顕微鏡でないと観察できないくらいの小さなソウ類〔➡p.104〕。クロレラやミドリムシなど。食品やバイオ燃料への利用も期待されている。

★ **ウイルス** 生物に寄生し，その生物の体内でふえるもの。細胞からはできておらず，きわめて簡単な構造をもつ。細菌よりもずっと小さく，電子顕微鏡でなければ見えない。

★ **原生生物** 生物の分類の1つで，単純なからだの構造をもつ。ゾウリムシやアメーバ，ワムシなどがあてはまる。〔➡p.112〕

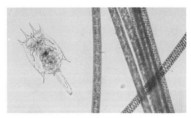
▲ツボワムシ(左)　　　©CORVET

★ **アオカビ** 菌類のカビのなかま。もち，パン，くだものなどいろいろなものに生える青っぽい色のカビの総称。ペニシリンなどの抗生物質（細菌などの繁殖をおさえる物質）をとるものや，**チーズの熟成**に使われる種類もある。

コウジカビ 菌類のカビのなかま。ジアスターゼという**酵素**を分泌して**デンプンを糖に分解する性質**がある。米，麦，ダイズに繁殖させたものを**こうじ**

といい，みそ，しょうゆ，酒などの醸造に使われる。

ペニシリン **アオカビ**から得た抗生物質。イギリスのフレミング(1881年〜1955年)が，アオカビから化膿菌の生育をおさえる物質をとり出し，ペニシリンと名づけた。医薬品として最初に使われたものである。

バクテリア 細菌類のこと。

菌糸 カビやキノコのからだをつくる**細長い糸状のもの**。細胞が一列に並んだものである。

★ **生態系** ある地域の**生物とそのまわりの環境**(水や大気，土壌，光，温度などの環境要素)をひとまとまりとしてとらえたもの。森林，草原，湖，海洋などは，それぞれ1つの生態系であり，地球も大きな生態系と考えることができる。生態系の中では，生産者・消費者・分解者がはたらき，物質が循環している。

腐食食性 生物の死がいや排出物などを食物とすること。ミミズなど。

菌食性 菌類・細菌類を食物とすること。トビムシやササラダニなど。

帰化生物 人間の活動によって，外国などほかの土地からもちこまれ，野生化した植物や動物。現在では**外来種**[→p.96]とよぶのが一般的。植物では，シロツメクサ，セイタカアワダチソウ，ブタクサ，セイヨウタンポポなど。動物では，アメリカシロヒトリ，アメ

リカザリガニ，ウシガエルなど。

物質の循環 **生態系**の中では，炭素や酸素は，生物の間の**食物連鎖**や生物の行う**光合成**や**呼吸**のはたらきによって**循環している**。

★★ **炭素・酸素の循環** 炭素は**二酸化炭素と有機物**の形で循環している。生産者は二酸化炭素をとり入れ，**光合成によって有機物を合成する**。有機物は**食物連鎖によって消費者・分解者へと移動する**。この間に有機物中の炭素は，すべての生物が行う**呼吸によって大気中にもどされる**。**酸素**は，植物が行う光合成によって大気中に放出され，呼吸によって生物にとり入れられる。

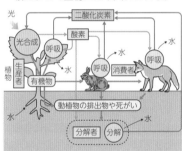

▲炭素と酸素の循環

窒素の循環 窒素は生物のからだをつくる**タンパク質**の成分の1つ。生産者の植物は，光合成によってつくられた**炭水化物と根から吸収した窒素を含む無機物からタンパク質を合成する**。合成されたタンパク質は，食物連鎖によって生物間を移動する。生物の死がいや排出物は，分解者によって**窒素を含**

157

む無機物に分解され，再び植物に吸収される。窒素を含む無機物の一部は，土中の細菌類によって窒素に分解されて大気中に放出される（**脱窒素作用**）。**根粒菌**は，空気中の窒素をとり入れて**窒素化合物に変え，マメ科植物に供給する**はたらきをしている。

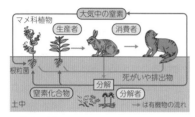

▲窒素の循環

化学肥料　化学的処理をしてつくる**人工肥料**。硫酸アンモニウム・尿素などの窒素質肥料，過リン酸石灰などのリン酸質肥料，塩化カリウムなどのカリ質肥料など。

★ **根粒菌**　マメ科植物の**根に根粒**（小さなこぶ）**をつくる細菌**（バクテリア）。土壌中で空気中の**窒素を窒素化合物に変える**はたらきをしている。マメ科植物は光合成によってつくった炭水化物の一部を根粒菌に与え，根粒菌は窒素化合物の一部をマメ科植物に与えている。このようなマメ科植物と根粒菌の関係は，**共生**の例として知られている。

脱窒素作用　土壌中の細菌が窒素化合物から窒素を除き，大気中にもどすはたらき。このはたらきによって，生態系の中で窒素が循環する。

自然環境の調査と保全

指標生物　環境のようすを知る指標となる生物。生物は種類によってそれぞれ最適な環境のもとで生息している。その中で**限られた環境でのみ生息でき，環境の変化に敏感な性質をもつ生物**を調べることによって，環境のようすやその変化を知ることができる。

河川の水質と水生生物　河川の水の汚れの程度を知る指標生物として，**昆虫や貝類などの水生生物**がある。水質によって，すんでいる生物の種類がちがうことから，水生生物の種類や数を調べることにより，水の汚れがわかる。

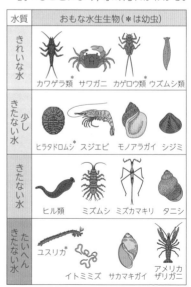

▲水質と水生生物

アシナガバチ　スズメバチ科に属する
ハチの総称。生態
はスズメバチに似
ている。幼虫も肉
食である。

フタモンアシナガバチ　市街地で最
もよく見られるア
シナガバチ。腹部
に2つの黄色い斑
がある。

ウメノキゴケ　ツツジやウメの古木に
張りつく地衣類(菌
類のなかま)。排気
ガスに弱く，大気
汚染の指標になる。

シデムシ　シデムシ科の昆虫。ほかの
生物の死がいを食
べる。からだは平
たく，大あごが発
達している。

オオヒラタシデムシ　人里の山林で
よく見られるシデ
ムシ。からだは黒色
で，ミミズの死がい
などを食べる。

緑被率　ある一定の面積に対して，樹
林などの緑がおおっている土地の面積
の割合。

同定　生物をすでにある分類のどの種
に属するかを確定させること。

亜硫酸ガス濃度　亜硫酸ガス(二酸化
硫黄)の濃度。有毒で刺激臭があり，環
境基準は一日平均0.04ppm以下(※2)。

森林植生　ある地域をおおっている樹
木の集まり。気温や降水量などによっ
て，熱帯雨林や照葉樹林などのいくつ
かの種類に分けられる。日本の国土に
占める割合は約7割である。

ベイトトラップ法　地表にいる昆虫
を採集する方法の1つ。穴をほり，昆
虫類の好むえさを入れた容器を埋めて
おく。アリ類，オサムシ，ゴミムシ類
の採集に適している。

環境保全　地球環境や生物の生息する
状態を保つこと。野生生物や生物多様
性の保全などがある。

環境再生　環境や美しい景観をとりも
どすための地域づくり。日本では，公
害の被害者を中心とした活動がある。

環境創出　新しい環境を人工的につく
り出すこと。特定の生物種をよびこん
で，その生息環境をつくるなど。

里地里山　原生的な自然と都市の間に
あり，人々が長い時間をかけて自然と
よりそいながら，つくり上げてきた自
然環境。

国立公園　代表的な景観や自然環境を
保護するために国が管理する公園。屋
久島国立公園など国内に34か所ある。

国定公園　国立公園以外の景観のすぐ
れた風景や自然を，都道府県が管理・
保護する公園。

モニタリングサイト　日本の環境の
情報を収集する用地。全国に約1000

※写真はヨツボシモンシデムシ　(※2)1時間値の1日平均値。かつ，1時間値が0.1ppm以下。　All Photo ©CORVET　**159**

か所設置され，各地の気候風土に育まれた多様な動植物の生態系について経過観察する。その観察によって，生態系の変化を見ることができる。

ナショナルトラスト　価値のある自然環境がある土地や資産，歴史的建造物などを保全する活動。イギリス発祥だが，世界に広がっている。

世界自然遺産　人類共通の宝として，未来に引き継ぐべきとユネスコが認めた文化財・自然環境を，世界遺産という。その中でも，自然的価値があると認められたものを，世界自然遺産という。

森林対策　森林の減少や劣化を抑制するための保全活動。世界では，特に南アメリカやアフリカなどの熱帯雨林の減少が大きく，違法伐採問題に対する啓発が行われている。

砂漠化対策　砂漠化した土地に緑をとりもどす，もしくは砂漠化を防止するための活動。砂漠化は気候の変化や人間の活動が大きな原因で，砂漠化によって，食糧不足や水不足，貧困などが起こる。

レッドリスト　絶滅のおそれがある野生生物のリスト。日本では，環境省が種の絶滅の危険度を評価し，約5年ごとに見直しを行っている。2018年時点で，絶滅危惧種は計3675種となった。2017年，海洋生物のレッドリストも作成され，絶滅危惧種として50種以上が掲載された。

絶滅　生物の1つの種がすべて滅びること。人間の手による自然環境の破壊が原因にもなっている。

絶滅危惧種　絶滅のおそれのある生物種。すむ場所の破壊のほか，人間による乱獲などが原因になる。世界で約2万5000種以上といわれる。

▲絶滅危惧種の例

水産資源の確保　水産資源の減少に歯止めをかけること。国際的な資源の保全と管理が必要である。

農業・林業の持続的管理　農地や森林の適正な管理。生物多様性の保全をしながら，持続可能な経営を行う。

希少野生動植物種　種の保存法に基づいて指定された，日本の絶滅のおそれのある野生生物。

遺伝子組換え生物　もともともっていた遺伝子とは異なる遺伝子が人工的に組みこまれた生物。ある生物の遺伝子を，ウイルスなどを利用して別の生物のDNAに組みこむことで遺伝子が組み換えられる。本来もたない形質をもつ生物が得られる。

遺伝子組換え作物 ある生物から目的の形質をもつ遺伝子をとり出し、改良したい作物のDNAに組みこんでできた作物のこと。品種改良よりも短時間に、種を超えて改良できる。

★★ **生物濃縮** 有害な物質(PCBやDDT、ダイオキシン、重金属の水銀、カドミウムなど)が、**食物連鎖によって生物の体内に蓄積されること。** 食物連鎖の上位の生物ほど高濃度で蓄積され、有害な物質が体内に入ると、**排出されずに濃縮されて生物に害をおよぼす。** 食物連鎖の頂点にいるヒトは特に被害が大きく、水俣病やイタイイタイ病などの重大な問題が起こった。

イタイイタイ病 富山県の神通川中流域で多発した、骨がもろくなる病気。患者があまりの苦痛で「いたいいたい」ともがき苦しむことからこうよばれた。神通川上流の**鉱業所からの廃液中に含まれていたカドミウムが原因である。** 廃液中のカドミウムは、「廃液→川の水→田の土壌→イネ」と伝わり、カドミウムで汚染された米や水をとり続けた結果、カドミウムが体内に蓄積して起こったものである。1968年に日本で最初の公害病に認定された。

環境ホルモン 内分泌かく乱化学物質という。体内に入ってからだに悪影響を与えるおそれのある化学物質で、**ホルモン**〔→p.125, 140〕と似たはたらきをすることからこうよばれている。土や水の中に入った環境ホルモンは、**食物連鎖を通して動物に入り、動物のいろいろな器官に影響を与える。** PCBやダイオキシン、プラスチック関連物質、一部の農薬などが疑われている。

★ **硫黄酸化物** 硫黄を含む**化石燃料**〔→p.39〕の燃焼によって生じる化合物。二酸化硫黄(亜硫酸ガス)など。**大気汚染物質**の1つで大気中の水にとけて硫酸になり、**酸性雨**〔→p.163〕の原因となる。

公害 企業や人の活動によって、地域住民の生活や健康を妨げること。**大気汚染、水質汚染、土壌汚染、地盤沈下、騒音、悪臭、振動**などがある。熊本県水俣湾沿岸で発生した**水俣病**、新潟県阿賀野川流域で発生した**新潟水俣病**、富山県神通川流域で発生した**イタイイタイ病**、三重県四日市石油コンビナートで発生した**四日市ぜんそく**は、いずれも1960年代に大きな社会問題となり、4大公害(病)といわれる。

水質汚染 自然界では、水中の分解者によって、川や海に入った**有機物は無機物に分解され、水は浄化されて水質は保たれる。** 生活排水や工場排水が川や海に多量に流れこみ、**有機物が分解しきれない量になると、** 硫化水素などが発生して、悪臭を放つようになる。

★ **赤潮** **プランクトン**〔→p.155〕の異常繁殖によって**海水などが赤色や褐色に変化する現象。** 海などに生活排水や工場排水が流れこみ、プランクトンの栄養

となる物質が多くなりすぎると（富栄養化），プランクトンが異常に繁殖し，呼吸によって酸素を大量に消費するために，**水中の酸素が減少して，魚介類が死滅してしまう**ことがある。

★ **アオコ** 春から夏にかけて，水槽や池，沼，湖，田などで**植物プランクトン（ランソウ類など）が繁殖して，水が青緑色ににごること**。植物プランクトンは魚介類のえさとなり，光合成によって酸素を供給するが，異常に繁殖すると，酸素が不足して魚介類が死滅する。

★ **温室効果** 地球をとり巻く大気が，地球から放出される熱を吸収し，**宇宙空間への熱の放出を妨げるはたらき**。温室効果によって，地球の平均気温はほぼ一定に保たれてきたが，近年，**二酸化炭素などの温室効果ガスの濃度が増加**して，平均気温が上昇している。

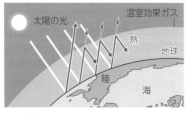

▲温室効果

★ **温室効果ガス** **温室効果をもつ気体**。地球の気温を一定に保つはたらきがあるが，近年は，大気中の濃度が高くなって平均気温の上昇をもたらし，**地球温暖化の原因**となっている。**二酸化炭素**がよく知られ，ほかに，メタン，亜

酸化窒素，フロン類などがある。

★ **地球温暖化** 地球の**平均気温が上昇する現象**。化石燃料の大量消費，森林の減少などにより，**大気中の二酸化炭素などの温室効果ガスの濃度が増加している**のが原因。気温の異常高温，豪雨や干ばつ，海面の上昇などをもたらしている。

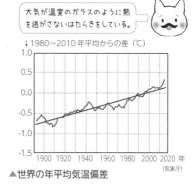

大気が温室のガラスのように熱を逃がさないはたらきをしている。

↓1980～2010年平均からの差（℃）

▲世界の年平均気温偏差
（気象庁）

★ **オゾン層** 地表から20～25kmの高さの大気中にある層。生物に有害な紫外線を吸収し，**地表に届く紫外線の強さをやわらげるはたらき**をしている。近年，フロンなどによって上空のオゾン層が破壊され，南極上空ではオゾンの密度が減少する**オゾンホール**が観測されている。オゾン層の破壊によって，有害な紫外線が地表に降り注ぎ，**皮膚がんの増加，農作物の収穫量の減少**などが問題になっている。

オゾンと酸素…オゾン層では，紫外線によって酸素分子（O_2）からオゾン（O_3）ができるが，同時に紫外線に

よってオゾンから酸素分子ができる。フロンのようなオゾンを破壊する物質がなければ，**オゾンの濃度はほぼ一定**に保たれる。

★ **紫外線** 波長が短く，**目に見えない光**。**殺菌作用**など化学的なはたらきが強く，生物には有害である。上空のオゾンが減少すると，地上に届く紫外線量がふえて，皮膚がんや白内障がふえたり，農作物の収穫量が減少したりする。

★ **フロン（ガス）** スプレーなどの噴霧剤，半導体の洗浄剤，冷蔵庫やエアコンなどに使われていた物質だが，大気中に放出されて上空に達すると，**オゾン層を破壊する**ことがわかり，1995年までにその生産が禁止された。かわりに**代替フロン**が使われるようになったが，**代替フロンは強力な温室効果をもつ気体**で，地球温暖化対策で問題になっている。

★ **大気汚染** 工場や自動車からの**排出ガスなどによって大気が汚染され，環境や人の健康に悪影響を与えること**。おもな汚染物質は，硫黄酸化物や窒素酸化物，ばい煙，光化学スモッグの原因となるオキシダントなど。

★ **酸性雨** pH5.6以下の酸性の強い雨をいう。化石燃料の燃焼によって発生する**硫黄酸化物**や**窒素酸化物**が大気中の水蒸気と反応して硫酸や硝酸などに変化したものが，雨水に含まれたもの。酸性雨は土壌を酸性にしたり，森林を枯らしたりする。沼や湖に流れこむと，水が酸性になって，魚がすめなくなる。また，金属やコンクリートの建造物をとかしたりもする。

酸性霧 大気中の硫黄酸化物や窒素酸化物を大量にとりこんだ霧。酸性雨よりも約10倍酸性度が高く，植物への影響が大きい。森林の衰退などが起こる。

光化学スモッグ 工場や自動車から排出された**窒素酸化物や炭化水素**などの**混合ガス**に，紫外線が作用すると化学変化が起こる。その結果生じた**光化学オキシダント**が大気中にただよい，もやのように見えるものをいう。

ダイオキシン おもにごみなどの焼却**によって発生する**。農薬や除草剤などにも含まれている有機塩素化合物の1つ。わずかな量でも毒性が非常に強く，発がん性のある物質である。

ヒートアイランド現象 都市部の地上の気温が周辺より異常に高温になる現象。郊外に比べて都市部は気温が高く，温度の等しい地点を結ぶと，都市部が海に浮かぶ島のように閉じた形になることから，この名がつけられた。ビルや工場，住宅，自動車などからの排熱，緑地の減少，舗装道路やコンクリートの建造物による熱の吸収などが原因。

（ごみの）4R ごみを減量するための**方法や考え方**を示した，**リフューズ**（Refuse 断る），**リデュース**（Reduce

減らす），**リユース**（Reuse 再使用），
リサイクル（Recycle 再利用）の英語
の頭文字をとって表したもの。ごみの
減量を目的とするもので，第一は，**ご
みの絶対量を減らすことで，ごみにな
るものをつくらず，使わない**（リフュ
ーズ），**廃棄物となる量が減るように
する**（リデュース）ことである。次に，
ごみを捨てないように**再使用**（リユー
ス）し，どうしてもいらなくなったも
のは**再生して利用**（リサイクル）する。
また，**リペア**（Repair 修理して長く使
用）を加えて5Rということもある。

リフューズRefuse（断る）　ごみにな
　るものを買わない，使わないこと。

★ **リデュース**Reduce（減少させる）
　製品をつくるとき，廃棄物となる量が
　減るようにすること。製品を軽量・小
　型にする，過剰な包装をやめるなど。

★ **リユース**Reuse（再使用する）　一度
　使ったものを何回も使うこと。ガラス
　容器など。

★ **リサイクル**Recycle（再利用する）
　使い終わったものをもう一度資源にも
　どして製品をつくること。鉄，アルミ
　ニウム，ペットボトル，紙など。

リペアRepair（修理する）　ものを修理
　しながら，長く使い続けること。衣類
　や家具など。

地域の自然災害

絶滅種による環境変化　種の絶滅が
　起こると，生態系のバランスがくず
　れ，ヒトの生活環境も変化してしまう。

植生破壊　植物の生息する環境が破壊
　されること。自然に起こることもある
　が，人的要因が大きい。

表土流出　表面の土壌の流出。森林の
　伐採などにより，地表の植物が失わ
　れ，砂漠化することもある。

自然発火　森林などで自然に発火する
　こと。温暖化により森林が乾燥し，山
　火事などが起こりやすくなる。

サンゴ礁消失・白化　海水温度の上昇
　などでサンゴ礁が死滅すること。海の
　生態系の破壊につながる。

気候変動　それぞれの地域で特徴的に
　みられてきた気候が，自然の要因や温
　室効果ガスなどで変動すること。

富栄養化　洗剤や農薬などに含まれる
　窒素やリンなどによって，海や川の栄
　養分がふえすぎること。

異常繁殖　富栄養化によるプランクトン
　などの異常な増加。生態系のバランス
　が崩れ，魚類の酸欠や，悪臭が起こる。

生息・生育地の損失と劣化　生物が
　生まれたり，暮らしたりしている区域
　がなくなり，生きるのに適さない環境
　になること。種の保全のためには生息
　・生育地の環境維持が重要である。

地 学

身近な地形や地層，岩石の観察

★ **地層** 小石，砂，泥などが流水で運ばれ，海底や湖底に，分かれて層状に積み重なったもの。噴火による火山灰や軽石などの堆積も含まれる。ふつう水平に広がって形成され，地殻の変動による逆転がなければ，**上の層ほど新しい地層である。**

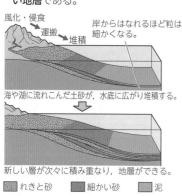

海や湖に流れこんだ土砂が，水底に広がり堆積する。

新しい層が次々に積み重なり，地層ができる。

▨ れきと砂　▨ 細かい砂　▨ 泥

▲地層のでき方

★ **風化** 太陽の熱や水のはたらきなどによって地表の岩石が表面からくずれ，**砂粒や泥などに変わる現象。**

★ **侵食** 風や流水が岩石を**けずりとるはたらき。**流れがはやい川の上流でさかん。

★ **運搬** 流水が土砂を下流へ**運ぶはたらき。**流れがおそいと小さな粒だけ運ばれる。

★ **堆積** 侵食と運搬で運ばれた土砂が水底に積もるはたらき。流れの強弱によって堆積物が選別される。〔➡左図〕

★ **露頭** がけや道路わきなど，**地層や岩石が地表面に現れているところ。**

堆積物 岩石が風化，侵食によってれき，砂，泥になり，川の水で運搬され，海底や湖底に堆積したもの。長期間かけて水平に積もる。小さい粒ほど遠くに運ばれるため，岸から沖へ，れき，砂，泥の順に堆積する。

よび方	粒の大きさ
れき	2mm以上
砂	$\frac{1}{16}$〜2mm
泥	$\frac{1}{16}$mm以下

（$\frac{1}{16}$mmは約0.06mm）

▲粒の分類

★ **堆積岩** 海底や湖底の**堆積物**が積み重なり，長い年月をかけておし固められてできた岩石。れき岩，砂岩，泥岩のほか，火山灰などが堆積した凝灰岩や，生物の死がいなどが堆積した石灰岩，チャートなどがある〔➡p.167〕。

★ **れき岩** れき（直径2mm以上の岩石のかけらや粒）が多い堆積岩。れきの間に砂や泥を含む。

★ **砂岩** 砂（直径2〜$\frac{1}{16}$mmの岩石の粒）が多い堆積岩。泥を含む。

★ **泥岩** 泥（直径$\frac{1}{16}$mm以下の岩石の粒）が多い堆積岩。

シルト 泥のうち，直径$\frac{1}{256}$mm以上の

粒。

粘土 泥のうち，直径$\frac{1}{256}$mm以下の粒。

土砂 土と砂のこと。土とは，岩石などがくだけて，粉末状になったものをいう。

★ **凝灰岩** **火山噴出物**（火山灰，火山れき，軽石など）**が堆積し固まった堆積岩**。含まれる粒は**角ばっている**。
例）大谷石（栃木県宇都宮市）など。

れき岩，砂岩，泥岩の粒は，堆積までの運搬により角がとれ丸みを帯びているよ！火山灰や軽石からできる凝灰岩の粒は，水に長時間流されていないので，角ばっているのだ！

★ **石灰岩** サンゴやアサリ（貝がら）など**石灰質**（炭酸カルシウム）**をもつ生物の死がいや，海水中の石灰質からできた堆積岩**。灰白色で，**うすい塩酸をかけるととけて二酸化炭素の泡が発生**する。

★ **チャート** ケイソウ，ホウサンチュウなどケイ酸質（**二酸化ケイ素**）の殻をもつ生物の死がいや海水中の二酸化ケイ素からできた堆積岩。とてもかたく，打ち合わせると**火花が出る**。うすい塩酸をかけても**気体を発生しない**。成分によって黒，赤，灰白色などある。

★ **かぎ層** 離れた地域の同時代の地層。時代の比較で，**手がかりになる地層**。火山灰の層（凝灰岩），同じ**化石**を含む層などがよく利用される。

★ **柱状図** ある地点の地層の重なり（断面）を柱のように表した図。

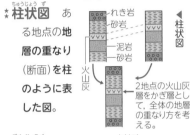

▲柱状図

2地点の火山灰層をかぎ層として，全体の地層の重なり方を考える。

★ **V字谷** 川の上流で，侵食によって山が**V字形**にけずられてできる深い谷

★ **扇状地** 川が山間部から平地に出るところで，土砂が堆積して**扇形になる地形**。運搬作用が弱まり堆積作用が強まるため**れきや砂が多く，水はけのよい傾斜地となる**。果樹園などの利用が多い。

砂州 河川や沿岸流によって運ばれた砂やれきが堆積してできた，海岸や岬から細長く伸びた地形のこと。砂嘴〔→p.168〕が伸びたもの。日本三景の1つである天橋立や，北海道にあるサロ

堆積岩	堆積するおもなもの	
れき岩	岩石や鉱物の破片	れき
砂岩		砂
泥岩		泥（シルト・粘土）
石灰岩	生物の死がいや水にとけていた成分が沈殿したもの。	石灰質をもつ生物の死がい・海水中の石灰
チャート		二酸化ケイ素の殻をもつ生物の死がい・海水中の二酸化ケイ素
凝灰岩	火山噴出物（火山灰・火山れき・軽石など）	

▲堆積岩の特徴

マ湖の砂州が有名。

▲砂州（天橋立）

砂嘴（さし） 湾に面した場所で，砂やれきが堆積してできたもので，海岸や岬から突き出るように伸びている地形。

河岸段丘（かがんだんきゅう） 川の両岸か片方の岸に見られる階段状の地形。河川の**中〜下流域**で，流水による**堆積**，川底の**侵食**と土地の**隆起**がくり返されてできる。何段にもなることがある。

湿地（しっち） 湖沼や湿原などの湿った土地のこと。渡り鳥などの鳥類の生息地として重要である。保護が必要な湿地は，ラムサール条約の登録対象となる。

海岸段丘（かいがんだんきゅう） 海岸線に見られる階段状の地形。波による**侵食**と土地の**隆起**（または気候変動による急激な海水面の低下）によってできる。2〜3段になっていることもある。

段丘面（だんきゅうめん） 河岸段丘や海岸段丘でできる段の**水平部分**。

段丘崖（だんきゅうがい） 河岸段丘や海岸段丘でできる段の**斜面部分**。

海水準（かいすいじゅん） 海水面の絶対的な高さで，地球規模の**気候変動などで変化する。氷

期〔➡p.172〕には海水の水分が陸上で氷となって海水量が減少し，今より100m以上低かったこともある。

海進（かいしん） 陸地のある地点に対し，**海岸線が陸側に移動**すること。沈降〔➡p.182〕または海水準上昇により起こる。

海退（かいたい） 陸地のある地点に対し，**海岸線が海側に移動**すること。隆起または海水準低下により起こる。

リアス海岸 **入り江と岬が入り組んだ**地形の海岸。河川の侵食が進んだ山地が沈降〔➡p.182〕してできるほか，急激な海水面の上昇が原因の場合もある。例）三陸海岸，志摩半島，若狭湾岸など。

▲リアス海岸（三陸海岸）

カルスト地形 地表の石灰岩がとけてできた地形の総称。二酸化炭素を含む雨水や地下水などが，石灰岩の主成分である炭酸カルシウムをとかしてできる。とけ残った部分が台地になった地形をカルスト台地とよび，日本の特別天然記念物の山口県の秋吉台は，日本で最大のカルスト台地である。

鍾乳洞 カルスト地形の地下に見られる。炭酸カルシウムでできた鍾乳石がある洞窟のこと。

ドリーネ カルスト地形の地表で石灰岩が侵食を受け，つくられるすりばち状のくぼ地のこと。

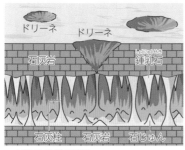

▲カルスト地形の断面

頁岩 泥が水中で堆積してできた岩石の中で，うすくはがれやすい性質をもつ岩石のこと。本のページ(頁)から名前がつけられた。習字で使うすずりの材料になる。また，シェールともよばれ，有機物が多く含まれるものをオイルシェールという。

▲頁岩 ©CORVET

デルタ・三角州 河口にできる，低い平らな三角形の地形。運搬作用が弱められ，泥や砂が堆積してできる。

▲デルタ(滋賀県高島市) ©CORVET

大谷石 火山噴出物である火山灰や軽石などが堆積してできた凝灰岩の一種。やわらかく加工がしやすいことから，建築材料として利用されている。

いん石 地球外でできた岩石。いん石の中でも，ケイ酸塩の成分と，いん鉄(鉄やニッケル)の成分の割合によって，石質いん石，石鉄いん石，鉄いん石に分けられる。

水晶 セキエイ〔➡p.178〕が六角柱状の結晶になったものである。

硝石 天然に存在する硝酸カリウムの結晶。

> **!**
> **地層・岩石観察の道具**
> ①**地形図**：国土地理院発行の1/25000地形図など。②**巻尺・折尺**：地形を計測する。③**クリノメーター**：地層の向き，傾斜などをはかる道具。方位磁針・水準器・傾斜計がついている。④**ハンマー**：岩石を割るなどに使用。⑤**ルーペ**：岩石や地層の粒子や，化石の観察などに使用。

鉱物名	セキエイ		チョウ石		クロウンモ		カクセン石		キ 石		カンラン石	
鉱物をつくるおもな元素	Si	O	Si	O	Si	O	Si	O	Si	O	Si	O
			K	Al	K	Al	Ca	Al	Ca			
					Fe	Mg	Fe	Mg	Fe	Mg	Fe	Mg
結晶形												

▲造岩鉱物をつくるおもな元素と結晶形の模式図

造岩鉱物 岩石に含まれている鉱物のこと。マグマが冷え固まってできた火成岩はおもに，無色鉱物のセキエイ，チョウ石と有色鉱物のクロウンモ，カクセン石，キ石，カンラン石からできている。この造岩鉱物の割合によって，火成岩の色などの性質が異なる。

地層の重なりと過去のようす

★★ **整合** 海底などで堆積が進み，**新しい地層が古い地層の上に連続して平行に重なっている状態。**

★★ **不整合** **地層の重なりが不連続な状**態。侵食や堆積，**大地の変動の起こった順序**が推定できる。

★ **正断層** 断層のうち，地層が**左右に引かれ，上盤が下にずれ落ちる断層。**

上盤（ウワバン）とは…断層面の上側の地層だよ！

★ **逆断層** 地層に**左右から力が加わり，上盤がずり上がる断層。**

横ずれ断層 地層が水平方向にずれてできた断層。断層面の向こう側が，相対的に右に動いた場合を**右横ずれ断層**，左に動いた場合を**左横ずれ断層**という。

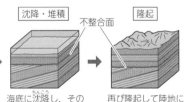

| 堆積 | 隆起・侵食 | 沈降・堆積 | 隆起 |

海水

不整合面

海底に土砂が堆積して水平な地層ができる。

大地の変動（隆起）で陸地になる。しゅう曲や傾斜をともなうことがある。地表面は流水で侵食される。

海底に沈降し，その上に新しく土砂が水平に堆積する。その境目が不整合面。

再び隆起して陸地になる。地表面は侵食を受ける。

▲不整合のでき方

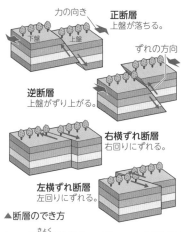

正断層
上盤が落ちる。

力の向き

下盤　上盤

ずれの方向

逆断層
上盤がずり上がる。

右横ずれ断層
右回りにずれる。

左横ずれ断層
左回りにずれる。

▲断層のでき方

★ **しゅう曲(褶曲)**　プレート運動(長期)や地震(短期)で**押し縮める大きな力がはたらき，地層が波打つように曲げられた状態**。激しいしゅう曲では地層の新旧が**上下逆転**することがある。

向斜軸　背斜軸

向斜　背斜

力の向き

▲しゅう曲

向斜　しゅう曲している地層で，へこんだ谷にあたる部分。

背斜　しゅう曲している地層で，もり上

がった山にあたる部分。

地層累重の法則　通常，地層は重力によって，下から上へと堆積するので，下にある地層ほど古い地層だという考え方のこと。

貫入　岩石に割れ目ができ，その中にマグマが入りこみ，固まること。

★ **化石**　生物のからだや生活の痕跡が地層中に残ったもので，**生物の証拠**。動物の骨・殻，植物の幹・葉のほか，**巣穴やふん，花粉や微生物も含まれる**。

★ **示相化石**　限られた環境でしか生存できない生物の化石で，地層ができた当時の環境を推定できる。サンゴ，シジミ，ブナの葉など。

▲サンゴの化石(示相化石の例)

★ **示準化石**　限られた時代にだけ生存していた生物の化石で，地層ができた時代(地質時代)を推定できる。**短期間**

示相化石となる生物	推定できる生活環境
サンゴ	あたたかく，浅い海
アサリ，ハマグリ，カキ	岸に近い浅い海
ホタテガイ	水温の低い浅い海
シジミ	湖や淡水の混じる河口付近
ブナ，シイ	温帯で，やや寒冷な地域の陸地

▲示相化石の生活環境

古生代より前は「先カンブリア時代」というよ。地球は約46億年前，最初の生物は約38億年前に誕生したんだ。

に広範囲で栄え絶滅した生物の化石が手がかりに有効である。サンヨウチュウやアンモナイトなど。

★ **地質時代（地質年代）** 古代からの**生物の移り変わりをもとに決められた年代。**古い順に，古生代，中生代，新生代の古第三紀，新第三紀，第四紀に区分される。

★ **古生代** 約5億4200万～約2億5100万年前まで。前半は**サンヨウチュウ**など海の生物が栄え，**魚類**〔➡p.106〕も出現。後半は陸上で**リンボク**など**シダ植物**がふえ，**両生類**も現れた。

★ **中生代** 約2億5100万年前から約6600万年前まで。海では**アンモナイト**などが，陸上では**ハチュウ類**〔➡p.106〕である**恐竜**や**裸子植物**〔➡p.102〕が栄え，**被子植物**〔➡p.102〕も現れた。

▲アンモナイトの化石

★ **新生代** 約6600万年前から現代まで。このうち約6600万年前から約2300万年前までを**古第三紀**，約2300万年前から約260万年前までを**新第三紀**，約260万年前から現在までを**第四紀**という。

氷期（氷河期） 地球全体の気候が寒冷化し，氷河が発達した時期のこと。氷期には，海水が大量に凍ったため，海岸線が後退する。過去に少なくとも5回の大きな氷期があったことがわかっている。最後の氷期は，およそ7万年前に始まったといわれている。このころの日本列島は，ユーラシア大陸と地続きになっていた。

ケイソウ（珪藻） 光合成を行う褐色のプランクトンの一種。からだがケイ酸質でできた殻でおおわれており，大量にケイソウの殻の化石が含まれている堆積物をケイソウ土という。

ホウサンチュウ（放散虫） 海で生活するプランクトンの一種。さまざまな形態をもつものが知られている。チャートはホウサンチュウが堆積してもできる。

ユウコウチュウ（有孔虫） 殻が石灰質（炭酸カルシウム）でできている，アメーバ状のプランクトンの一種（海底に生息するものもいる）。殻が堆積することで，石灰岩となることがある。

★ **サンヨウチュウ（三葉虫）** 古生代に海中で栄え，古生代の終わりには絶滅した**節足動物**〔➡p.109〕。

★ **フズリナ** 石灰質の殻をもつ単細胞生物で，古生代に栄え，絶滅した。

▲フズリナの化石

★ **ビカリア** 円すい形をした巻き貝で，新生代第三紀に栄え，絶滅した。

ナウマンゾウ マンモスとともに，第四紀に生息した大型の**ホニュウ類**〔➡p.106〕。現在は絶滅している。

柱状節理 岩石中に入った，柱状にできた規則正しい割れ目のこと。

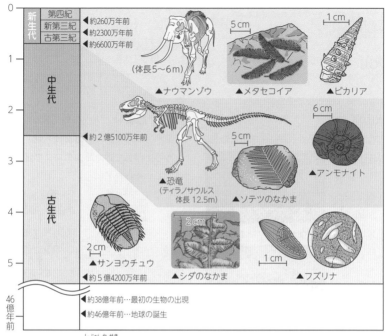

▲地質時代とおもな示準化石

板状節理　岩石中に入った，板状にできた規則正しい割れ目のこと。

白鉛鉱　炭酸鉛でできている鉱物。斜方晶系に属し，白色・灰色・帯緑色でダイヤモンドのような光沢がある。

ストロマトライト　ほかの生物が生息することのできない過こくな環境でも生存できる藍藻（シアノバクテリア）の死がいが長い年月をかけて堆積してできた，内部に層状のつくりが見られる岩石のこと。

フデイシ（筆石）　古生代ごろまで生息していた生物の一種。文字のような形をしていることから名づけられた。古生代の代表的な示準化石である。

ヘマタイト　赤鉄鉱ともよばれる鉱物。鉱泉だった場所，または水の流れない場所などの水底で沈殿し，長い年月をかけて堆積したもの。化学式は Fe_2O_3 であり，おもに鉄鉱石として利用されることが多い。また，装飾品として加工されることもある。

ボーリング　地質調査などの目的で，機械で円筒状の穴を掘削し**地層の試料をとり出す**作業。

173

火山活動

★★ **火山** 高温のマグマが溶岩や火山灰などの火山噴出物として地表にふき出し、降り積もってできた山。

火山島 海底でマグマがふき出してできた火山の山頂部分が海面上に現れた島。

★ **火山の形**
マグマのねばりけが弱いと火山の傾斜はゆるやかで、噴火は比較的おだやか。ね

▲マウナロア(ハワイ島)

▲富士山(山梨県・静岡県)

▲昭和新山(北海道)

ばりけが強いと急斜面でもり上がった形になり、噴火は激しくなる。〔➡p.176〕

★ **マグマ** 地球内部の熱によって、地下の岩石がどろどろにとけた物質。すべてが液体ではなく、**火山ガスや結晶**〔➡p.61〕**も含まれている**。火山噴出物や火成岩〔➡p.176〕のもとになる。

★ **マグマのねばりけ** マグマの中の**二酸化ケイ素(SiO_2)**〔➡p.177〕の割合と温度で決まる。**二酸化ケイ素が多いほ**どねばりけが強く、温度が高い(1100℃以上)とねばりけは弱い。

ねばりけ	強⟺弱
二酸化ケイ素の量	多⟺少
色	白⟺黒
温度	低⟺高

▲マグマの性質

★ **マグマだまり** 火山の地下数kmのところにあるマグマの集まり。地下深くから上昇してきた高温のマグマが一時たくわえられている。

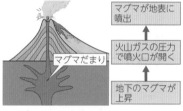

マグマが地表に噴出
↑
火山ガスの圧力で噴火口が開く
↑
地下のマグマが上昇

▲マグマだまりと噴火のしくみ

★ **噴火** **マグマが地表にふき出る現象。**
マグマだまりのマグマは高温高圧の火山ガスを含み、地下の岩盤の割れ目など、弱いところをつき破り上昇する。

水蒸気爆発 大量の水が高温の物質に接し、体積の大きい気体(水蒸気)になることで発生する爆発現象。**地下水や海水にマグマがふれる**ことで起きる。山の形が変わるほど大規模な爆発が起こる場合がある。1888年の会津磐梯山の噴火などが有名。

★ **火山噴出物** 火山の噴火でふき出される、マグマがもとになってできたもの。 例)溶岩、火山灰、火山れき、火山弾、軽石、水蒸気、火山ガスなど。

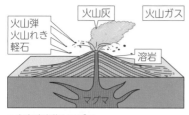

火山弾
火山れき
軽石

火山灰

火山ガス

溶岩

マグマ

▲火山噴出物とマグマ

★ **溶岩** マグマが地表に流れ出たもの
で，高温の液体状のものや，冷え固ま
ったものをいう。

★ **火山灰** 細かい溶岩の破片で，**直径2
mm以下**のもの。マグマの成分によって
色が変わる。風にのって広範囲に運ば
れるので，火山灰層は遠くの地層を比
べるときの手がかりになる。ガラス工芸
や農業の土地改良などで役立つ反面，
農作物被害や呼吸器系の障害，飛行機
の運航障害などをもたらすことがある。

★ **火山ガス** 火山噴出物で気体のもの。
主成分は水蒸気(約90%)。ほかに二酸
化炭素(CO_2)[➡p.54]や二酸化硫黄
(SO_2)[➡p.56]，硫化水素(H_2S)[➡p.57]
など。2000年の三宅島(東京都)の噴
火では，有毒火山ガスを大量・長期に
放出し，10年間居住が制限された。

火山弾 ふき飛ばされた**マグマが空中
で冷え固まったもの**。空中で回転しな
がら固まると紡錘状(ラグビーボール
型)になるものがある。

★ **火山れき** 溶岩などの破片で，直径2
〜64mmのもの。特定の形はない。

★ **軽石** 直径2mm以上で，**白っぽく**，表面

はがさがさし，**多数の小さな穴がある
もの**。水に浮く。

!　**火山れきや軽石の小さな穴**
地下のマグマは，火山ガスを含んでい
る。噴火によって地上に出ると，**火山
ガスが気体となってぬけ出るため**，細
かい穴があいて残る。

火砕流 火山の**爆発的な噴火**にともな
い，高温の火山ガス，溶岩の破片，火山
灰などがひとかたまりで山の**斜面を流
れ下る現象**。溶岩よりはるかに速く，雲
仙普賢岳の噴火(1990〜91年)では，
時速100kmに達した。[➡p.186]

★ **ドーム状の形の火山** **ねばりけが強
いマグマ**の噴出によってできる，**もり
上がった形の火山**。火口付近に**溶岩ド
ーム**(溶岩のかたまり)ができたり，爆
発的な**激しい噴火**になることが多く，
火砕流をともなうことがある。このマ
グマからできる白っぽい火成岩は，**流
紋岩**(火山岩)や**花こう岩**(深成岩)など
である。例)雲仙普賢岳など。

★ **円すい形の火山(成層火山)** **ねば
りけが中程度のマグマ**の噴出によって
できる，**富士山のような円すい形の火
山**。激しい噴火とおだやかな噴火をく
り返し，噴出物が**交互に層になる**。こ
のマグマからできる灰色っぽい火成岩
は，**安山岩**(火山岩)や**せん緑岩**(深成
岩)などである。日本の火山に多い。
例)桜島，浅間山など。

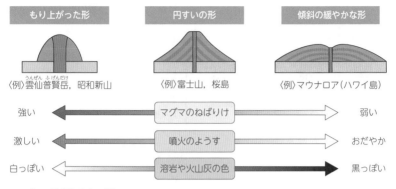

もり上がった形	円すいの形	傾斜の緩やかな形

〈例〉雲仙普賢岳，昭和新山　　〈例〉富士山，桜島　　〈例〉マウナロア（ハワイ島）

強い	← マグマのねばりけ →	弱い
激しい	← 噴火のようす →	おだやか
白っぽい	← 溶岩や火山灰の色 →	黒っぽい

▲マグマの性質と火山の形

★ 傾斜の緩やかな形の火山（盾状火山）

ねばりけが弱いマグマの噴出によってできる，**盾をふせたような形**の火山。おだやかな噴火でマグマを流し出すように噴出し，平らに広がる。このマグマからできる黒っぽい火成岩は，**玄武岩**（火山岩）や**斑れい岩**（深成岩）などである。例）キラウエア，マウナロア（ともにハワイ島）など。

カルデラ　火山の爆発によってできた大きな火口や，頂上部が落ちこんでできた大きなくぼ地。釜・鍋を意味するスペイン語が由来。箱根山，阿蘇山など。また，カルデラに雨水がたまって湖になったものが**カルデラ湖**。洞爺湖など。

溶岩台地（台状火山）　広い地域に火口が複数あり，**ねばりけの弱い溶岩が大量に噴出**してできた台地。インドのデカン高原，日本では雲ノ平，弥陀ヶ原（ともに富山県）など。

外輪山　カルデラをとり囲む，まわりの高い部分。

▲カルデラ湖（十和田湖）

火成岩

★ 火成岩
マグマが冷えて固まってできた岩石で，固まり方や鉱物のちがいで**火山岩**と**深成岩**に分けられる。

★ 火山岩
マグマが地表や地表近くで急に冷えて固まった岩石。斑晶と石基からなる**斑状組織**（➡p.177）をもつ。例）流紋岩，安山岩，玄武岩など。

★ 深成岩
マグマが地下深くで長い時間をかけてゆっくり冷えて固まった岩石。**等粒状組織**（➡p.178）をもつ。例）花

こう岩，せん緑岩，斑れい岩など。

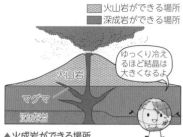

凡例：
- 火山岩ができる場所
- 深成岩ができる場所

（吹き出し）ゆっくり冷えるほど結晶は大きくなるよ

火山岩
マグマ
深成岩

▲火成岩ができる場所

★ **流紋岩**（りゅうもんがん）　火山岩の一種。セキエイ・チョウ石などの**無色・白色鉱物**が多く白っぽい。有色鉱物のクロウンモやカクセン石も少量含む。**ねばりけの強いマグマ**からできる。同じ種類の鉱物でできた深成岩は**花こう岩**。

★ **安山岩**（あんざんがん）　火山岩の一種。セキエイ・チョウ石などのほかに，カクセン石・キ石などの**有色鉱物を含み灰色**。**ねばりけが中程度のマグマ**からできる。同じ種類の鉱物でできた深成岩は**せん緑岩**。

★ **玄武岩**（げんぶがん）　火山岩の一種。チョウ石のほかにキ石，カンラン石などの**有色鉱物が多く黒っぽい**。**ねばりけが弱いマグマ**からできる。同じ種類の鉱物でできた深成岩は**斑れい岩**。

★ **花こう岩**（かこうがん）（花崗岩）　深成岩の一種。セキエイ・チョウ石などの**無色・白色鉱物**が多く白っぽい。有色鉱物のクロウンモやカクセン石も少量含む。**ねばりけの強いマグマ**からできる。同じ種類の鉱物でできた火山岩は**流紋岩**。

★ **せん緑岩**（せんりょくがん）（閃緑岩）　深成岩の一種。

セキエイ・チョウ石などのほかに，カクセン石・キ石などの**有色鉱物を含み灰色**。**ねばりけが中程度のマグマ**からできる。同じ種類の鉱物でできた火山岩は**安山岩**。

★ **斑れい岩**（はんれいがん）　深成岩の一種。チョウ石のほかにキ石，カンラン石などの**有色鉱物が多く黒っぽい**。**ねばりけが弱いマグマ**からできる。同じ種類の鉱物でできた火山岩は**玄武岩**。

★ **二酸化ケイ素**（SiO_2）　マグマの主成分で，**ねばりけ**〔→p.174〕を決める要素。火成岩を構成するおもな鉱物の**セキエイ**は**二酸化ケイ素の結晶**。ガラスと同じ成分で，とけるとねばりけが強い無色の液体になる。つまりセキエイが多いとねばりけが強いマグマになり，できる火成岩（流紋岩や花こう岩）は白っぽくなる。〔→p.178〕

★★ **斑状組織**（はんじょうそしき）　ルーペや双眼実体顕微鏡〔→p.253〕で観察される，火山岩に特有のつくり。**石基**と**斑晶**からなる。

★★ **石基**（せっき）　斑状組織で，斑晶のまわりの**非常に小さな結晶の集まり**や，急に冷やされて結晶になれなかったガラス質の部分。

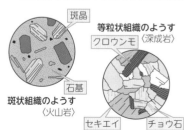

ラベル：斑晶，等粒状組織のようす〈深成岩〉，クロウンモ，石基，斑状組織のようす〈火山岩〉，セキエイ，チョウ石

▲斑状組織と等粒状組織

★ **斑晶** 斑状組織で，**石基より大きな鉱物の結晶**。マグマが冷え固まる前のマグマだまり内ですでに結晶となっていた部分。

★ **等粒状組織** ルーペや双眼実体顕微鏡で観察される，深成岩特有のつくり。石基はなく，マグマの中の各成分は結晶に発達し，同じような大きさですき間なく並ぶ。

★ **鉱物** 火成岩に含まれる粒で，**結晶**〔➡p.170〕になったもの。**無色鉱物**と**有色鉱物**に分けられる。火山灰や岩石は**無色鉱物が多いと白っぽく，有色鉱物が多いと黒っぽくなる。**

★★ **セキエイ（石英）** 二酸化ケイ素〔➡p.177〕が結晶になった**無色か白色の鉱物**。割れ口は不規則。無色透明な結晶は水晶（クオーツ）とよばれる。流紋岩，花こう岩に多く見られ，チョウ石とともに無色鉱物に分類される。

★ **チョウ石（長石）** すべての火成岩に高い比率で含まれる，**白色か灰色，うす桃色の鉱物**。形は柱状か短冊状で，決まった方向に割れる。セキエイとともに無色鉱物に分類される。

★★ **クロウンモ（黒雲母）** 板状・六角形で，**黒色〜褐色の有色鉱物。決まった方向にうすくはがれる**（へき開が強い）。流紋岩，花こう岩に見られる。

★ **カクセン石（角閃石）** 長い柱状で，**濃い緑色〜黒色の有色鉱物**。柱状に割れる。安山岩，せん緑岩に見られる。

★ **キ石（輝石）** 短い柱状で，**暗緑色や褐色の有色鉱物**。柱状か四角い小片に割れる。

★ **カンラン石（橄欖石）** 玄武岩や斑れい岩に含まれる，**うす緑色〜黄色や褐色の有色鉱物**。丸みのある四角形で，割れ口は不規則。

へき開（劈開） 岩石や結晶が，衝撃によって特定方向に**規則的に割れる性質**。割れてできた面をへき開面という。

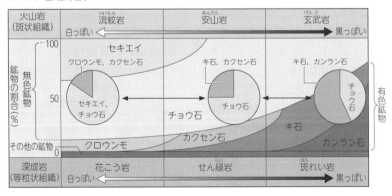

▲火成岩の分類と鉱物の割合

硬度 鉱物のかたさを比較する数値。ドイツの鉱物学者モースが，10種類の鉱物を選び，やわらかいカッ石(硬度1)からかたいダイヤモンド(硬度10)までを並べ，硬度の基準にした。これを**モースの硬度計**という。

硬度	標準鉱物	
1	カ ッ 石	(代用でき)
2	石 コ ウ	るもの
3	ホウカイ石	つめ(2.5) 銅板(3)
4	ホ タ ル 石	
5	リンカイ石	鉄くぎ(4.5)
6	チ ョ ウ 石	ガラス(5.5)
7	セ キ エ イ	ナイフ(6.5) ヤスリ(7)
8	ト パ ー ズ	
9	コランダム	
10	ダイヤモンド	

やわらかい↑かたい

▲モースの硬度計

磁鉄鉱 不透明な**黒色で光沢がある**有色鉱物。磁石につくので見分けやすい。結晶はピラミッドを重ねたような**正八面体**が多い。

▲磁鉄鉱

★無色鉱物 セキエイやチョウ石などの**無色透明か白色系の鉱物**。ねばりけが強いマグマからできる白っぽい火成岩に多く含まれる。

★有色鉱物 クロウンモ・カクセン石・キ石・カンラン石などの**有色の鉱物**。**ねばりけが弱いマグマからできる黒っぽい火成岩に多く含まれる。**

色指数 岩石に含まれる有色鉱物(クロウンモ，カンラン石，キ石，カクセン石)の量を，体積をもとにしたり，質量をもとにしたりして，その割合を百分率(%)で表したもの。この値が小さいと白っぽい岩石となり，この値が大きいと黒っぽい岩石になる。おもに火成岩の分類に用いることが多い。

鉱物組成 岩石に含まれている鉱物の種類と割合を表したもの。岩石の名称を決めるときには，鉱物の種類によって分類する場合と，含まれる鉱物の割合によって分類する場合がある。

鉱物組成が異なると，マグマの性質も異なるから，火山の形や噴火の激しさにも影響するよ。

鉱物名	無色鉱物		有色鉱物			
	セキエイ	チョウ石	クロウンモ	カクセン石	キ石	カンラン石
鉱物名						
形	不規則	柱状・短冊状	板状・六角形	細長い柱状	短い柱状	丸みのある四角形
色	無色，白色	白色，うす桃色	黒色～褐色	濃い緑色～黒色	緑色～褐色	うす緑色，黄色
割れ方	割れ口は不規則	割れ口は平ら	板状にうすくはがれやすい	柱状に割れやすい	柱状または四角い小片状	割れ口は不規則

▲火山灰や岩石に含まれる鉱物の特徴

地震

★ **地震**〔じしん〕 地下の岩盤〔がんばん〕に大きな力が加わり，断層などを境にずれ動くことによって**大地がゆれ動く現象。**

地震波〔じしんは〕 地震で発生する振動（地面のゆれ）を地震波という。初めに伝わる縦波〔たてなみ〕をP波，P波より遅れて伝わる横波〔よこなみ〕をS波とよぶ。

★ **震源**〔しんげん〕 地下で地震が発生した場所。

★ **震央**〔しんおう〕 震源の真上の地表の地点。

★ **震源の深さ** 震央から震源までの距離。

★ **震源距離**〔しんげんきょり〕 観測点から震源までの**直線の距離。**

震央距離〔しんおうきょり〕 観測点から震央までの距離。

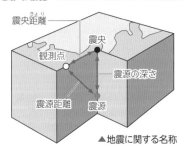

▲地震に関する名称

★ **初期微動**〔しょきびどう〕 P波が到達して起こる**初めの小さなゆれ。**

★ **主要動**〔しゅようどう〕 初期微動のあとに，S波が到達して起こる**大きなゆれ。**

★ **P波**〔ピーは〕 地震の波のうち，**初期微動**を伝える**速い波**をP波という。Primary wave（最初の波）の略。波の進行方向と振動（ゆれ）の方向が一致している縦波である。

★ **S波**〔エスは〕 地震の波のうち，**主要動**を伝える**遅い波**をS波という。Secondary wave（2番目の波）の略。波の進行方向と振動（ゆれ）の方向が垂直な横波である。

縦波・横波とは進行方向に対する表現で，ゆれが上下・左右という意味ではないよ！

★ **初期微動継続時間（P-S時間）**〔しょきびどうけいぞくじかん・ピーエス〕 P波が到達してからS波が到達するまでの時間で，震源からの距離に比例して，離れる〔はな〕ほど長くなる。

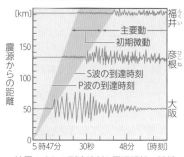

▲地震のゆれの到達時刻と震源距離の関係（兵庫県〔ひょうご〕南部地震）

★ **震度**〔しんど〕 地震のゆれの大きさを表す尺度で，震度0，1，2，3，4，**5弱，5強，6弱，6強，7**の10階級で表す（**震度階級**〔→p.286〕）。ふつう，震源から遠いほど震度は小さいが，震源からの距離が同じでも，地下のつくりやようす，地震の波の周期などでゆれ方がちがい，震度が異なることがある。

震度分布 各地点の震度を地図上に集約したもの。通常は，地震によるゆれ（震度）は震央付近で最も大きく，震央から離れるにしたがって小さくなる。実際には土地の性質や，地下のつくりのちがいなどによって，同心円状にならないことがある。

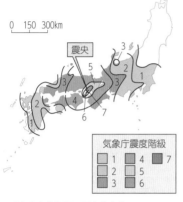

0 150 300km

気象庁震度階級	
1	4	7
2	5
3	6

▲兵庫県南部地震の震度分布表

等震度線 地震が起こったとき，震度が等しい地点を，地図上で結んでできる曲線のこと。

等震度線

1923年
関東地震
M7.9

▲関東地震(1923年)

★ **地震計** おもりの慣性を利用して，**地震のゆれを観測する計器**。上下動地震計の記録ではおもりをばねにつるし，水平動地震計の記録にはおもりをふりこのようにつるして計測する。

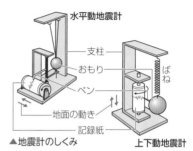

水平動地震計

支柱
おもり
ばね
ペン
地面の動き
記録紙

▲地震計のしくみ　　上下動地震計

震度計 地震のゆれの程度を記録する計器。日本各地の震度計で瞬時に計算され，**地震速報**などに活用されている。

★ **マグニチュード(M)** 地震の規模の大小を表す値（記号はM）。地震で放出されたエネルギーの大きさを計算し決められる。マグニチュードが**1大きいと地震のエネルギーは約32倍**，2大きい場合1000倍になる。

1つの地震に対し震度は観測地ごとにちがうが，マグニチュードは1つの値しかないよ（震源からの距離で変化しない）。

地震の波の速さ 地震の波が伝わる速さは，次の式で求められる。

$$\frac{速さ}{〔km/s〕} = \frac{震源からの距離〔km〕}{地震発生からゆれが始まるまでの時間〔s〕}$$

大森公式 発展 地震が起こったとき，初期微動継続時間（ t 秒）を測定するこ

とで，震源までの距離（d km）を求めることができる公式のこと。$d = kt$
ただし，k は大森定数とよばれ，$k =$ 6〜8km/sとなることが多い。

★ **断層** 地層〔➡p.166〕や岩盤に大きな力が加わり，上下または左右に**ずれた状態**。〔➡p.170〕

★ **隆起** 土地が海水面に対して上がる現象。地震や火山活動で起こる場合は，地面そのものが上昇し，気候変動による海面低下では，地面は上がらず相対的な上昇となる。

★ **沈降** 土地が海水面に対して下がる現象。地震や火山活動で起こる場合は，地面そのものが下降し，気候変動による海面上昇では，地面は下がらず相対的な沈下となる。

地球内部の動き

★ **プレート** 地球表面をおおう十数枚の，厚さ100kmほどの岩盤。地殻とマントルの上部の層とでできている。年に数cmの速さで移動している。日本付近では**4枚のプレート**が集まり，押し合っている。

地球全体で見ると，プレートの数は全部で15枚程度だよ。さらに分けると40枚程度あるんだ。

ユーラシアプレート　北アメリカプレート
フィリピン海プレート　太平洋プレート
▲日本付近のプレートの動き

★ **大陸プレート** 大陸がのっているプレート。約120kmの厚さがある。日本付近では**ユーラシアプレート**，**北アメリカプレート**がある。

★ **海洋プレート** 海底をなすプレート。約100kmの厚さがある。**海嶺**〔➡p.184〕でつくられ**海溝**〔➡p.184〕で大陸プレートの下に沈みこむ。日本近海では**太平洋プレート**，**フィリピン海プレート**がある。

★ **プレート境界地震（海溝型地震）**
大陸プレートと海洋プレートの境界付近で起こる地震。沈みこむ海洋プレートに大陸プレートの先端が引きずられ，もとにもどろうと**隆起**して起こる。例）2011年3月11日の**東北地方太平洋沖地震**など。

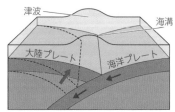
津波　海溝
大陸プレート　海洋プレート
▲プレート境界地震のしくみ

大陸プレート内で起こる地震(内陸直下型地震) 日本列島直下の浅い震源で起こる地震。大陸プレート内の**活断層**が動いて起こる。例)1995年1月17日の**兵庫県南部地震**など。

★ **活断層** 過去の地震で生じた断層で，今後も地震を引き起こす可能性のある断層。

★ **地殻** 地球の内部構造のうち，**地球表面をおおう深さ5km(海洋部)〜40km(大陸部)ほどの岩石層**。

地殻変動 地殻は，地球内部のエネルギーによって，さまざまな変動をしている。この変動を，地表面の変形としてとらえたもの。長期間にわたって山脈ができることや，地震によって短期間で変動するものなどがある。

マントル 地球の内部構造のうち，**地殻の下の深さ約2900kmまでの岩石層**。固体であるが，長い時間の単位で見れば**流動性があり，対流している**。

モホ面(モホロビチッチ不連続面)
 発展 **地殻とマントルの境界面**のこと。クロアチアの地震学者モホロビチッチが**地震波の伝わり方の不連続性**から発見した。

核(コア) 地球の内部構造のうち，マントルより下の，**深さ約2900kmから中心までの部分**。高温の金属質で，外側を**外核**，中心部分を**内核**という。

地球の内核は，約6000℃あるといわれているよ。

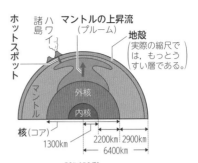

ホットスポット
ハワイ諸島
マントルの上昇流(プルーム)
地殻(実際の縮尺では，もっとうすい層である。)
マントル
外核
内核
核(コア)
1300km
2200km 2900km
6400km

▲地球内部の層状構造

プレートテクトニクス(理論) 地球表面で起こる地震，火山活動，造山運動などを，**プレートの運動で説明する理論**。

プルームテクトニクス マントル内に高温の上昇流(ホットプルーム)と低温の下降流(コールドプルーム)があり，その**対流がプレート運動の原動力**になっているという考え方。

大陸移動説 もとは**巨大な1つの大陸(パンゲア)**だったものが分かれて移動し，現在の大陸ができたとする考え。

★★ **活火山** おおむね**1万年以内に噴火した火山と，現在も噴気活動中の火山**。

★ **火山帯** 火山が**帯状に集まって並んでいる地域**。地震の震央の分布とも重なり，プレートの動きが影響をおよぼしていると考えられる。日本を含む環太平洋火山帯や，東アフリカ火山帯，地中海火山帯などがある。

★ **ヒマラヤ山脈** チョモランマ(エベレスト)を含む8000m級の山脈。**インド半島をのせたプレートがユーラシアプレートに衝突**し海底の地層を押し上げ

ている。現在も年に1cmずつ上昇している。山頂付近の地層から**ウミユリ**など**海の生物の化石**が見つかっている。

▲ヒマラヤ山脈のでき方

日本の伊豆半島と丹沢山地も、同じプレートの衝突なんだよ！

★★ **海溝** 海底に見られる、細長い溝状の地形。**プレートが沈みこむ場所。**浅い海溝を**トラフ**といい、日本付近には**日本海溝**（最深部8020m）、**南海トラフ**、**相模トラフ**などがある。世界で最も深いのは、**マリアナ海溝**（10911m）。

▲日本付近のプレートと海溝

日本海溝 東日本の沖合約200kmにある海岸線に沿って南北に走る海溝のこと。海洋プレートの太平洋プレートが、大陸プレートの北アメリカプレートの下に沈みこんでいく場所にあたる。このプレートの動きによって、過去に何度も大地震が起きている。このような海溝で起こる地震を海溝型地震といい、2011年の東北地方太平洋沖地震では、マグニチュード9.0を記録している。

★ **海嶺** 海底に見られる大山脈（海底山脈）。地球内部の高温物質の上昇で、**新しい海洋プレートがつくられる場所。**太平洋～インド洋～大西洋へと地球を1周するようにつながっている。

▲世界のおもな海嶺

東太平洋海嶺 南極海から太平洋にかけて伸びる、海底山脈のこと。東太平洋海膨ともよばれる。太平洋プレートはここで生まれ、日本海溝に沈みこんでいる。

大西洋中央海嶺 大西洋の中央を南北に走る海嶺のこと。総延長は約1万8000kmあり、北部はアイスランドを

貫き，北極海に達している。この海嶺が発見されたことで，大陸移動説が受け入れられるようになった。

ホットスポット　プレートどうしの境界や海嶺とは別に，火山活動が起こる場所。プレートの下のマントルからマグマが上昇すると考えられ，**プレートの途中に火山ができる。**

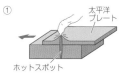

▲ハワイ諸島のでき方

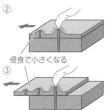

▲ハワイ島　キラウエア山

弧状列島　海洋プレートが沈みこむ場所にできる，弓のような形をした列島。島弧ともいう。地震や火山噴火など，大地の地殻の変動が激しい場所となる。日本列島，千島列島，アリューシャン列島など。

多島海　リアス海岸の沈降がさらに進み，山頂部だけが島となって残った地形。

例)松島湾(宮城県)，九十九島(長崎県)。

▲多島海(宮城県松島町)

千島列島　北海道の根室海峡からカムチャッカ半島の千島海峡の間に，弧状に連なる列島。北方諸島の国後島や択捉島が含まれる。

西日本火山帯　太平洋を囲む環太平洋火山帯のうち，日本列島を走る部分の，山陰地方から九州・南西諸島までの地帯に分布する火山帯のこと。

自然の恵みと火山災害・地震災害

鉱産資源　原油や石炭，鉄鉱石など地下から得られる資源のこと。

地熱発電　地下のマグマの熱を利用し，地下深くで得られた蒸気で，タービンを回して電気を得る発電方法のこと。

化石燃料　過去の生物の遺がいが堆積し，地中で変化してできた資源のこと。石油，石炭，天然ガスなどがある。

レアメタル　産出量や流通量が少ない希少な金属のこと。リチウムやコバルトなどがある。電子機器や特殊な材料に用いられる。

天然ガス　化石燃料の1つで，天然に

185

地下に存在する可燃性のガス。メタンやエタンなどを多く含む。

シェールガス　天然ガスの一種で，頁岩（シェール）層から得られるもの。これまで利用されてきた天然ガスとは異なる方法で採掘されるため，非在来型の天然ガスとよばれる。

シェールオイル　頁岩（シェール）層から得られる原油の一種で，2000年代初頭に採掘技術が確立された。これにより，2015年にはアメリカが40年ぶりに原油の輸出を解禁した。

降灰　噴火などによる火山灰が地上に降ってくること。また，その灰そのもののこと。

噴石　火山が爆発的な噴火を起こすとき，火口から噴出する火山弾などの総称。

火砕流（➡p.175）　最も危険な噴火現象といわれる。1792年に九州・島原半島にある雲仙岳で起きた火砕流では，犠牲者15000人という日本最大級の噴火災害となった。高温，高速で長距離移動する火砕流は，大きな被害を引き起こす。20世紀における死者1000人を超える火山災害11件中の8件が火砕流による。

火山泥流　火山の表面に堆積した火山灰や土砂が水と混ざり，一体となって流れ下る現象のこと。

山体崩壊　山の一部が地震や噴火などにより，大規模に崩壊すること。

溶岩流　ねばりけの弱いマグマが地表に噴出した溶岩として流れ下る現象や，

流れ下る溶岩が固まった地形のこと。

★ **火山ガス**（➡p.175）　火砕流や火災泥流に比べると被害は少ないが，1900年以降の火山災害の1900人（2.5%）が火山ガスによる。

マグマ水蒸気爆発　マグマと水蒸気の両方が同時に噴出し，非常に大きな爆発を起こす噴火現象。代表例として，山の形が変わるほど（山体崩壊）の爆発をした磐梯山爆発（1888年）などがある。マグマの外にある水が熱せられて噴火する「水蒸気噴火」（御嶽山噴火，2014年）と比べると，激しい爆発になる。

★★ **津波**　震源が海底の場合に，急激な岩盤の隆起や沈降で海水が広範囲に上下して発生する**大きな波**。何十時間もかけて地球規模で伝わることがある。

1 長い時間をかけ，海底の岩盤にひずみがたまる。

2 海底の岩盤が大きくずれて地震が発生すると，広範囲で海水が大きくもち上がり，津波が発生する。

3 もち上がった海水全体が大きな水のかたまりとして周囲に広がっていく。

4 海岸近くの浅い海に津波が到達すると，津波はさらに高くなって陸地に押し寄せる。

▲津波発生のしくみ

津波警報 地震が起こったときに，気象庁から出される，津波に関する警報のこと。予想される津波の高さが1mより高く3m以下のときに出される。また，3mを超える津波が予想されるときは，大津波警報が出される。

津波注意報 予想される津波の高さが0.2m以上1m以下のときに出される。

地盤条件 地震が起きたとき，震度を決める条件となるもの。軟弱地盤では，同じ規模の地震でも被害が大きくなることがある。

軟弱地盤 泥や多量の水を含んだやわらかい粘土や砂からできた地盤の総称で，地震波が増幅されて，ゆれが大きくなることがある。

★ **液状化(現象)** 地震の振動で地盤がやわらかくなる現象。海岸や河川近く，埋め立て地などの水の多い砂地盤で発生しやすい。中が空洞で軽い配水管などが浮き上がり，重い建築物などが沈む。

土砂くずれ 地震や台風などで山林や傾斜地の**土砂**や**岩盤**がくずれ落ちる**現象**。**山くずれ**，**がけくずれ**ともいう。

地すべり 地震や大雨，地下水などが作用し，すべり面を境に**地面が大規模に移動する現象**。動きが遅い場合もある。

★ **土石流** 土石が雨水や川の水，地下水などと混ざり，渓流や河川を一気に流れ下る現象。**山津波**ともいう。

岩屑なだれ 山体崩壊などによってくずれた岩石などが，斜面を高速で流れ下る現象。

★ **ハザードマップ(災害予測図，防災マップ)** 予想される自然災害(地震，水害，土砂災害，火山噴火，津波など)による**被害の程度**や，**被害の範囲**，**避難場所**，**避難経路**などを地図上に表したもの。火山の噴火，洪水，津波，土砂災害などのハザードマップがある。

緊急地震速報 初期微動のP波をとらえ，ゆれの大きさを予想し，大きなゆれのS波が到達する数秒から数十秒前に警報を発することを意図した，地震早期警報システムのこと。

関東大震災 1923年9月1日に起こった関東地震(M7.9)による南関東周辺地域での地震災害のこと。広範囲に火災が起き，甚大な被害をもたらした。

阪神・淡路大震災 1995年1月17日に起こった兵庫県南部地震(M7.3)による近畿周辺地域での地震災害のこと。

東日本大震災 2011年3月11日に起こった東北地方太平洋沖地震(M9.0)による東日本での地震災害のこと。地震による直接的な被害のほかに，津波による被害が大きかった。この地震のゆれと津波によって，福島第一原子力発電所では，溶融した核燃料が圧力容器の外に出て，放射性物質が放出されるという事故もあわせて発生した。

第2章 気象とその変化

気象要素

- **★気象** 雨，風，雲，大気の状態など，**大気中で起こるすべての自然現象**をさす。

- **★気象要素** ある場所，ある時刻での大気の状態を表す要素。気温，湿度，気圧，風向，風力，雲量，雲形，降水量，日照時間など。

- **★気温** 空気の温度。風通しのよい日かげで，ふつう**地面から約1.5mの高さ**ではかる。単位は**℃**（セ氏）など。国際基準では，地上約1.25～2mの空気の温度とされる。積雪を考慮し，温度計の位置が高めに設置された観測地点もある。1日の変化は，ふつう**日の出前に最低気温**になり，太陽放射（日照）を受けて地面があたたまり，**午後2時ごろ最高気温**となる。また，1日の最低気温，最高気温が何度かによって，**真夏日，真冬日**など〔➡p.208, 209〕が決めら

れている。

- **★湿度** 空気のしめりけの度合いを示す値。**大気中に含まれる水蒸気の割合**で，次の式で表される。**湿度〔%〕=**

$$\frac{空気1㎥に含まれる水蒸気の質量〔g/㎥〕}{その空気と同じ気温での飽和水蒸気量〔g/㎥〕}\times 100$$

➡〔p.193〕

湿度は**乾湿計**や湿度計で測定する。

- **相対湿度** ある温度で，空気中に含むことができる水蒸気量に対して，どの程度水蒸気を含んでいるかを百分率（%）で表したもの。**発展** 一方，水蒸気を全く含んでいない空気1 m³あたりの質量と，空気1 m³あたりに含まれる水蒸気の質量の比を表したものを**重量絶対湿度**という。

- **★乾湿計（乾湿温度計）** 気温と湿度をはかる温度計。**乾球**温度計（感温部の球部が乾いた普通の温度計）と**湿球**温度計（くみ置きの水でしめらせた布で球部を包んだ温度計）の示度の差を読みとり，**湿度表**にあてはめて求める。示度の差が**0**なら湿度は100%である。

- **★気圧（大気圧）** 空気の重さによって生じる圧力。気体の圧力と区別し**大気圧**ともいう。単位は**ヘクトパスカル（hPa）**で，1 hPa＝100Pa＝100N/㎡。

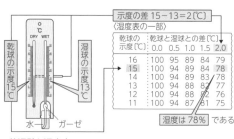

▲乾湿計と湿度表

アネロイド気圧計や水銀気圧計などではかる。また，**海面での平均の気圧を1気圧とよぶ。**（1気圧＝1013.25hPa）。高度が上がるほど，その上の空気は減るので，気圧は下がる。

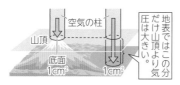

大気の総重量の90%が高さ15kmまでに，99%が30kmまでに存在する。

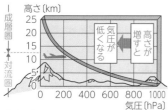

▲高度と気圧

アネロイド気圧計　真空に近い密閉した金属製の缶が，気圧の変化に応じて形が変化することを利用してつくられた気圧計。

☆☆圧力　1m²あたりの面積を垂直に押す力。単位はパスカル（Pa）。1Pa＝1N/m²

$$圧力〔Pa〕＝\frac{面を垂直に押す力〔N〕}{力がはたらく面積〔m²〕}$$

★ヘクトパスカル　100Pa＝1hPa（ヘクトパスカル）で，**気圧**などで使う単位。

★トリチェリの実験　イタリアの科学者トリチェリが1643年に気圧を測定した実験。片方を閉じた長さ1mのガラス管に水銀（Hg）を満たし，空気が入

らないようにして水銀そうの中に逆さに立てると，管内の水銀は水銀面から76cm（760mm）のところで止まり，管内の上部に真空ができる。このとき，**水銀柱の重さによる圧力＝大気圧**となる。気圧の単位には**hPa**のほかに**mmHg**があり，**1気圧＝760mmHg**（水銀を760mm押し上げる大きさの圧力）である。

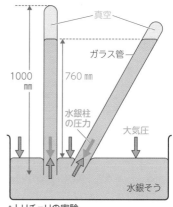

▲トリチェリの実験

☆☆風向　風がふいてくる方向を**16方位**で表したもの。天気図記号では，**矢羽根の向きで示す。**「風向が北」は「北の風」と同じで，北から南に向かう風。ふつう，10分間の平均値で表す。

▲16方位

☆☆風力　風の強さを，**風力階級表**を用いて0〜12の13階級で表した値。**風力**

189

記号では**矢羽根の数**で示す。風速の値から風力を求める場合もある。

風力階級 ある風速に対する影響度を，陸上や海上のようすで表現し，0〜12の13階級にまとめたもの。風速計なしで，およその風速がわかる。対応する風速値が半端なのは，イギリスで考案され，ノットで表したため(風力1＝1〜3ノット[kt]＝風速0.5〜1.6m/s)。

★**風速** 風の速さを10分間の平均で表した値。単位はm/s。地上10mではかる。

海水浴なら風力3(海上では，白波が現れだす)は危険だね。台風は風力8(小枝が折れ，歩くのが困難)以上だよ。風力階級表〔➡p.293〕を見てね！

風向風速計 風速をはかる風速計に矢羽根をつけて，風向と風速の両方をはかることができる装置。風車型自記風向風速計などがある。

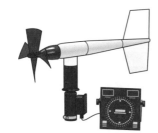
▲風向風速計

気象の観測

★**天気** ある場所，ある時刻での気象現象，気象要素を組み合わせ，**大気の状**態を総合的に表現したもの。ふつう，晴れ，雨といった，ある瞬間〜2,3日の，短期間の空もようをさす。

★**雲量** 空全体を10として，雲がおおっている割合を0〜10の11階級で表した値。**0〜1を快晴，2〜8を晴れ，9〜10をくもり**という。ただし，いずれも降水がないとき。

太陽が雲でかくれていても，雲量が8以下なら「くもり」ではないよ！

★**天気図** 各地で**同時刻に観測された気象要素**を，天気図記号や等圧線〔➡p.198〕を使って，地図上に表したもの。

★**天気記号** 天気図記号のうち，各地の**天気のようすを表す記号**のこと。

快晴　晴れ　くもり　雨　雪　雷

★**天気図記号** 天気記号と風力記号を組み合わせ，観測地点ごとの**天気，風向，風力**を表した記号。○の中には天気を，矢羽根の向きで風向，矢羽根の数で風力を表す。

北東の風，風力3，晴れを表す記号。

気温(左)と気圧(右)を下2けたの数で記すことがある。

天気：晴れ
北東の風 風力3
北
西 ──── 東
21　16
南
気温(21℃)　気圧(1016hPa)

▲天気図記号

自記気圧計 内部をほぼ真空にした金属製の容器にかかる大気圧を，内蔵したばねによって測定し，記録する装置。

自記湿度計 動物やヒトの毛を強く張

190

り，湿度の変化による毛の伸縮の度合いで湿度を測定し記録する装置。

★ **気象観測** 気象現象をつかむため，**気象要素を測定・観察**し，大気の状態を調べること。

▲アメダス観測所

★ **アメダス(AMeDAS)** 気象庁の気象観測網Automated Meteorological Data Acquisition System (地域気象観測システム)の略。全国約1300か所で**降水量**を，そのうち約840か所では**気温，風向，風速，日照時間**の各気象要素も**自動的に計測**し，気象庁に結果を集め，気象の監視や注意報・警報・予報の発令などにいかされている。

★ **気象衛星** 気象観測を行う**人工衛星**。**静止衛星**(地球の自転と同じ速さで飛行し，地球からは静止して見える人工衛星)の**ひまわり**は東経140°前後の赤道上空約3万6000kmにあり，日本を含むアジア東部，オセアニア，西太平洋上空の雲や水蒸気の分布，温度などを観測し，国内外に情報を提供している。ひまわり8号(運用中)，9号(待機)がある。

▲気象衛星ひまわり9号(気象庁提供)

地球シミュレーター 気候変動の予測，地殻の変動の解明などを研究するために海洋研究開発機構が運用しているスーパーコンピュータ。国際的な研究に供され，地球の大気や海洋の変化を大規模にシミュレーションしている。台風の進路や強度の予測精度の向上や，地球温暖化などの環境問題，地震の解明などに役立つとされている。

▲地球シミュレーター　　　©JAMSTEC

気象レーダー 電波を利用した気象観測装置。発射した電波の反射を分析して，雨雲や雪雲の位置や動き，強さなどをはかる。国内20か所に設置。

海洋気象観測船 海上の気象観測と海洋の観測(海水温，塩分，海の潮流など)を行う気象庁の観測船。海上の気圧や水温を自動観測する海洋気象ブイの放流なども行う。

191

雨量計　一定時間に降った雨水が流れ去らず、**水平面にたまる量(雨量または降水量)を、その深さ(mm)ではかる装置**。雪やひょうなどはとけた状態ではかる。

降水確率　ある地域で、ある時間内に1mm以上の雨や雪の降る確率のこと。0％～100％まで、10％きざみの確率で予報している。雨や雪の降る量の予報ではなく、雨や雪の降りやすさの程度の予報である。降水確率50％とは、50％という予報が100回発表されたとき、約50回は1mm以上の降水が、あるという意味である。

★ **百葉箱**　直射日光や雨などの影響を受けずに、気温や湿度などをはかれるようにした屋根付きの観測設備。正確な気温計測のため、以下の工夫がある。(1)**白く塗った木製の箱**(熱の吸収を避ける)、(2)**芝生や草地に設置**(地面の熱の反射防止)、(3)**よろい戸**(ブラインドのように細長い板を斜めに張った戸)**の壁**(日光や雨の侵入防止と風通し確保)、(4)**北向きの扉**(計測時に日光を当てない)、(5)**温度計は百葉箱内の地上1.2～1.5mに配置**(正確な気温計測)、(6)換気扇(ない場合もある)。

▲百葉箱

自記記録計　気温、湿度、気圧などを自動計測する機器。百葉箱内に設置することが多い。継続的観測で、時間変化や気象要素どうしの関連がわかる。

★ **大気圏**　地球をとり巻く空気(大気)の層が存在する空間。大気は少しずつうすくなりながら、はるか上空数百kmまで続いているが、雲の生成や降雨などの**気象現象が起きるのは、地表から10数kmの範囲(対流圏)**である。

★ **対流圏**　地表～高さ10数kmまでの層。空気が**対流**[→p.38]し、**気象現象を起こす層**。高くなるほど気温が下がる(100mで約0.65℃)。

成層圏　高さ10数km～約50kmの層。高くなるほど気温が上がる。**オゾン層**[→p.193]はここにある。

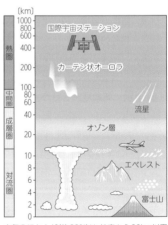

大気のほとんど(約99％)は、地表から30km以下のところにある。雲ができる部分を対流圏という。
※縦軸の目もりは等間隔でないので注意。

▲大気圏の区分

中間圏 高さ約50km～約80kmまでの層。対流圏と同じように，高くなるほど気温が下がる。大気圏中で最も温度が低い。

熱圏 高さ約80km～約800kmまでの層。高くなるほど気温が上がる。高度400km付近に**国際宇宙ステーション（ISS）**があり，90分で地球を1周（1日で16周）する。

★ **オゾン層** 大気中で**オゾン**（O_3…酸素原子が3つ集まった分子。酸素の同素体〔➡p.73〕）が多く分布する層。高度20～25kmで最も高濃度。**成層圏**の中にあり，太陽から届く生物に有害な**紫外線**を吸収している。

オゾンは，強力な酸化作用があるから，殺菌・消毒作用があるよ。だから，水道水の殺菌に利用している国もあるんだよ。

霧や雲の発生

★ **飽和水蒸気量** 空気1m³中に含むことのできる水蒸気の最大量で，単位はg/m³。気温が高いほど大きくなる。

★ **凝結** 水蒸気を含む空気を冷やしていくと，ある温度で湿度が100%になり，**水蒸気が水滴に変わる現象**。（➡下図）

★ **露点** 空気の温度を下げていったとき，水蒸気の一部が**凝結して水滴となるときの温度**。（➡下図）

★ **凝結核** 水蒸気が凝結するとき，**芯になる空気中の微小な浮遊物**。
例）土壌粒子，火山灰，工場の煙や車の排気ガスなど。大きさは雲の粒の$\dfrac{1}{1000}$～$\dfrac{1}{10}$程度。

雲の粒 雲のもとになっている，直径0.005～0.05mm程度の**水滴や氷の粒**。凝結核を芯にして生じる。

霧の粒 上昇気流の中で，雲の粒が集まって大きくなった**水滴**。直径は雲の

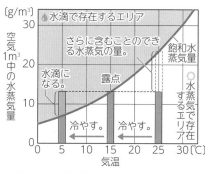

▲飽和水蒸気量と露点

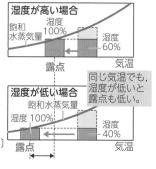

粒の約10倍で，雲の粒の約1000個分の大きさ（体積）。

雨粒（あまつぶ）　雲の粒や霧（きり）の粒が**合体をくり返し**，直径2㎜ほどに**成長した水滴**（すいてき）。雲の粒の約800万個分の大きさ。**上昇気流で支えきれず地上に落ち，雨**となる。

★**雲**（くも）　雲の粒が集まって，大気中に浮かんだもの。雲は，できる高さや形によって10種類に分類する（**10種雲形**という [→p.203]）。

★**断熱膨張**（だんねつぼうちょう）　周囲との**熱の出入りがない気体が膨張すること**。ある体積の気体が，熱の出入りのないまま，体積だけ大きくなると，その気体の温度は下がる。

★**雲のでき方**（くも）　水蒸気を含む空気は，**上昇気流で雲を生じる**。上昇した空気の**断熱膨張による温度の低下**によって，**露点**（ろてん）**以下**になると，水蒸気の一部が小さな水滴や氷の粒になって**雲ができる**。

雲底（うんてい）　雲の最も低い部分のこと。上昇する空気の温度が露点よりも低くなり，**水滴（雲）ができ始める境目**で，雲底より上は飽和した水蒸気である。

★**雨**（あめ）　上昇気流では支えきれなくなった雲の中の**雨粒**や，氷の粒が途中でとけて地上に落ちてきたもの。**雨滴**（うてき）ともいう。霧雨（きりさめ）では直径約0.02～0.1㎜，ふつうの雨で直径約1～2㎜，雷雨（らいう）の場合，直径5～6㎜になるものもあるが，これ以上大きいと落下の途中で分裂する。降った雨の量は**雨量計**ではかる。

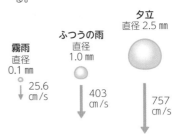

夕立
直径2.5㎜

ふつうの雨
直径
1.0㎜

霧雨
直径
0.1㎜

↓25.6
cm/s

↓403
cm/s

↓757
cm/s

▲雨滴の大きさと落ちる速さ

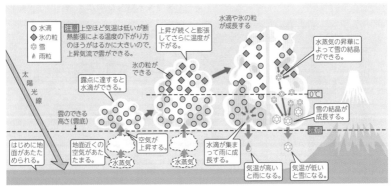

○ 水滴
◆ 氷の粒
❄ 雪
▲ 雨粒

注意 上空ほど気温は低いが断熱膨張による温度の下がり方のほうがはるかに大きいので，上昇気流で雲ができる。

上昇が続くと膨張してさらに温度が下がる。

水滴や氷の粒が成長する

水蒸気の昇華によって雪の結晶ができる。

氷の粒ができる

露点に達すると水滴ができる

0℃

雪の結晶が成長する。

雲のできる高さ（雲底）

露点

はじめに地面があたためられる。

地面近くの空気があたたまる。

空気が上昇する。

水蒸気

水蒸気

水滴が集まって雨に成長する。

気温が高いと雨になる。

気温が低いと雪になる。

▲雲のでき方と降水

太陽光線

上昇気流の中を落ちてくる雨滴では，小さいものほど空気や風の影響を受けて，落ちる速さがずっと遅（おそ）くなる。

暖雨（だんう）（暖かい雨） 雲の中で一度も氷の状態になっていない雨のこと。熱帯地方などでは，水蒸気が大量に発生し，上昇気流（じょうしょうりゅう）によって上空へ運ばれる水蒸気の量も大量になる。運ばれた水蒸気は水滴（すいてき）になって雲になり，まわりの水滴を吸収して大きくなる。大きくなった水滴は重くなり，落下する間にもほかの雨粒を吸収することで，大きな雨粒になる。日本では，夕立がこれにあたる。

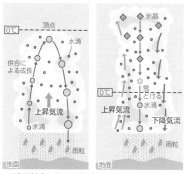

▲暖雨（左）と氷晶雨（右）

氷晶雨（ひょうしょうう）（冷たい雨） 雲の中で大きくなった氷（氷晶）が，地上に落ちてくるまでに水になって降る雨のこと。温帯や寒帯地方では，上昇気流（じょうしょうきりゅう）で上空まで運ばれた水蒸気が雲の中で，小さな氷の粒（氷晶）と過冷却水（かれいきゃくすい）（0℃以下でも凍（こお）らず液体になっている）になっている。雲の上の氷晶が落下し，過冷却水の中を通るとき，過冷却水は蒸発して水蒸気

となり，氷晶の表面に付着し，氷晶は大きく成長する。これが冷たい雨になる。

もや（靄）（きり） 霧と同じで，**水蒸気が細かな水滴となって空気中に浮かんでいる**もの。視程（大気の見通し）が1km以上あって，**霧よりも薄いもの**をいう。

★ **霧（きり）** 水蒸気が霧の粒〔⇒p.193〕とよばれる水滴となり，地表付近の**空気中に浮かんでいる**もの。視程が1km未満で，**もやより濃い状態**。

★ **霧ができる条件** 霧ができるためには，①地表付近の空気が**露点（ろてん）以下に冷える**，②空気中に**凝結核（ぎょうけつかく）**〔⇒p.193〕が多い，③**風が弱い**，の3条件が必要である。

放射霧（ほうしゃぎり）（朝霧（あさぎり）） 晴れた風の弱い夜に，地面が放射して熱を失って冷え（**放射冷却（れいきゃく）**），早朝に地面近くのしめった空気が露点（ろてん）以下になってできる霧。

移流霧（いりゅうぎり）（海霧（うみぎり）） あたたかくしめった空気が，低温の水面や地面へ流れ，下から冷やされてできる霧。**寒流（かんりゅう）**の海で発生しやすい。

蒸気霧（じょうきぎり） 冷たい空気が，あたたかい水面上に流れこんでできる霧。風呂場の湯気も蒸気霧の一種。冷えた冬の朝などに川面（かわも）で見られる蒸気霧は川霧（かわぎり）という。

滑昇霧（かっしょうぎり）（上昇霧（じょうしょうぎり），山霧（やまぎり）） 山腹に沿ってふき上げられた空気が，断熱膨張（だんねつぼうちょう）〔⇒p.194〕で冷えてできる霧。

★ **放射冷却（ほうしゃれいきゃく）** 夜間に**地表の熱が放射によってうばわれ気温が下がる現象**。風が弱く，雲や水蒸気の少ないよく晴れた夜

に起こる。**雲は熱を吸収・再放射し，地表から宇宙空間への放射をやわらげる。**

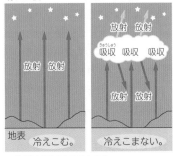

晴れた夜　　　　　雲がある夜

▲放射冷却と雲のはたらき

★ **露**（つゆ）　水蒸気が，冷たい地上の物体（地面や植物など）を凝結核（ぎょうけつかく）として水滴になったもの。露ができるのは，**物体の表面温度が露点（ろてん）より低い**ためで，氷水を入れたコップの表面に水滴がつくのも同じ原理。夏から秋にかけ，風の弱い**晴れた夜の翌朝**に多く見られる。

★ **霜**（しも）　水蒸気が冷たい地上の物体にふれ，**液体にならずに直接氷となってついた**

もの。おもに**寒い冬の朝の現象**で，露点が0℃以下のときにできる。このような水の状態変化を**昇華**[➡p.62]という。

★ **雪**（ゆき）　雲をつくっている雲の粒のうち，氷の粒が**合体をくり返して雪やあられの結晶となり，気温が低くてとけずに地上に落ちてきたもの。**

> **！雪の結晶の研究－中谷宇吉郎（なかやうきちろう）－**
> 雪の結晶（けっしょう）の美しさに魅せられた物理学者中谷宇吉郎（1900～1962）は，雪の結晶形と上空の気象の関係を研究し，気温・水蒸気量・結晶形の相関（そうかん）を示す「**中谷ダイヤグラム**」を完成させた。世界初の人工雪をつくるなど，低温科学に大きな業績を残した。

ひょう（雹）　積乱雲から降る直径5mm以上の氷のかたまり。雲の中で氷の粒（つぶ）の周りに過冷却（かれいきゃく）[➡p.64]状態の水がついてだんだんと大きくなり，とけずに落下したもの。

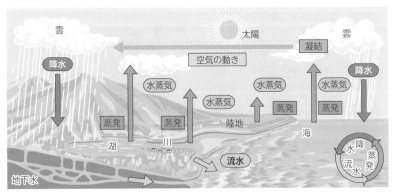

▲水の循環

* **降水** 雨や雪，ひょうなどが，空から落ちてくる現象，また，その雨や雪。

* **水の循環** 水は地球上で**気体(水蒸気)**，**液体(水)**，**固体(氷)の3つの状態**〔➡p.62〕で存在する。**太陽エネルギーを得て蒸発し，さらに凝結，降水をくり返し，地球上でずっと循環している**（➡p.196下図）。

> 地球上の水は，約14億km³あるといわれているけれど，そのほとんどは海水で，淡水は，約2.5％程度で，ヒトが利用できる水はさらに少ないよ。

前線の通過と天気の変化

* **気団** 気温や湿度が広い範囲でほぼ一様な空気のかたまりのこと。高さが1〜3km程度に対し，水平方向は数百〜数千kmにもなる。大陸や海洋上で**あまり移動せず，高気圧をともなうこと**が多い。日本付近では，乾いた大陸性気団としめった海洋性気団，それぞれに冷たい気団(高緯度側)とあたたかい気団(低緯度側)の2種類がある。

寒気団 高緯度側の寒冷地域で発達する冷たい気団。日本付近では**シベリア気団**と**オホーツク海気団**〔➡p.204〕がある。

暖気団 低緯度側の温暖地域で発達するあたたかい気団。日本付近では**小笠原気団**〔➡p.204〕と**揚子江気団**〔➡p.204,205〕

がある。

* **暖気** まわりに比べてあたたかい空気。寒気とぶつかると，暖気のほうが軽いため**寒気の上に押し上げられる**。

* **寒気** まわりに比べて冷たい空気。暖気とぶつかると，寒気のほうが重いため**暖気の下にもぐりこむ**。

> 暖気と寒気，どちらが上か迷ったら，熱気球を思い出そう！

* **前線面** 寒気と暖気のように，**性質が異なる気団どうしがぶつかる境界面**。寒気と暖気が接してもすぐには混じり合わず，暖気が寒気の上にはい上がり，寒気が暖気の下にもぐりこむ。このとき，前線面に沿って上昇気流を生じ，雲ができる。

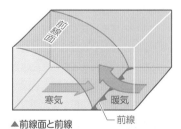

▲前線面と前線

▲寒気が暖気の下に入るモデル実験

©CORVET

★ 前線　前線面が地表面や海面と交わってできる線。地表や海面での気団の境目である。温暖前線，寒冷前線，閉そく前線，停滞前線（➡p.199, 200）の4つがある。

★ 高気圧　等圧線が閉じていて，周囲より気圧が高い部分。中心ほど気圧が高く，下降気流を生じるため雲ができにくく晴れやすい。北半球では，地表付近で中心から時計回り（右回り）に風がふき出す。南半球では左回りにふき出す。

温暖高気圧　**発展**　対流圏ではまわりよりも気温が高く，対流圏上部や成層圏ではじめてまわりよりも気温が低くなっている高気圧のこと。ふつう，上空ほど気圧が低くなるが，温暖高気圧では，上空ほどまわりよりも気圧が高くなっている。小笠原高気圧がこれにあたる。

寒冷高気圧　**発展**　対流圏下部で，まわりよりも気温が低くなっている高気圧のこと。まわりよりも気温が低くなった空気は，下降することで圧縮されてとどまる。地上に近いほど気圧が高くなっている。冬に日本に北西の季節風をもたらす，シベリア高気圧にあたる。

★ 低気圧　等圧線が閉じていて，周囲より気圧が低い部分。中心ほど気圧が低く上昇気流を生じるため，雲ができやすく，くもりや雨になることが多い。北半球では，地表付近で中心に向かって反時計回り（左回り）に風がふきこむ。

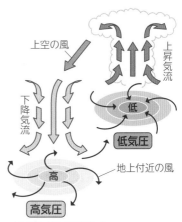

▲高気圧と低気圧（北半球）

線状降水帯　積乱雲が次々と発生して列をなし，強い降水をともなう雨域のことで，集中豪雨をもたらす。

★ 等圧線　天気図で，気圧が等しい地点を結んだ曲線。気圧1000hPaを基準に4hPaごとに引き，20hPaごとに太線で表す。等圧線の間隔がせまいほど圧力差が大きく風が強い。風向きは，地球の自転のために，北半球では等圧線に対して垂直方向より右向きにそれる。（コリオリの力➡p.207）

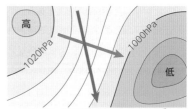

風向きは，等圧線に対し垂直にならず，進行方向から右向きにそれる（北半球）。

▲等圧線と風向き

★ **気圧配置** 高気圧や低気圧など，気圧分布のようす。日本付近では冬の「**西高東低**」，夏の「**南高北低**」など，季節ごとに典型的な気圧配置がある〔➡p.205〕。

気圧の谷 2つの高気圧の間にある，**気圧の低い部分**。

気圧傾度（気圧の傾き） 等圧線に垂直な方向の一定距離に対する**気圧変化の割合**をいい，2地点間の気圧の差を2地点間の距離で割った値で示す。気圧傾度が大きいほど強い風がふく。

気圧傾度力 気圧の高いところから低いところへ空気を移動させる力。空気のあたたまり方に差があると，上昇気流や下降気流が生じ，高気圧のほうから低気圧のほうに向かって風がふく。気圧の差が大きいほど，風が強くふき，空気を押し流そうとする力が強くなる。

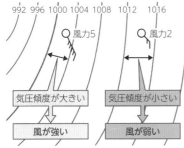

▲等圧線と風力

海面更正 標高の異なる地点どうしの気圧を比べるため，**気圧の実測値を海抜0m（海面）での値に換算**すること。ふつう標高が高いほど気圧は小さい。**天気図**は海面更正した値でつくられる。

★ **上昇気流** 上昇する空気の流れ。雲をつくる原因で，次の4つの場合がある。①暖気と寒気がぶつかり，**暖気が上昇する場合**，②風が山の斜面に沿って上昇する場合（富士山の**傘雲**や**滑昇霧**〔➡p.195〕など），③太陽光などで地表付近の空気が**局部的に熱せられ上昇す**る場合（夏の**夕立**など），④低気圧の中心部などにまわりから**空気が集まり上昇する場合**。いずれもくもりや雨になることが多い。

★ **下降気流** 下降する空気の流れ。雲はできにくく，④を除き，多くは天気がよい。①山の**斜面**を空気が下る場合，②上空に**寒気が流れこんで沈む**場合，③高気圧の中心部などで**下降してふき出す**場合，④台風の目〔➡p.208〕など。

上昇気流・下降気流という場合，鉛直方向だけでなく，斜めに移動しながら，上下する場合も含めるんだよ。

★ **停滞前線** 暖気と寒気の勢力がほぼ同じときにできる前線。ほとんど動かず同じ場所にとどまる。厚い雲ができ，**梅雨前線**や**秋雨前線**のように，雨が続く。

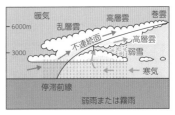

▲停滞前線の断面

★★ **温暖前線** 暖気が寒気を押して進む

前線。暖気が寒気の上に、はい上がる

ように上昇する。乱層雲が前線面に沿

って発達し、**広範囲**（前線の前方約

300km）**におだやかな雨を降らせ、前**

線通過後は気温が上がる。温暖前線の

通過前に現れる雲は、おおむね**巻雲→**

巻層雲→巻積雲→高積雲→高層雲→乱

層雲の順（雲の種類 [→p.203,204]）。

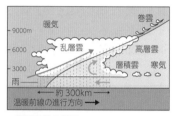

▲温暖前線の断面

★★ **寒冷前線** 寒気が暖気を押して進む

前線。寒気が暖気の下にもぐりこみ、

押し上げられた暖気の急上昇で前線面

に**積乱雲を生じ、せまい範囲**（前線の

後方約70km）**に強い雨を降らせる**。強

風をともなうことが多い。**前線通過前**

は南寄りの風、前線通過後は北寄りの

風に変わり、気温は急激に下がるのが

特徴。

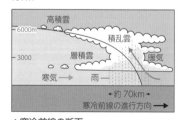

▲寒冷前線の断面

		寒冷前線	温暖前線
構造		暖気が寒気によって急激に押し上げられる。	暖気が寒気の上をゆるやかにはい上がる。
速さ		約30～40km/h	約20～30km/h
天気の変化	雲	暖気の急激な上昇により積乱雲ができ、空が厚い雲でおおわれる。	暖気のゆるやかな上昇により前線の1000km以上前面に巻雲、前線付近に乱層雲ができる。
	雨	強い雨が短時間に降る。雨域は約70km。	弱い雨が長時間続く。雨域は約300km。
	風	南寄りの風が前線通過後は北寄りの風に変わる。	東寄りの風が前線通過後は南寄りの風に変わる。
	気温	前線通過後、急激に下がる。	前線通過後、上がる。

▲寒冷前線と温暖前線の比較

★ **閉そく前線** 温帯低気圧の中心付近に

おいて、**南東にのびる温暖前線に、南**

西にのびる寒冷前線が追いついてでき

る前線。暖気が押し上げられて**乱層雲**

や積乱雲を生じ雨が降る。地表は**2種**

類の寒気におおわれる。

▲閉そく前線の断面

寒冷型閉そく前線 寒冷前線を押して

きた寒気の温度が、温暖前線側の寒気

より低い場合、寒冷前線側の寒気が、

温暖前線側の寒気の下にもぐりこむよ

うにしてできた閉そく前線。寒冷前線

と似たような性質をもつことが多い。

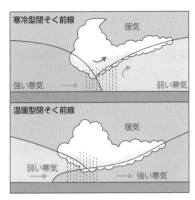

▲寒冷型・温暖型閉そく前線

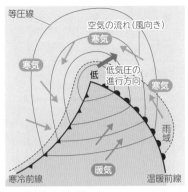

▲温帯低気圧と雨域

温暖型閉そく前線　寒冷前線を押してきた寒気の温度が，温暖前線側の寒気より高い場合，寒冷前線側の寒気が，温暖前線側の寒気の上にはい上がるようにしてできた閉そく前線。温暖前線と似たような性質をもつことが多い。

熱帯低気圧　熱帯・亜熱帯の水温の高い海洋上で発生する低気圧。激しい上昇気流による発達した積乱雲をともなう。**等圧線は同心円状**になり，**前線をもたない**（暖気だけで寒気がない）。さらに発達し，最大風速が17.2m/sをこえるものを**台風**〔➡p.208〕とよぶ。

★ **温帯低気圧**　寒気と暖気がせめぎ合う**中緯度帯（北緯および南緯30°〜60°の地域）で発生する低気圧**。**前線をともなう**ことが多い。日本付近では，温帯低気圧の中心から南東側に**温暖前線**，南西側に**寒冷前線**ができやすい。西から東へ進みながら発達し，前線ものびる。

★ **雨域**　雨が降っている地域。前線をともなう**温帯低気圧**では，**温暖前線の前方（東側）と寒冷前線の後方（西側）が雨域**。雪の場合も，雨と同じ地域で降る。

★★ **海陸風**　海に面した地域で，海上と陸上の気温差によって，昼と夜で風向きの変わる風をいう。昼は海風，夜は陸風がふく。

★★ **海風**　海岸付近で，**昼間，海から陸に向かってふく風**（5〜6m/s）。日射を受けると，陸は海よりあたたまりやすく，陸上で上昇気流が発生し，気圧が下がって海から風がふく。

★★ **陸風**　海岸付近で，**夜間，陸から海に向かってふく風**（2〜3m/s）。冷めやすい陸に比べ，海は昼の日射の熱が残って陸よりあたたかく，海上で上昇気流が発生し，気圧が下がって陸から風がふく。

季節風も，地球規模で見ると，海陸風として考えることができるよ。

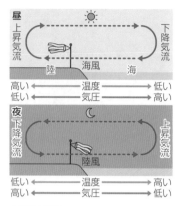

▲海風と陸風

* **なぎ（朝なぎ，夕なぎ）** 海風・陸風は昼と夜で逆にふくが，風向きが入れかわる朝と夕方に風が一時やむ。この**無風に近い状態が，朝なぎ，夕なぎ。**

山谷風 山に面した地域で，山の斜面と谷底の気温差によって，風向きの変わる風をいう。**昼は谷風，夜は山風がふく。**

▲山風と谷風

山風 山に面した地域で，夜間，山から谷に向かってふく風。山の斜面の気温が下がることで，下降気流が生じ，気圧が上がることでふく。

谷風 山に面した地域で，昼間，谷から山に向かってふく風。日射を受け，山の斜面の気温が上がり，上昇気流が発生し，気圧が下がることでふく。

雲形 いろいろな雲を形で分類したもの。垂直に上昇する気流（5〜30m/sで上昇）では，**むくむくとした積雲状（ドーム状）の雲**になり，ほぼ水平でわずかずつ上昇する気流（5〜20cm/sで上昇）では，**水平方向に広がった層状の雲**になる。また，気流が波をうったように上下する場合には，**波形の雲**が現れる。とくに，現れる高さや形で10種類に分ける国際的な分類法を**10種雲形**〔➡p.203〕という。

上層雲 対流圏〔➡p.192〕の上層で，高さ**約5000m〜1万3000m**にできる雲。巻雲・巻積雲・巻層雲など。ほとんど空気の動かない成層圏〔➡p.192〕では雲ができない。

中層雲 対流圏の中層で，高さ**約2000m〜7000m**にできる雲。高層雲，高積雲など。

下層雲 対流圏の下層で，高さ**約2000mまで**にできる雲。層積雲・層雲など。

❗ 雲の名前に使われる漢字の意味

巻…上層の雲。　高…中層の雲

積…かたまり状になっている雲。垂直方向の上昇気流で発生する。

層…層状または膜状に空をおおう雲。多くは斜面をはい上がるような気流で生じる。

乱…雨や雪を降らせる雲。

☆☆**積乱雲（かみなり雲／入道雲）** 積雲が発達したもの。下部は暗く不規則で，上部はドーム状または平らな**かなとこ雲**。夕立などの激しい雨や雷の原因となる。**寒冷前線面近くの上昇気流で発生しやすい**。**対流圏**[➡p.192]の上層におよぶ最も高さのある雲を形成する。

★**巻雲（すじ雲）** 上層雲で，空高くにできる引っかいたような**かぎ状やすじ状のうすく白い雲**。**温暖前線通過前に，最初に現れる。**

巻層雲（うす雲） ベール状のうすく白い雲。太陽や月にかかるとかさ（光の輪）ができ，また太陽の光で物体にかげができる。温暖前線通過前，巻雲に続いて現れることが多く，天気は**下り坂**。

★**巻積雲（うろこ雲）** 上層雲で，高積雲より小さなかたまりが，**さざ波状やうろこ状に並んだ雲**。空気のゆるやかな上昇で発生し，巻層雲に変わって厚くなると，やがて雨になることが多い。

高層雲（おぼろ雲） 灰色がかった層状の雲で，膜のように空全体に広がる。太陽が見えることもあるが，物体にかげはできない。温暖前線通過前，高積雲に続いて現れることが多く，やがて乱層雲になる。

高積雲（ひつじ雲） 中層雲で，巻積雲

!　**10種雲形**

巻雲（すじ雲）：上空5〜13kmの高さで見られる。高い空にうすく，すじや羽毛のように見える白い雲のこと。

巻積雲（うろこ雲）：上空5〜13kmの高さで見られる。うろこのような形の白い小さなかたまり状の雲のこと。

巻層雲（うす雲）：上空5〜13kmの高さで見られる。うすくベールのように広がった白い雲のこと。

高層雲（おぼろ雲）：上空2〜7kmの高さで見られる。灰色や青色がかった膜のように空に広がった雲のこと。

高積雲（ひつじ雲）：上空2〜7kmの高さで見られる。白や灰色のかたまりで，ひつじが集まったような形の雲のこと。

乱層雲（あま雲）：上空2〜7kmの高さで見られる。黒く空一面をおおっていて，たえず形が変化する雲のこと。

層雲（きり雲）：地上付近〜2kmの高さで見られる。空に霧のように広がり，層をつくる雲のこと。

層積雲（うね雲）：地上付近〜2kmの高さで見られる。濃い灰色のかたまり状のものが集まった雲のこと。

積雲（わた雲）：地上付近〜2kmの高さで見られる。雲の底が平らになっていて，上のほうがもり上がった形になっている雲のこと。

積乱雲（入道雲）：地上付近〜13kmの高さで見られる。雲の底は乱層雲のようになっていて，上のほうがドーム状もしくは平らになっている雲のこと。

より大きいかたまりが，ひつじの群れのように連なる雲。天気はよいことが多い。温暖前線通過前に巻層雲や巻積雲に続いて現れる。

★ **乱層雲（あま雲）** 中層の，**前線近くの上昇気流付近で多く発生し，空全体をうす黒くおおう雲。**たえず形が変化する。太陽や月を完全にかくすほど厚く，**雨や雪を広範囲に降らせる。**

乱層雲

★ **積雲（わた雲）** 下層雲で，こぶのようにもり上がった**かたまり状の雲。**底面は平ら。寒冷前線通過後に現れ，形が変わらなければ晴れが続く。発達すると積乱雲となる。

層積雲（うね雲） 下層雲で，灰色か白色の雲が，畑のうね状に規則的に連なる雲。晴れ間もあるが，多くはくもり空。

★ **層雲（きり雲）** 下層雲で，**霧に似た灰色の層状に広がる雲。**雨の前に山にかかったり，**早朝や雨上がりに出る**こともある。霧雨をともなったり，雲の底が低く，地上に達することもある。

かなとこ雲 発達した積乱雲の頂上部分が平らに広がった雲。形が金属加工用の金床に似ているためこの名がある。

日本の天気の特徴

★ **シベリア気団（シベリア高気圧）**
冬にユーラシア大陸で発達する冷たく乾いた気団。この気団から日本に向けてふき出す**北西の季節風**が，対馬暖流の流れる日本海上で水蒸気を多量に含み，日本列島の山々にぶつかって上昇し，**日本海側に大雪を降らせる。**太平洋側では，冷たく乾いた北西の季節風**（空っ風）**となり，**晴れて乾燥すること**が多い。

★ **オホーツク海気団（オホーツク海高気圧）**
5〜6月ごろと秋のはじめ，**オホーツク海〜三陸沖付近を中心に発達する冷たくしめった気団。**太平洋上の小笠原気団とぶつかり合い，**梅雨前線や秋雨前線を形成する。**また夏の東北地方に**やませ**〔➡p.209〕をもたらすことがある。

★ **小笠原気団（小笠原高気圧/太平洋高気圧）**
夏に日本の南東の太平洋上で発達する**あたたかくしめった気団。**この気団から日本にふき出す**南または南東の季節風**で，**太平洋側は高温多湿の天候**となり，山々を越えた風が風下側の山ろくで**フェーン現象**〔➡p.210〕をひき起こす。また**台風**はこの気団のへりを回りこむように進むことが多い。

小笠原気団が弱まると台風が日本に接近するよ。

▲日本付近の気団と性質

★★ **揚子江気団（長江気団）** 春や秋に
中国の長江（揚子江）流域を中心に発達
するあたたかく乾いた気団。この気団
の一部がちぎれて，西から東に向かう
移動性高気圧となり，春や秋の日本は
周期的に好天となる。（ただし，近年
「移動しない大規模な高気圧」という気
団の定義に該当しないとして，日本付
近の気団から除外する場合がある。）

★ **日本の天気の移り変わり** 日本の天
気は，季節の変化とは別に，普段は**西
から東へ移り変わっていく**ことが多
い。これは移動性高気圧や低気圧が，
偏西風によって西から東に移動するた
めである。

日本付近の高気圧や低気圧，台風は，
偏西風などの影響で，西から東へ1日
に数百kmも移動してるんだよ。

★ **西高東低** 典型的な日本の冬の気圧
配置。日本の西（大陸側）にシベリア高
気圧，東（オホーツク海や太平洋側）に
低気圧が発達した気圧分布となる。**等
圧線が縦（南北方向）になり**，東西の気

圧差が大きいので等圧線の間隔がせま
い（**北西の季節風が強い**）という特徴が
ある。

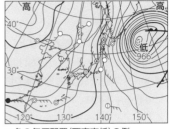

▲冬の気圧配置（西高東低）の例

★★ **南高北低** 典型的な日本の夏の気圧
配置。天気図で，日本の南海上に小笠
原高気圧，北に低気圧がある気圧の分
布となること。**等圧線が横（東西方向）
にのび**，あたたかくしめった**南東の季
節風**がふいて，蒸し暑くなる。

遅霜（晩霜） 4〜5月ごろの季節はず
れの霜。晴れた夜の**放射冷却**〔➡p.195〕
によって温度が下がり，新芽が出たば
かりの農作物などに被害をおよぼす。

★ **つゆ（梅雨）** 5〜7月ごろ，梅雨前線
〔➡p.206〕によってもたらされる雨やくも
りの多い時期。つゆの末期などに災害

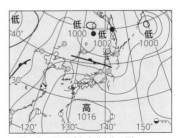

▲夏の気圧配置（南高北低）の例

をもたらすことも多いが，農作物が育ち，夏の渇水を防ぐなどの恩恵もある。

* **秋雨** 9月末～10月上旬ころ，秋雨前線によりもたらされる雨やくもりの多い時期。

夏日 1日の最高気温が25℃以上の日。

* **梅雨前線** 5～7月ころの日本付近で，オホーツク海気団と小笠原気団の境界にできる停滞前線。前線付近では雨やくもりが1か月あまり続き，梅雨またはつゆ〔➡p.205〕という。5月ころ沖縄県から始まり，小笠原気団の勢力拡大とともに北上する。7月末ころに津軽海峡付近で消滅するため，北海道にはつゆがない*。梅雨前線の勢力が強く北海道まで北上した場合をえぞつゆ，また雨の少ないつゆをからつゆという。

* **秋雨前線** 秋の初めの日本付近で，オホーツク海気団と小笠原気団の境界にできる停滞前線。梅雨ほど活発ではないが，同じような気圧配置になり雨が続く。シベリア気団の勢力拡大とともに南下し，太平洋上に消えてゆく。

大気の動きと海洋の影響

高圧帯 周囲より気圧の高い帯状の地域。

低圧帯 周囲より気圧の低い帯状の地域。

赤道低圧帯（熱帯収束帯） 赤道付近に1年中できている低圧帯。日射により地表付近の空気が熱せられ，周囲からの風が集まって，常に上昇気流を発生しており，気圧が低い。

中緯度高圧帯（亜熱帯高圧帯） 北緯および南緯30°付近の高圧帯。年間を通じ下降気流が発生し，気圧が高い。

高緯度低圧帯 北緯および南緯60°付近の低圧帯。1年中上昇気流が発生し，気圧が低い。

極高圧帯 北極および南極付近の高圧帯。1年中下降気流が発生し，気圧が高い。

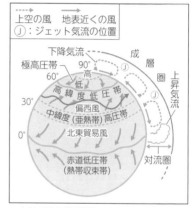

▲大気の動き（北半球）

* * **偏西風** 日本を含む中緯度帯（南緯および北緯30°～60°付近）の上空を1年中ふいている西寄りの風。地球規模で南北に蛇行しながら一周している。この影響で，日本付近の天気は西から東に変わることが多い。

偏西風帯 中緯度偏西風帯ともよばれる。高温の低緯度帯と低温の高緯度帯にはさまれており，南北の温度差による風（偏西風）が定常的にふいている地帯のこと。

★ **貿易風** 中緯度高圧帯から赤道低圧帯に向けて, **地表に近い上空で1年中ふく東寄りの風。** 地球の自転(コリオリの力)の影響で, 北半球では北東風, 南半球では南東風になる。

ジェット気流 偏西風は, 中緯度高圧帯と高緯度低圧帯の上層付近で最も強くふき, これをとくに**ジェット気流**という。秒速100mにもなることがある。

> 航空機は東に向かうとき, 強い偏西風を利用して時間と燃料を節約できることがあるよ。

コリオリの力(転向力) 地球の自転により, 地球上で運動するすべての物体にはたらく**見かけの力。北半球では運**

図1
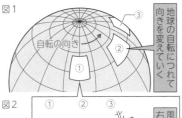

図2
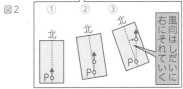

図1のエリア①は, 自転につれて, 北極を中心に②③へと移っていき, しだいに向きを変える。いま, 北半球の地点Pで図2の①のように南風がふけば, 自転につれて地面の向きが変わっていくので, ②③へと移るにつれて, 風向は**地面に対してしだいに右にそれていく。**

▲地球の自転とコリオリの力

動方向の直角右向き, 南半球では直角左向きにはたらく。 この力は運動の方向を変えるが, 速さは変えない。気象現象でふくすべての風や海流に影響する。

海流 地球上の海水が一定方向に流れる運動。寒流と暖流がある。

寒流 高緯度から低緯度に流れる冷たい海流。周辺地域の空気を冷やしている。

暖流 低緯度から高緯度に流れるあたたかい海流。周辺地域の空気をあたためている。

黒潮 東シナ海から日本に北上してくる暖流。日本海流ともいう。

親潮 千島列島に沿って, 日本に南下してくる寒流。千島海流ともいう。

海洋大循環 海水が温度変化や塩分濃度の変化によって, 地球規模で表層と深層を長時間かけて循環すること。

エルニーニョ現象 数年に1度, 南アメリカにあるペルーの沖合で, 海水温が平年より高くなり, その状態が約1年続く現象。これにより, 世界各地の気候も連動して変化する。日本では暖冬や冷夏になりやすいといわれている。

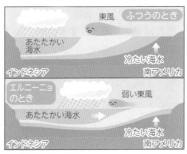

▲エルニーニョ現象

ラニーニャ現象 数年に１度，南アメリカにあるペルーの沖合で，海水温が平年より低くなる現象。日本では夏から秋にかけて高温になりやすく，冬は厳冬になりやすいといわれている。

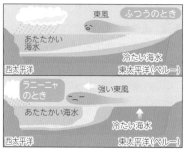

▲ラニーニャ現象

自然の恵みと気象災害

★ **真夏日** １日の最高気温が30℃以上の日。

猛暑日（酷暑日） １日の最高気温が35℃以上の日（2007年以降）。国内観測史上最高気温は，41.0℃（2013年8月12日 高知県江川崎市，埼玉県熊谷市，〔2018年5月現在〕）。

★ **熱帯夜** １日の最低気温が25℃以上の日。

ヒートアイランド現象 郊外に比べ都市部で気温が上昇する現象。自動車，エアコンの排熱や，アスファルト，ビルのコンクリートなどにたまる熱で街全体の気温が上がる。屋上緑化や壁面緑化（緑のカーテン），保水力を高めたアスファルトでの舗装など，対策が進んでいる。

★ **冷夏** ６～８月の平均気温が平年より低い夏のこと。夏にオホーツク海気団の勢力が強く，小笠原気団の勢力が弱いと起こる。東北～北海道に**やませ**がふき，農作物に影響が出ることがある。

★ **暖冬** 12～２月の平均気温が平年より高い冬のこと。シベリア気団の勢力が弱いと**北西季節風**のふき出しは弱まり，日本海側は降雪量が減って，農産物の生産変動や水不足などの影響が出ることがある。

★ **台風** フィリピン東方沖で発生した**熱帯低気圧**〔→p.201〕のうち，**最大風速が17.2m/s（風力８）以上のもの。前線をともなわず，左回りに風がふきこむ。**あたたかい海から供給された多量の水蒸気をもとに成長する。発達した台風の中心部には，雲がなく，風の弱い**台風の目**（直径約20～200km）があり，下降気流を生じている。目の周囲にはたくさんの**積乱雲**がうずを巻く。**小笠原気圧**の強い７～８月は北西方向に進むが，８月下旬～９月ころには小笠原高気圧が弱まり，そのふちを回りこ

▲左回り（北半球）の台風（提供：気象庁）

んで日本列島に向かうことが多い。

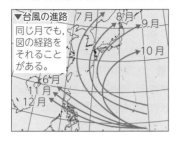

▼台風の進路
同じ月でも，図の経路をそれることがある。

7月 8月 9月 10月 6月 11月 12月

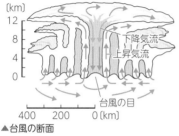

〔km〕
12
8
4
0

下降気流
上昇気流
台風の目

400　200　0〔km〕
▲台風の断面

ドロップゾンデ　パラシュートを開いて降下しながら，気温・気圧・湿度・風向・風速などを観測する機器。これにより，台風の直接観測を行うことができる。

冬日　1日の最低気温が0℃未満の日。

★**真冬日**　1日の最高気温が0℃未満の日。北海道の札幌では，真冬日が1年のうち30日以上にもなる。国内観測史上最低気温は，－41.0℃（1902年1月25日 北海道旭川市，〔2018年5月現在〕）。

★**移動性高気圧**　ほとんど位置を変えない気団に対し，気団から分かれて移動する高気圧。平均の直径約1000km。春と秋，揚子江気団から分かれた移動性高気圧と，温帯低気圧が交互に日本付近を通過し，天候は周期的に変

化する。

★**季節風（モンスーン）**　季節ごとの特徴的な風。冬にシベリア気団からふき出す北西の季節風や，夏に小笠原気団からふき出す南東の季節風などがある。

シベリア気団
夏
季節風
冬
小笠原気団

▲季節風

小春日和　10月下旬〜12月下旬ころにかけての，気候がおだやかであたたかい春のような日のこと。この時期は，春と同じように，移動性高気圧が日本を通過することがあり，この高気圧におおわれることで，季節外れのあたたかさになることがある。春という語があるが，冬の季語である。

★**やませ**　春から夏にかけて，東北地方や北海道にふく，冷たくしめった北東風。オホーツク海気団が7月末〜8月にかけても勢力を保つとふきやすく，農作物の生育に影響が出ることがある。

黄砂　モンゴルや中国の砂漠地帯で上空に巻き上げられた砂粒が，偏西風によって数千km離れた韓国や日本にまで届く現象。日本では春先に多く，空が黄色っぽくなり，視界が悪化する（春霞）。また，砂粒が各地の大気中の物質をとりこみ，国境を越えて運ばれる。

★**春一番**　立春から春分の間（2〜3月

209

中旬)で，**その年初めてふくあたたかく強い南風**。関東では平均風速8m/s以上で，気温が前日より上昇した日とされ，冬から春への季節変化の目安とされる。

木枯らし　晩秋から初冬にかけてふく，冷たい北寄りの強風。**西高東低の冬型気圧配置**で起こる。"木枯らし1号"は立冬(11月7日ころ)前後にふくことが多い。

★フェーン現象　しめった空気が山をこえるとき，風上側で雨を降らせ，**風下側の下降気流では乾いた熱風となる現象**。湿度が低く，火事を起こしやすい。

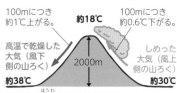

100mにつき約1℃上がる。

約18℃

100mにつき約0.6℃下がる。

高温で乾燥した大気（風下側の山ろく）

しめった大気（風上側の山ろく）

2000m

約38℃　　　　　　　**約30℃**

水蒸気で飽和した大気が2000mの山をこえる場合，風上側で約30℃だった大気は，風下側で約38℃になる。

▲フェーン現象

★集中豪雨　発達した積乱雲によって，**せまい範囲に短時間に大量の雨が降る**こと。前線や台風にともなうことが多く，とくに梅雨期の終わりごろ，梅雨前線の南側に高温でしめった空気が流れこんだときに起こりやすい。**洪水**や**土砂くずれ**，**土石流**などが発生して，大きな被害をもたらすことがある。

★高潮　海水面が異常に高くなる現象。台風が通過するときなど，急激に**気圧**が低下して海水が吸い上げられたり，強風によって海水が海岸にふき寄せられることによって起こる。**満潮**と重なると被害が大きくなる。

★竜巻　大気中に起こる**激しい空気のうず巻き**。発達した積乱雲の下にろうと状のうずを巻いた雲をともなう。うずの直径はふつう100m以下，高さは1000m以下で，中心付近の風速は50〜130m/sぐらい。積乱雲とともに移動し，その経路に沿って強風による被害をもたらす。

注意報　気象注意報ともいう。気象災害が起こるおそれがあるとき，気象庁がその注意喚起をするために発表する。大雨注意報，洪水注意報，津波注意報などがある。より重大な災害のおそれがある場合は，警報が発表される。

警報　気象警報ともいう。重大な気象災害が起こるおそれがあるとき，気象庁が発表し警戒をよびかける。大雨警報，洪水警報，津波警報などがある。災害による被害がよりいちじるしいおそれがある場合は，特別警報が発表される。

特別警報　警報の基準を大きく超えるような，数十年に1度の重大な気象災害が起こるおそれがいちじるしく大きい場合に，気象庁が最大限の警戒をよびかけるために発表する。2013年8月30日から運用が始まった。特別警報として出されるものは，大雨，暴風，高潮，波浪，大雪，暴風雪の6種類ある。

日周運動と自転

★天球 大空を，地球を中心とした半径の非常に大きな球と考えたもの。夜空に見える星は，天球の内側にはりついていると考える。**天球の中心**は地球の中心または観測者の位置，観測者の真上の天球上の点を**天頂**，天の北極と天頂と天の南極を結ぶ大円を**天の子午線**，地球の赤道面を延長して天球と交わってできる線を**天の赤道**という。

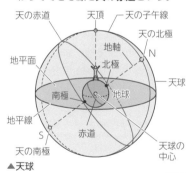

▲天球

★天体 宇宙空間にある太陽などの恒星〔⇒p.222〕，惑星〔⇒p.222〕，衛星〔⇒p.223〕，すい星〔⇒p.227〕，星団〔⇒p.228〕，星雲〔⇒p.228〕，銀河〔⇒p.228〕などの総称。人工衛星〔⇒p.227〕は人工天体という。

★南中 天体が日周運動〔⇒p.213〕によって天の子午線上にくること。天体は真南にあり，南中高度は最も大きい。

正午 太陽が南中したときの時刻を，その地点における正午という。

日本標準時 日本では，兵庫県明石市を通る**東経135°**の地点で太陽が南中したときを正午として，**日本標準時**が決められている。地球は西から東へ自転していることから，東経135°より東の地点では，太陽は正午前に南中し，西の地点では，正午後に南中する。

★南中高度 天体が**南中**したときの高さ。天体の高度は，**地平線からの角度**で表し，南中したときが最も大きい。太陽の南中高度は，観測地点の緯度が高いほど小さい。また，日本付近では夏は大きく，冬は小さい。

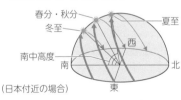

（日本付近の場合）

▲季節による太陽の南中高度のちがい

★太陽高度 観測地点から見たときの，**太陽と地平線との間の角度**。南中したときの高度（南中高度）が最大になる。

★透明半球 天球のモデルとして使われる透明なプラスチック製半球。**太陽の位置や動きを記録する**ときに使う。透明半球の中心は，地球の中心または観測者の位置を表す。

ペンの先の影が透明半球の中心にくるようにして記入するよ!

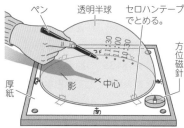

▲透明半球の使い方

天の子午線 天球上で，**天の北極と天頂，天の南極を通る大円**。天の地平線に垂直である。「子午」は十二支からきたことばで，「子(ね)」は北を，「午(うま)」は南を表している。

★ **天頂** 観測者(観測地点)の**真上の天球上の点**。

★ **天の北極・南極** 地球の地軸を南北に延長したとき，天球と交わる北の点を**天の北極**，南の点を**天の南極**という。

経線 地球上のある地点と**北極，南極を結んでできる大円**。子午線ともいう。

緯線 等しい緯度の地点を結ぶ線。地球の**赤道面**(地球の中心を通り，地軸に垂直な平面)**に平行**になる。

★ **経度** イギリスの旧グリニッジ天文台跡を通る子午線を含む面(子午面)を基準に，東または西へどれだけ離れているかを角度で表したもの。旧グリニッジ天文台跡を通る子午面(0°)から東を**東経**，西を**西経**とし，それぞれ180°まで表す。

★★ **緯度** 地球上のある地点と地球の中心を結ぶ直線と赤道面との間の角度。赤道面から北，または南へどれだけ離れているかを角度で表したもの。赤道を基準(0°)に，北は**北緯**，南は**南緯**としてそれぞれ90°まで表す。

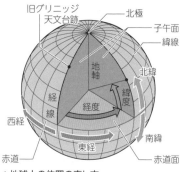

▲地球上の位置の表し方

南・北回帰線 冬至の日と夏至の日に太陽が真上にくる地点を結んだ線。南緯・北緯23.4°の緯線のこと。

回帰線上の地域の多くが熱帯地方で，砂漠になっている場所も多いよ。

★★ **地軸** 地球の北極と南極を結ぶ線。地球の中心を通り，地球が自転する軸である。地球の公転面〔➡p.214〕に垂直な直線に対して23.4°傾いている。

★★ **自転** 天体が**地軸を中心に一定の向きに回転する**こと。地球は地軸を回転軸として，**西から東へ**(北極から見て反時計回りに)1日に1回自転している。

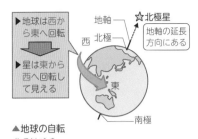

▲地球の自転

★ **自転周期** 天体が地軸を中心に1回転するのにかかる時間。地球の自転周期は0.9973日（23時間56分4秒），月の自転周期は27.322日である。

★ **日周運動** 天体が，地球のまわりを**東から西へ1日に1回転して見える現象**。地球の自転による見かけの運動である。星や太陽は，東から西へ1時間に約15°動いて見える。北の空の星は**北極星をほぼ中心に，反時計回りに1時間に約15°動いて見える**。

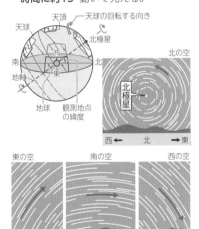

▲東・西・南・北の空の星の動き

★ **星座** 天球上の恒星を黄道12，北天28，南天48の合計88のグループに分割したもの。人物や動物，物体などの名前がつけられている。

★ **星座早見(盤)** ある日時に，空のどの位置にどんな星座が見えるかを知ることができる器具。北極星を中心として，星座と日付の目もりがある**星図盤**の上に時刻盤を重ねたもので，**時刻盤**を回して，観察する日にちに時刻を合わせると，時刻盤にある窓に，そのとき見える星座が現れる。

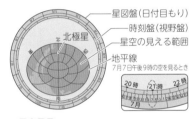

▲星座早見

天動説 地球が宇宙の中心にあって静止しており，**太陽や月，星が地球のまわりを回っている**とする考え方。150年ごろ古代ギリシャの天文学者プトレマイオスがまとめた天動説が有名で，その後16世紀まで信じられていた。

★ **地動説** 太陽は宇宙の中で静止していて，**地球が自転しながら太陽のまわりを公転している**とする説。**コペルニクス**（ポーランド1473～1543年）が最初に公表した。**ガリレイ**（イタリア1564～1642年）は，望遠鏡を使った木星や金星，水星などの観測結果をも

213

とに，地動説を強く支持した。さらに，**ケプラー**（ドイツ1571〜1630年）によって，現在知られているような太陽系が考えられ，その正しさが**ニュートン**（イギリス1642〜1727年）の万有引力の法則によって理論的に証明された。

★ **北極星** こぐま座にある2等星で，ほぼ真北に見える。**天の北極**〔➡p.212〕**付近にあり，ほとんど動かないために，**北の方角を示す目印となる星である。**北極星の高度は観測地点の緯度に等しい。北斗七星またはカシオペヤ座をもとに見つけることができる。**

▲北極星の見つけ方

年周運動と公転

★★ **公転** 1つの天体のまわりを，ほかの天体が一定の向きに回ること。地球は太陽のまわりを1年（365.256日）に1回公転している。地球の衛星〔➡p.223〕である月は，地球のまわりを27.322日に1回公転している。

太陽系の惑星は全て同じ方向に公転しているよ。

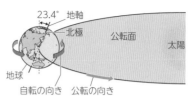

▲地球の公転

公転面 1つの天体のまわりを，ほかの天体が回るときの軌道がつくる面。地球は，**地軸を公転面に立てた垂線から約23.4°傾けたまま公転している。**

★ **公転周期** 天体が1回公転するのにかかる時間。おもな惑星の公転周期は地球は1.00年，金星は0.62年（224.7日），火星は1.88年（687.0日），木星は11.86年（4332日）である。

★ **年周運動** 天体が1年間に地球のまわりを1回転して見える運動。地球の公転による見かけの運動である。
星の年周運動…①同じ時刻に見える星座（星）の位置は，**東から西へ1か月に約30°（1日に約1°）ずつ動く。**
②星座が同じ位置に見える時刻は，**1か月に約2時間（1日では約4分）**ずつ早くなる。
太陽の年周運動…太陽は星座の間を西から東へ動き，1年間で1周しているように見える。

地球上では，ほかの天体が地球のまわりを回って見えるので，天動説が信じられていたんだね。

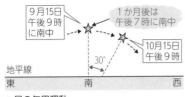

▲星の年周運動

★黄道（こうどう） 太陽の年周運動における**天球上の太陽の通り道**。太陽は黄道上を西から東へ1日に1°ずつ移動し，1年で一周する。

★黄道12星座 黄道付近にある12の星座。いて座，やぎ座，みずがめ座，うお座，おひつじ座，おうし座，ふたご座，かに座，しし座，おとめ座，てんびん座，さそり座。

黄道上に位置している星座には黄道12星座以外に，へびつかい座があるよ。

日の出 太陽の**上端が地平線から出る瞬間**。日の出の時刻や位置は，季節によって違う。夏至の日の太陽は，真東よりも北寄りから出て，日の出の時刻は1年のうちで最も早くなる。冬至（とうじ）の日の太陽は，真東よりも南寄りから出て，日の出の時刻は最も遅くなる。

日の入り 太陽の**上端が地平線にかくれる瞬間**。日の入りの時刻や位置は季節によって違う。夏至（げし）の日の太陽は，真西よりも北寄りに沈み，日の入りの時刻は1年のうちで最も遅くなる。冬至（とうじ）の日の太陽は，真西よりも南寄りに沈み，日の入りの時刻は最も早くなる。

★★冬至（とうじ） 太陽が黄道（こうどう）上で天の赤道から南に最も離れた位置（冬至点）にきたときをいい，12月22日ごろである。北半球では1年を通して**太陽の南中高度が最も低くなり，夜の時間が最も長い**。

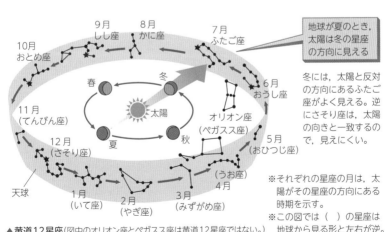

地球が夏のとき，太陽は冬の星座の方向に見える

冬には，太陽と反対の方向にあるふたご座がよく見える。逆にさそり座は，太陽の向きと一致するので，見えにくい。

※それぞれの星座の月は，太陽がその星座の方向にある時期を示す。
※この図では（　）の星座は地球から見る形と左右が逆。

▲黄道12星座（図中のオリオン座とペガスス座は黄道12星座ではない。）

215

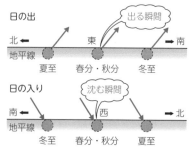

▲日の出と日の入りの位置の変化

上図のような変化は，地球が地軸を傾けたまま公転していることが原因だよ。

★★ **春分**（しゅんぶん）　天球上の黄道（こうどう）と天の赤道が交わる2点のうち，**太陽が天の赤道を南から北に横切る点（春分点）にきたとき**をいい，3月21日ごろである。太陽は赤道上の真上にあり，真東から出て天頂（てんちょう）を通り，真西に沈む。**昼と夜の時間がほぼ等しい。**

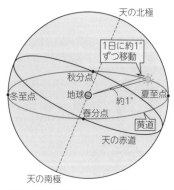

▲黄道と冬至・春分・秋分・夏至

★★ **秋分**（しゅうぶん）　天球上の黄道と天の赤道が交わる2点のうち，**太陽が天の赤道を北から南に横切る点（秋分点）にきたとき**をいい，9月23日ごろである。太陽は赤道上の真上にあり，真東から出て天頂（てんちょう）を通り，真西に沈む。**昼と夜の時間がほぼ等しい。**

★★ **夏至**（げし）　太陽が黄道上で，**天の赤道から北に最も離れた位置（夏至点）にあるとき**をいい，6月22日ごろである。北半球では1年を通して**太陽の南中高度が最も高くなり，夜の時間が最も短い。**

四季の変化　地球が公転面に対して**地軸を傾けたまま公転している**ために，太陽の日周運動（にっしゅううんどう）が1年を通して変化し，**太陽の南中高度**（なんちゅう）[➡p.211]や日の出・日の入りの時刻や方位，**昼の長さが変化し，地表面が受ける日光の量が変化する。**そのため，**気温が変化して季節の変化が生じる。**

①**太陽の南中高度**　日本付近では，夏至（げし）で最大，冬至（とうじ）で最小になる。

②**昼の長さ**　日の出・日の入りの位置が最も南寄りになる**冬至に最も短く**なり，日の出・日の入りの位置が最も北寄りになる**夏至に最も長くなる。**

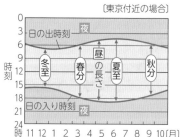

▲昼の長さと年変化

216

日光の量が少ない　日光の量が多い

太陽が真上のとき

太陽の高度が
30°のとき

受光面

光の量は太陽が真
上のときの半分になる。

30°

▲地表面が受ける日光の量

③**地表面が受ける日光の量**　太陽の高
度が高く，昼の長さが長いほど，一
定の面積の**地表面が受ける日光の量
が多くなり，気温が高くなる。**

★ **白夜**（びゃくや）　太陽が地平線下に沈まないか，
地平線下の近くにあって，**一晩中明る
い状態が続く現象。**およそ北緯66.5°
以上，南緯66.5°以上の地域で起こる。

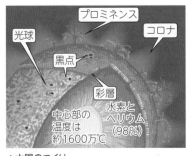

プロミネンス

コロナ

光球

黒点

彩層

中心部の
温度は
約1600万℃

水素と
ヘリウム
(98%)

▲太陽のつくり

中心部の温度は約1600万℃である。

プロミネンス(紅炎)（こうえん）　太陽の表面か
らふき出す**赤色の炎状のガスの動き。**
ガスの高さは数万～数十万kmで，地
球よりも数倍～数十倍も大きい。寿命
は短いもので数分，長いものでは数日
も続くものもある。

コロナ　彩層（さいそう）（光球の外側にある大気の
層）の外側にある**高温のうすい大気の
層。**温度は100万℃以上で，皆既日食（かいきにっしょく）
[⇒p.220]のときによく見える。

★★ **黒点**（こくてん）　光球の表面に現れる**黒いはん点
のようなもの。**まわりより**温度が低い**
(約4000℃)ために，暗く見える。

太陽のようす

★★ **太陽**　太陽系の中心にあり，自ら光を
放つ**恒星**（こうせい）。地球からの距離は平均1億
4960万km。球形の高温のガス体で，
直径は約140万km(地球の直径の約
109倍)。太陽表面の白く輝く部分を
光球（こうきゅう）といい，**表面の温度は約6000℃，**

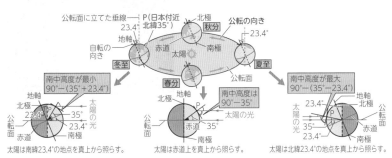

公転面に立てた垂線　P(日本付近
23.4°　北緯35°)
地軸　北極
自転の　赤道　太陽　南極
向き　冬至

秋分　公転の向き
23.4°
南極

春分

夏至

南中高度が最小
90°ー(35°+23.4°)
地軸
北極
23.4°　35°
公転面
赤道
23.4°
南極

北極
地軸
P
赤道　35°
公転面
南極

南中高度は
90°ー35°
太陽の光

南中高度が最大
90°ー(35°ー23.4°)
地軸
北極
23.4°
35°　公転面
赤道
23.4°
南極

太陽は南緯23.4°の地点を真上から照らす。　太陽は赤道上を真上から照らす。　太陽は北緯23.4°の地点を真上から照らす。

▲北緯35°での太陽の南中高度

地学

第3章　地球と宇宙

217

①黒点は，東から西へ約14日で太陽表面を半周する。→太陽は**東から西へ約28日の周期で自転**している。

②黒点の形は，周辺部へいくほどゆがんで見える。→太陽が**球形**である。

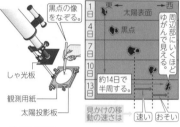

▲黒点の観察

黒点は平均11年の周期で増減している。黒点が多いときは太陽の活動がさかんなときだ。

太陽の日周運動
地球が1日で西から東へ1回自転することによって，太陽が1日で東から西へ1周するという，太陽の見かけの運動のこと。季節によって通り道は異なるが，地上の観測者にとっては，太陽が地球の周りを回っているように見える。

天文単位
太陽と地球の平均距離をもとにした単位。1天文単位は，1AUと表記する。2014年に正式にその値が決められ，1AU＝149597870700m(約1億5000万km)となっている。

太陽のエネルギー(太陽定数)
地球大気表面の1m²あたりに垂直に入射する太陽光線の1秒あたりのエネルギー量のこと。約1366W/m²である。大気

で反射する分があるため，地表に到達するエネルギーは約50%ほどである。

太陽フレア
太陽の表面で突発的に起こる爆発現象。大量のエネルギーを放出して明るく見える。このとき発生したX線やγ線などが地球に到達すると，電波障害が起きたり，人工衛星に障害が起きたりする。これにより，GPS(全地球測位システム)の誤差の増大や，送電線への影響などが生じることがある。

月や金星の運動と見え方

★月
地球のまわりを公転している天体(衛星)。地球からの距離は約38万km。球形をしており，直径は地球のおよそ$\frac{1}{4}$(約3480km)。重力は地球の重力の約$\frac{1}{6}$である。昼が約15日，夜が約15日続き，水や大気はないために，昼は100℃以上，夜は－150℃以下になり，昼と夜の気温の変化が大きい。

▲月

月の海・月の陸
満月を肉眼で見たとき，暗く見える部分を**海**，白く光っている部分を**陸**とよぶ。海は比較的**平ら**

な部分で，水があるわけではない。陸は起伏の激しい部分である。

* **クレーター**　月の表面に見られる大小の円形のくぼ地。クレーターの底は，まわりの地面より落ちこんでいることが多い。**いん石が衝突してできたと考えられている。**月には水や空気がないため，風化・侵食がされずに，大昔のすがたがそのまま残っている。

月の裏側　地球から見る月は，いつも同じ面である。月のまわりを回る人工衛星から写真を撮影した結果，月の裏側には海が少なく，クレーターがある陸が多く見られることがわかった。

* **月の公転**　月は地球の衛星で，27.3日に1回の割合で，地球のまわりを公転している。自転の周期も27.3日で，公転の周期と等しいので，**月はいつも同じ面を地球に向けている。**

* **月齢**　新月のときを0日として，そこから経過した日数を数値で表したもので，月の満ち欠けのようすを知る目安となる。月齢3前後は**三日月**，月齢7前後は**上弦の月**，月齢15前後は**満月**，月齢22前後は**下弦の月**，月齢30近く（※）は，次の**新月**となる。

** **満ち欠け**　月の光って見える部分の形が変化すること。月の表面の半分は常に太陽の光が当たっているが，月が地球のまわりを公転しているために，**月の光っている部分の見え方が常に変化するため，**月の満ち欠けが起こる。

① 月は，**新月→三日月→上弦の月→満月→下弦の月→新月**の順に満ち欠けをくり返す。満ち欠けの周期は約**29.5日**である。

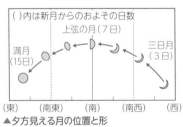

▲夕方見える月の位置と形

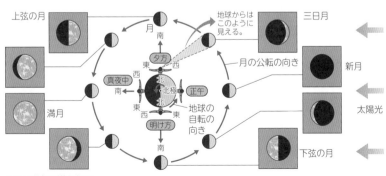

▲月の公転と満ち欠け

（※）月齢は29.3〜29.8日ほどの幅で変化している。

219

②同時刻に見える月の位置は，西から東へ１日に約12°ずつ動いて見える。

★ **新月** 太陽と同じ方向にある月で，見ることはできない。日の出とともに，東から出て西に沈む。月齢０の月。

★ **三日月** 月齢３前後の月。日の出の約２時間後に東から上るが見えない。夕方，日の入り後に西の空の低いところに見える。およそ２時間後に西に沈む。

★ **上弦の月** 月齢７前後で，右半分が光って見える月。正午ごろに東から上るが見えない。夕方，南の空高く見え，真夜中ごろ西に沈む。

★ **満月** 月齢15前後で，太陽の光が当たっている部分全体が見える。夕方，東から上り，真夜中に南の空高く見え，明け方西の空に沈む。一晩中見える。

★ **下弦の月** 月齢22前後で，左半分が光って見える月。真夜中ごろ東から上り，明け方南の空高く見え，正午ごろ西に沈む。朝のうちは，南西の空に白く見える。

★ **日食** 太陽一月一地球の順に並び，月が太陽と重なり，**太陽がかくされる現象**。新月のときに起こる。

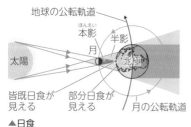

地球の公転軌道
本影
半影
月
太陽
北極
皆既日食が見える
部分日食が見える
月の公転軌道

▲日食

★ **皆既日食** 太陽が完全にかくされたときの日食。地球上の本影にあたる部分から見ることができる。

▲皆既日食

部分日食 太陽が部分的にかくされたときの日食。地球上の半影にあたるところから見ることができる。

★ **金環日食** 皆既日食のときと比べて，月と地球の距離が大きくなったときに，輪のように見える日食。

▲金環日食

★ **月食** 太陽一地球一月の順に並び，**月が地球の影の中に入る現象**。満月のとき起こる。

★ **皆既月食** 月が完全にかくされたときの月食。月が地球の本影の中に完全に入ったときに見ることができる。月は，地球の大気で屈折した太陽の赤い光で照らされ，赤黒く見える。

皆既日食は，地球上の限られた場所でしか見ることができないけれど，皆既月食は，月を見ることができる場所なら，どこからでも同時に観測できるよ。

部分月食 月が部分的にかくされたときの月食。月の一部が，地球の半影に入ったときに見ることができる。

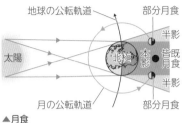

▲月食

★★ **金星** 地球のすぐ内側で，**地球に最も近い軌道を公転している**惑星。直径と質量が地球に最も近い。二酸化炭素を主成分とする厚い大気があり，表面温度は約480℃にも達する。地球からは**夕方に西の空，または明け方に東の空**に見え，真夜中には見えない。大きく満ち欠けして見え，見かけの大きさや明るさが変化する。

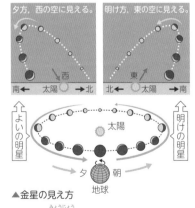

▲金星の見え方

★★ **よいの明星** 夕方，西の空に見える金星。地球から見て，金星が太陽の東側(左側)にあるときで，日没後に見える。

★★ **明けの明星** 明け方，東の空に見える金星。地球から見て，金星が太陽の西側(右側)にあるときで，夜明け前に東の空に見える。

金星の満ち欠け 地球から見ると，金星は月と同様に満ち欠けして見える。これは金星が，自らは光っておらず，太陽の光が当たっている部分だけが光って見えるからである。地球からの距離により，近いときは大きく見えるが欠け方が大きく，遠いときは小さく見えるが欠け方は小さい。

金星の視運動 地球から見た金星の見かけの動き。金星は地球と同じ向きに公転しているが，金星のほうが公転する速度が速いので，金星が地球を追い抜くことがある。このとき，西から東に動いて見えていた(順行)金星が，東から西に動いて見える(逆行)。

東方最大離角 地球と太陽，金星がつくる角度が，最も大きくなったときの角度のこと。太陽より東に金星が見えるときを，東方最大離角という。このときの角度は，太陽との平均距離をもとにすると，約46°程度となる。

西方最大離角 地球と太陽，金星がつくる角度が，最も大きくなったときの角度のこと。太陽より西に金星が見えるときを，西方最大離角という。このときの角度は，太陽との平均距離をもとにすると，約46°程度となる。

惑星と恒星

★ **太陽系** 太陽と，**惑星**，小惑星，すい星，衛星，**太陽系外縁天体**などの天体の集まり。

★ **恒星** 太陽や星座をつくる星のように，**自ら光を出す天体**。太陽以外の恒星までの距離は非常に大きいので，光が届くまでの年数（**光年**〔➡p.230〕）で表す。恒星の明るさは等級〔➡p.230〕で表す。恒星の色は表面温度によって決まり，温度が高いほど青白っぽく，低いほど赤っぽくなる。

> 恒星のエネルギー源は核融合だよ。核融合する元素の種類によって，星の年齢が決まるんだ。アンタレスのように赤い星は，高齢期の星といえ，最後に（ある程度の質量以上の星は）超新星爆発などを起こしてしまうんだ。

名称	星座	距離〔光年〕	見かけの等級	色
シリウス	おおいぬ	8.6	−1.5	白
プロキオン	こいぬ	11.4	0.4	うす黄
アルタイル	わし	17	0.77	白
ベガ	こと	25	0.0	白
アークトゥルス	うしかい	37	−0.04	だいだい
北極星	こぐま	430	2.0	黄色
アンタレス	さそり	550	1.0	赤
ベテルギウス	オリオン	640	0.58	赤
リゲル	オリオン	770	0.11	青白

▲恒星までの距離・明るさ・色

★ **惑星** 太陽のまわりを公転する天体。自ら光を出さず，太陽の光を反射して光っている。太陽に近い順に，**水星**，**金星**，**地球**，**火星**，**木星**，**土星**，**天王星**，**海王星**の8個ある。このうち，水星，金星，地球，火星を**地球型惑星**，木星，土星，天王星，海王星を**木星型惑星**という。

(1)円に近いだ円軌道を，同じ向き（地

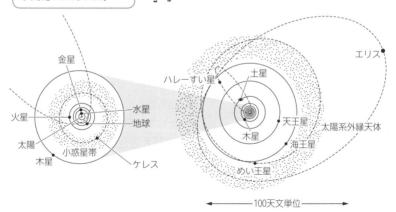

●地球から太陽までの平均距離を1天文単位〔➡p.218〕といい，約1億4960万Kmである。

▲太陽系の構造

222

球の北極側から見て反時計回り）に
ほぼ**同じ平面上を公転している**ため，
惑星は黄道〔➡p.215〕付近に見られる。

(2)太陽からの距離が大きい惑星ほど，
公転周期が長い。

★ **衛星** 惑星のまわりを公転している天
体。水星と金星以外の惑星にあり，地
球の衛星は月である。

木星型惑星 地球型惑星の外側を公転
している**木星，土星，天王星，海王星
の４つの惑星。**惑星の直径と質量は大
きいが，気体などでできているため
に，密度は小さく，自転周期が短い。

地球型惑星 太陽に近い位置を公転し
ている**水星，金星，地球，火星の４つ
の惑星。**惑星の直径と質量は小さい
が，岩石でできているために，密度が
大きく，自転周期が長い。

★ **内惑星** 地球より内側の軌道を公転し
ている惑星。**水星，金星**があり，地球
からは満ち欠けして見える。太陽から
大きく離れることはなく，太陽の近く
にあるので，**夕方か明け方に見え，真
夜中には見えない。**

内惑星は，太陽―地球―惑星のような並び方にならないよ。

★ **外惑星** 地球より外側の軌道を公転し
ている惑星。**火星，木星，土星，天王
星，海王星**があり，地球から見るとほ
とんど満ち欠けしない。太陽と同じ方
向にくることや，反対側にくることも

ある。真夜中に南中〔➡p.211〕したとき，
地球との距離が最も小さくなるので，
最も明るく，大きく見える。

合 地球から見て，**太陽と惑星が同じ方
向に一直線上に並ぶ現象。**外惑星は，
地球―太陽―惑星の順に並ぶときをい
う。内惑星は，**地球－惑星－太陽**と並
ぶとき（**内合**）と，**地球－太陽－惑星**と
並ぶとき（**外合**）がある。

衝 外惑星が地球から見て，**太陽と正反
対の方向**（太陽と180°離れた方向）に
きて，一直線上に並ぶ現象。

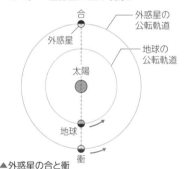
▲外惑星の合と衝

最大離角 地球から見て，**内惑星が太陽**

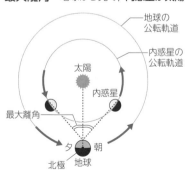
▲最大離角

から最も離れて見えるときの，惑星と太陽との間の角度。水星の最大離角は約28°，金星の最大離角は約47°である。

内合・外合 内惑星と地球，太陽の位置関係を表したもので，内惑星が地球と太陽の間の位置にきて，一直線上に並んだときを**内合**，太陽の向こう側にあるときを**外合**という。

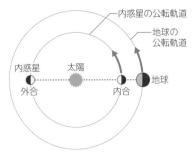

▲内合と外合

★ **水星** 太陽に**最も近い軌道を公転する惑星**。太陽系の惑星のうち，**直径・質量が最も小さい**。表面には月と同じようなクレーターがある。大気はほとんどなく，昼の表面温度は約400℃，夜は－150℃以下に下がる。

★ **金星** 地球とほぼ同じ大きさの惑星。太陽から2番目に近い公転軌道をもつ。金星の1日は地球の243日で，自転が地球と逆向きのため，太陽は西からのぼる。

[➡p.221]

▲金星(NASA/JPL)

★ **地球** 大気と液体の水があり，地球の表面の約70％は海である。平均気温はおよそ15℃，**生物が生存している**。赤道の直径は約12756km。

▶地球(NASA)

★ **火星** **地球のすぐ外側を公転している惑星**。直径は地球のおよそ半分である。おもに二酸化炭素からなるうすい大気があり，表面は赤褐色の岩石や砂でおおわれ，赤く見える。表面温度は20～－140℃。フォボスとダイモスの2個の衛星がある。

▲火星(※1)

★ **木星** **太陽系最大の惑星**。直径は地球の約11倍，質量は地球の約300倍以上あるが，おもに水素からできているために密度は小さく，地球の約$\frac{1}{4}$である。激しく動く厚い大気があり，うずやしま模様が見られる。環(リング)がある。多数の衛星があり，そのうち4個の衛星(エウロパ，カリスト，ガニメデ，イオ)は，17世紀にガリレオが発見したものである。

▲木星(※2)

★ **土星** 木星に次いで2番目に大きい惑

 (※1)NSSDC Photo Gallery　(※2) NASA/Freddy Willems, Amateur Astronomer

星。赤道面に，地球から観測できる，**岩石や氷の粒でできた大きな円盤状の環をもつ**。大部分は水素やヘリウムなどからでき，**水の密度より小さい（太陽系最小）**。表面温度は－140℃以下。

◀ 土星（※3）

天王星
自転軸が公転面とほぼ平行になり，**横倒しの状態で公転している**。

大気の主成分は水素，ヘリウム。大気にわずかに含まれるメタンにより，青緑色に見える。表面温度は－200℃以下。

▲ 天王星（※4）

海王星
大きさや組成が天王星と似ていて，青く見える大気の層があり，大気の活動が活発で強い風がふいている。自転速度が速く，1日が16時間，1年は地球の165年にもなる。表面温度は－200℃以下。

▲ 海王星（NASA/JPL）

14の衛星をもつ。

めい王星
海王星の外側の軌道を公転している天体。直径は月よりも小さく，質量は地球の約 $\frac{1}{500}$ である。以前は惑星に分類されたが，太陽系の研究が進み，天体の構造や軌道が，ほかの惑星とは異なることがわかり，**太陽系外縁天体**として分類されるようになった。

★ 小惑星
惑星に比べて非常に小さい天体で，おもに岩石でできている。多くの小惑星は，**火星と木星の公転軌道の間を公転している**。発見されている小惑星の数は，約77万個以上にのぼる。

太陽系外惑星
太陽のまわりを回る惑星以外の惑星のこと。1992年以降，観測技術の発展により，太陽以外の恒星のまわりを回る惑星が発見されるようになった。

発展 トランジット法（食検出法ともよばれ，惑星が恒星の前を横切るときに，恒星の光が弱まることを利用した方法）という観測方法により，多くの太陽系外惑星が発見されている。2009年に日本のすばる望遠鏡でも発見されていた。

はやぶさ（小惑星探査機）
2003年，日本が打ち上げた小惑星探査機。2005年に，小惑星「イトカワ」に到達して表面を観測した後，その表面の物質を採取して，2010年6月に地球に帰還した。**地球の重力圏外にある天体から物質を持ち帰ったのは世界初**で，採取された物質の分析によって，惑星が誕生したころのようすを知る手がかりが得られるのではないかと，期待されている。

（※3）NASA/JPL-Caltech/Space Science Institute
（※4）Lawrence Sromovsky, University of Wisconsin-Madison/W.W. Keck Observatory

あかつき（金星探査機） 日本の金星探査機のこと。2010年に打ち上げられた。1度失敗したものの，2016年に金星の軌道に入った。

JAXA（ジャクサ） 独立行政法人宇宙航空研究開発機構（Japan Aerospace Exploration Agency）。日本の宇宙航空分野の研究や開発・利用を担っている。ロケット開発や各種人工衛星の打ち上げ，国際宇宙ステーション実験棟「きぼう」，補給機「こうのとり」の開発や運営などを行っている。

ハッブル宇宙望遠鏡 1990年にアメリカが高度600kmの地球を回る軌道上に打ち上げた，直径2.4mの反射鏡をもつ宇宙望遠鏡。地球の大気にじゃまされないため，星雲や銀河，火星や木星，すい星などの太陽系の天体など，地上の望遠鏡では得られなかった鮮明な画像をとらえている。

▲ハッブル宇宙望遠鏡(NASA)

すばる望遠鏡 日本の国立天文台がハワイに設置した大型光学赤外線望遠鏡のこと。世界最大級の口径8.2mの主鏡をもつ。1999年から観測が始まり，太陽系内の微小な天体や，約130億光年かなたの宇宙の観測などを行っている。

▲マウナケア山頂 すばる望遠鏡(※5)

アルマ望遠鏡 アタカマ大型ミリ波サブミリ波干渉計ともよばれ，国際的なプロジェクトによって，チリ，アタカマ砂漠に建設された大型電波干渉計である。2011年から宇宙の歴史を解き明かすという目標に向け，観測が始まった。

太陽系外縁天体 海王星の外側を回る，氷などでおおわれた小さな天体。1000個以上見つかっている。そのうち，直径や質量がある程度大きく，球形をしたものをめい王星型天体といい，めい王星，エリスなどがある。

▲めい王星(右は光学，左はX線解析)(※6)

小天体 太陽のまわりを公転する惑星と準惑星（球形をして，公転軌道の近くにほかの天体があり，ほかの天体をとりこんだり，はじき飛ばしたりしない）。及びその衛星以外のすべての天体をいう。小惑星，太陽系外縁天体（め

(※5) ©CORVET
(※6) X-ray: NASA/CXC/JHUAPL/R.McNutt et al; Optical: NASA/JHUAPL

い王星型天体を除く），**すい星**など。

人工衛星　地球のまわりを回る**軌道に打ち上げられた人工の物体**。気象観測衛星や地球観測衛星，天体観測衛星，通信衛星，放送衛星などがある。最初の人工衛星は，1957年に旧ソ連が打ち上げたスプートニク１号である。

いん石　宇宙空間から地球の大気中に突入し，地表に達した固体の物質。おもに**火星と木星の公転軌道の間にある小惑星に由来するもの**である。含まれている成分によって，いん鉄など３種類に分けられるが，いずれも**金属の鉄が含まれ，鉄がほとんど含まれていない地球上の岩石とは異なる**。

＊**すい星**　ほうき星ともよばれる。太陽のまわりを公転し，**細長いだ円軌道をえがくものが多い**。氷が主成分で，メタンやアンモニアが凍ったものや鉄などの粒が含まれている。太陽に近づくと，凍ったものがとけてガスになり，**太陽と反対側に尾がのびる**。

▲ヘール・ポップすい星

流星　宇宙空間にある物質が地球の大気の層に飛びこみ，大気と物質の激しい摩擦によって，発光しながら落下す

るもの。**流星は小さな氷片のようなものが多く，すい星がまき散らした物質**である。単発の流星と，同時に多数が観測される流星群がある。

流星群　**大量の流星が出現する現象**，また出現した大量の流星。地球がすい星の軌道を横切るとき，**すい星が過去にまき散らした氷などの粒**が地球の大気に飛びこんで大量の流星が出現する。

宇宙塵　宇宙空間に分布する，**炭素やケイ素，鉄，マグネシウムなどの固体の微細な粒子**。密度はきわめて小さいが，何光年にもわたる空間では十分な質量となり，星間ガス（気体）とともに高密度に集まった部分は**星雲**[➡p.228]となる。

宇宙ゴミ　地球の人工衛星の軌道上に残された，使い終わった人工衛星，ロケットやその破片などの**人工物体**のこと。軌道上を秒速３〜８kmの速さで回っており，宇宙船や人工衛星，宇宙ステーションなどに衝突すると，装置や設備が破壊され，乗員に危険がおよぶ。ゴミは年々増え続けており，その対策が必要である。

＊＊**宇宙**　すべての天体を含む空間。宇宙空間では，銀河が均一に分布しているのではなく，密に集まっている部分と，ほとんど銀河が存在しない部分があり，**疎密のある構造**をしている。宇宙は約140億年前の**ビッグバン**[➡p.230]によって急激に膨張して現在のすがたができ

たとされ，現在も膨張を続けている。

★ **銀河** 銀河系の外にある，数億から数千億個の恒星と星雲（ガス）からできた集団。宇宙には約1000億個の銀河があると考えられている。現在，約130億光年の遠方の銀河も確認されている。

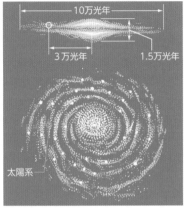

▲銀河系の構造

★ **銀河系** 太陽系を含む，約2000億個の恒星や星間物質（宇宙塵や星間ガス）の大集団。恒星は，直径約10万光年の凸レンズ状の形をした空間に，うず巻き状に分布している。太陽系は銀河系の中心から約3万光年の位置にある。

星団 多数の恒星が密集している集団。数万から数十万個の恒星がボールのように集まっている**球状星団**と，数十から数千個の恒星が不規則に散在している**散開星団**がある。球状星団は約150個ほど発見されており，銀河系のまわりに分布している。散開星団は約1000個発見されており，銀河系の面

に沿うように分布している。

▲星団(ESA/Hubble & NASA)

星雲 銀河系内にある雲のように見える天体で，**宇宙塵**〔➡p.227〕や星間ガス（気体）が高密度に集まったものである。恒星の光を反射したり，恒星からの光で発光している**散光星雲**や，背後にある恒星の光をさえぎり黒く見える**暗黒星雲**などがある。また，恒星から放出されたガスが，恒星のまわりに球状に分布して光っている**惑星状星雲**がある。

▲暗黒星雲(※7)

惑星状星雲 惑星のように見える星雲のこと。恒星の末期に放出されたガスが，中心からの紫外線によって，光を放っているもので，惑星の見え方に似

228　(※7)Joan Charles Cuillande (CFHT), Hawaian Stanlight, CFHT

ていたので，この名前がついた。

★ 天の川（あまのがわ）　夜空に川のように細長くのび，光の帯のように見える，無数の**恒星の集まり**。地球から銀河系の断面の方向を見たもので，夏に見える**さそり座**や**いて座**の方向が，銀河系の中心方向になるため，最も明るく輝いて見える。また，冬に見える天の川は，銀河系の周辺部の方向を見たもので，恒星の数が少ないために，夏に比べて暗く見える。

▲天の川の見え方

銀河群（ぎんがぐん），銀河団（ぎんがだん）　銀河はばらばらに存在するのではなく，集団をつくっている。銀河の数が100個以下の小さな集団を**銀河群**，1000個程度の大きな集団を**銀河団**という。太陽系を含む銀河系は，アンドロメダ銀河やマゼラン銀河など約35個の集団の銀河群に属している。また，銀河団も集団をつくっていて，いくつかの銀河団の集団を**超銀河団（ちょうぎんがだん）**という。

ブラックホール　きわめて**大きな質量と高密度な天体**で，大きな重力をもち，物質だけでなく，**光も脱出できないために見ることはできない**。銀河系の中心付近には巨大なブラックホールがあると考えられている。ブラックホールを直接見ることはできないが，非常に大きな重力のために，まわりから大量のガスが落ちこむときに強力な X 線（エックス）が放たれる。その X 線の観測によって，ブラックホールの存在を確認することができるとされている。

▲X線で見たブラックホール（※8）

暗黒物質・暗黒エネルギー　発展

いまだ解明されていない，宇宙における質量源（ダークマター）とエネルギー（ダークエネルギー）のこと。この宇宙には，水素や酸素といった通常の物質（エネルギーも物質の一形態として考える）が占める割合は，全体の約5％にしか過ぎないといわれている。残りはすべて，存在のみがわかっているダークマター（約27％）と，ダークエネルギー（約68％）であるといわれている。現在，この2つについて，研究がさかんに行われている。

ハッブルの法則　1929年にアメリカの天文学者であるハッブルが発見した法則。さまざまな天体の観測結果をもとにして，遠い銀河ほどより高速度で遠ざかっていることを発見した。これにより，宇宙が膨張（ぼうちょう）しているという説

を後押しすることになった。

ビッグバン　宇宙が誕生したときの大**爆発**のこと。宇宙の誕生は，約140億年前とされ，宇宙をつくる物質のもとが一点にあり，超高温・超高密度の状態から，ビッグバンによって爆発的に急激な膨張(ぼうちょう)が始まり，原子よりも小さい粒子から，さまざまな原子がつくられた。原子が集まって恒星(こうせい)，さらに銀河(ぎんが)ができて，現在の宇宙のすがたになったと考えられている。

膨張宇宙(ぼうちょううちゅう)　宇宙が膨張しているという理論，または膨張している宇宙そのもののこと。宇宙原理(大きなスケールで見れば，宇宙は一様かつ等方だという考え方)によれば，宇宙に果てはなく，膨張宇宙の中心は存在しないとされている。膨張宇宙が受け入れられる前は，**定常宇宙論(ていじょううちゅうろん)**(宇宙は膨張するが，新しい銀河(ぎんが)が生まれ，宇宙の密度は保たれているという考え方)が支持されていた。

インフレーション(理論)　発展　ビッグバンより以前の宇宙の初めは，泡(あわ)が現れたり，消えたりをくり返すように「無」と「有」との間をゆらいでいたと考えられている。このうちの1つが，10^{-37}～10^{-35}秒の間に，大きさが10^{43}倍以上も大きくなるという急激な膨張が起こったと考えられている。

★ **光年(こうねん)**　恒星までの距離を表すのに使う単位。**光が真空中を1年かかって進む**距離を**1光年**という。光は1秒間に約30万km進むから，1光年の距離は，約9兆4600億km。太陽系から最も近い恒星までは約4.2光年で，ケンタウルス座のプロキシマという恒星である。

1パーセク　年周視差(ねんしゅうしさ)が1秒になる距離のこと。約3.26光年である。

★ **等級(とうきゅう)**　地球から見た**天体の明るさを表したもの**。肉眼で見える最も暗い恒星の明るさを**6等級**とし，その2.512倍の明るさを5等級，順に4等級，3等級，2等級とし，6等級の2.512^5(＝約100)倍の明るさを1等級とする。1等級の2.512倍の明るさは0等級，その2.512倍の明るさは－1等級という。

絶対等級　地球から一定の距離(32.6光年)離れたときの天体の明るさを表したもの。地球から見たときの天体の明るさ(等級)では，遠くにある天体ほど暗く見える(明るさは距離の2乗に反比例する)ので，実際の天体の明るさを表していない。

★★ **等星(とうせい)**　明るさによる恒星(こうせい)のよび方。1等級，2等級，…の明るさの恒星をそれぞれ1等星，2等星，…という。1等星は2等星の約2.512倍明るく，6等星の約100倍明るい。

年周視差(ねんしゅうしさ)　地球は太陽のまわりを1年かけて公転するため，天体が見える向きは1年周期で変化する。年周視差は地球と星と太陽をつないだ三角形の頂角で表され，これを利用して，恒星(こうせい)ま

での距離を求めることができる。視差の角度はとても小さく，「度」ではなく「秒」を用いる。1秒は1度の3600分の1を表す単位である。

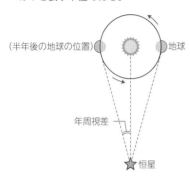

▲年周視差

かに座 黄道12星座の1つ。春に南の空高く見られ，しし座の1等星**レグルス**とふたご座の1等星**ポルックス**のほぼ中間にある。1等星はないが，散開星団の**プレセペ星団**を含んでいる。

▲かに座

★**しし座** 黄道12星座の1つ。春に南の空の高い位置に見える。青白色の1等星**レグルス**がある。ししの尾の部分にある2等星**デネボラ**は**春の大三角**の一部である。

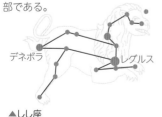

▲しし座

しし座流星群 毎年11月下旬ごろの深夜に，しし座の方向から出現する流星群。テンペル・タットルすい星の公転軌道を地球が横切るとき，すい星がまき散らした氷などの物質が地球の大気に飛びこむことによって出現する。

1か所から広がるように出現するよ。

★**おとめ座** 黄道12星座の1つ。春の夜の早い時間帯に，南の空に見える。1等星**スピカ**（白色）以外は，目立つ星がないので形がわかりにくい。うしかい座の**アークトゥルス**，しし座の**デネボラ**とともに，**春の大三角**をつくる。

▲おとめ座

うしかい座 春の南の空のおとめ座よりも高い位置に見える。1等星**アークトゥルス**（だいだい色）があり，おとめ座の**スピカ**，しし座の**デネボラ**とともに**春の大三角**をつくる。

▲うしかい座

★ **春の大三角**　おとめ座の1等星**スピカ**，うしかい座の1等星**アークトゥルス**，しし座の2等星**デネボラ**の3つの星を結んでできる三角形。また，ひしゃくの形をした**北斗七星**の柄の部分のカーブに沿って大きな曲線を描くと，おとめ座のスピカとうしかい座のアークトゥルスを通る大きな曲線となる。これを**春の大曲線**という。

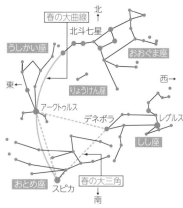

▲春の大三角と春の大曲線

★★ **はくちょう座**　夏から秋にかけて天頂付近で十字形に見える星座。南半球の南十字星に対して北十字とよぶことがある。1等星**デネブ**（白色）はハクチ

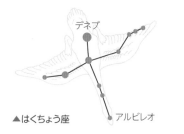

▲はくちょう座

ョウの尾の部分にあり，頭の部分にある**アルビレオ**は，1個のように見えるが，金色と青色の2つの星が並んでいる二重星である。デネブは，こと座の**ベガ**，わし座の**アルタイル**とともに**夏の大三角**をつくる。

★ **わし座**　夏から秋にかけて，はくちょう座よりやや南の位置に見える。天の川の東岸に輝く1等星**アルタイル**（白色）は，牽牛星（彦星）として七夕伝説で有名。はくちょう座のデネブ，こと座のベガとともに**夏の大三角**をつくる。

▲わし座

★ **こと座**　夏から秋にかけて，天頂付近に見られ，わし座と向かい合うように天の川の西岸にある。1等星**ベガ**（白色）は，七夕伝説の

ベガ

▲こと座

織女星（織姫星）として有名である。はくちょう座のデネブ，わし座のアルタイルとともに，**夏の大三角**をつくる。

★ **夏の大三角**　はくちょう座の**デネブ**，こと座の**ベガ**，わし座の**アルタイル**の3つの星を結んでできる三角形。

> 夏の大三角の1等星の中では，ベガが最も明るいよ。

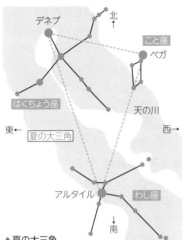

デネブ

北
↑

こと座

ベガ

はくちょう座

天の川

東→　　夏の大三角　　←西

アルタイル

わし座

↓
南

▲夏の大三角

てんびん座　黄道12星座の1つ。初夏のころの南の空に，さそり座のアンタレスとおとめ座のスピカの中間あたりにある。

てんびん座には1，2等星はなく，3等星3個と4等星1個が長方形をつくるよ。

アンタレス

▲さそり座

いて座　黄道12星座の1つ。夏の南の空でさそり座の東側にある。いて座は銀河系の中心の方向にある星座で，**天の川が最も明るく，幅広いところ**に見える。

▲いて座

★ **ペガスス座**　秋の代表的星座で，天頂付近に見える4個の星がつくる四角が，**ペガススの大四辺形**である。

★ **アンドロメダ座**　秋の天頂付近にペガスス座の東側に見える。ペガススの大四辺形の一部をつくる。**アンドロメダ銀河**が肉眼でもぼんやり見える。

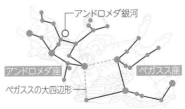

アンドロメダ銀河

アンドロメダ座

ペガスス座

ペガススの大四辺形

▲ペガスス座とアンドロメダ座

▲てんびん座

★ **さそり座**　黄道12星座の1つ。夏の南の空の低い位置に見え，いくつかの明るい星が**S字の形**に並び，その中心に赤色の1等星**アンタレス**がある。

233

やぎ座 黄道12星座の１つ。秋の南の空のいて座から，東側のやや離れた位置に見える逆三角形の星座である。

▲やぎ座

みずがめ座 黄道12星座の１つ。秋に南の空に見える星座。目立つ星がなくわかりにくいが，みずがめ座より低い位置にある，みなみのうお座の１等星**フォーマルハウト**を目印にするとよい。

フォーマルハウト

▲みずがめ座

うお座 黄道12星座の１つ。秋の南の空高くに見られ，**ペガススの大四辺形のすぐ南東側**にある。４等星以下の暗い星だけなので夜空の暗い場所でないとわかりにくい。

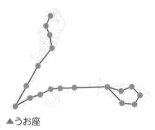

▲うお座

おひつじ座 黄道12星座の１つ。秋の南の空高く，アンドロメダ座の南側に位置している。

▲おひつじ座

みなみのうお座 秋の空に見える唯一の１等星**フォーマルハウト**(白色)がある星座で，南の空低くに見える。フォーマルハウトは，**ペガススの大四辺形の西側の辺を南に延長した位置**にある。

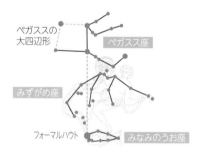

ペガススの大四辺形

ペガスス座

みずがめ座

フォーマルハウト

みなみのうお座

▲みなみのうお座とペガススの大四辺形

★オリオン座 きれいに並んだ３つ星

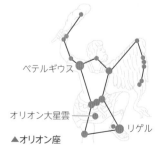

ベテルギウス

オリオン大星雲

リゲル

▲オリオン座

234

が目立つ冬の代表的な星座で，天の赤道上にある。赤色の**ベテルギウス**と青白色の**リゲル**の2つの1等星がある。ベテルギウスは**冬の大三角**をつくる星の1つ。散開星雲（さんかいせいうん）である**オリオン大星雲**がある。

★ **こいぬ座**　冬の南の空で，オリオン座の東側にある星座。**冬の大三角**を構成する1等星**プロキオン**（黄色）ある。

▲こいぬ座

★ **おおいぬ座**　冬の南の空で，オリオン座の東側の低い位置にある。星座をつくる星の中で，最も明るく輝く−1.5等星の**シリウス**（白色）がある。シリウスは**冬の大三角**を構成する星の1つである。

▲おおいぬ座

★ **冬の大三角**　オリオン座の**ベテルギウス**，こいぬ座の**プロキオン**，おおいぬ座の**シリウス**の3つの星を結んでできる三角形。

冬の一等星には，ほかにリゲル，ポルックス，アルデバラン，カペラも見られるね。

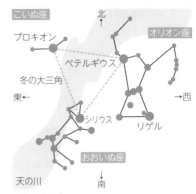
▲冬の大三角

地学

第**3**章　地球と宇宙

★ **おうし座**　黄道（こうどう）12星座の1つ。冬の夜の早い時間帯に，オリオン座の西側の天頂（てんちょう）付近に見える。1等星**アルデバラン**（だいだい色）と青白色の散開星団（さんかいせいだん）である**プレアデス星団**（すばる）がある。

▲おうし座

プレアデス星団（せいだん）（すばる）　冬の代表的な星座であるおうし座をつくる，青

▲プレアデス星団

235

白い色の散開星団である。冬の夜，天頂付近に見える。肉眼では6〜7個に見えるが，約120個の若い星の集団である。日本では「すばる」ともよばれている。

★ **ふたご座** **黄道12星座の1つ**。冬の天頂付近に見られる。明るい2つの星である1等星**ポルックス**(だいだい色)と2等星**カストル**が目立つ星座である。毎年12月中旬前後にふたご座流星群が見られる。

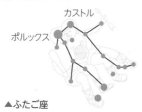

▲ふたご座

★ **こぐま座** 1年中動かず，真北の方角にある**北極星を含む星座**である。北斗七星を小さくしたような形をしているが，暗い星が多く，星座の形はわかりにくい。

▲こぐま座

★ **北斗七星** 北の空に1年中観察できる**おおぐま座の一部**をつくっている7個の星の集まり。7個の星がひしゃくのような形に並び，**北極星を探すときに利用される**〔➡p.214〕。北極星をはさんでカシオペヤ座とは向かい合う位置にある。

▲おおぐま座と北斗七星

★ **カシオペヤ座** 北の空に1年中観察できるW字またはM字の形に並んだ星座。**北極星を探すときに利用される**。〔➡p.214〕北極星をはさんで北斗七星とは向かい合う位置にある。

▲カシオペヤ座

北の空の星座の位置の変化 北の空の星座は，1年中観察できるが，同じ時刻に見える星座の位置は，北極星を中心に反時計回りに回転し，星座の向きが大きく変化する。

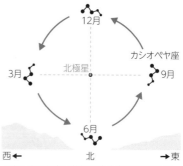

▲カシオペヤ座の位置の変化(午後8時ころ)

236

巻末資料

単位って何？

単位とは，測定するときの「基準」だ。たとえば長さの場合，「1m」という基準の長さを決めて，この基準の長さの何倍かで長さを表す。

3mは，「1m」の3倍の長さ，つまり「1m」×「3」を意味する。このように「単位」×「単位の何倍かを表す数値」で表したものを**量**という。

単位には，世界で共通に使われている基本の単位があり，これを**基本単位**という。

また，基本単位をかけたり割ったりして組み合わせてつくられた単位もある。たとえば，密度は，物質の質量〔g〕÷物質の体積〔cm³〕で求められ，密度の単位を「g/cm³」と表す。このような単位を**組立単位**という。組立単位の中には，特別な記号を与えられているものもある。力の単位「N」は，基本単位を使って「kg×m/s²」と表せるが，よく使われる単位なので，簡潔に表せるように「N」という記号を使う。

さらに，単位に倍数を表す記号をつける場合がある。たとえば，1kmは1000mで，1mの1000倍を表すが，この「1000倍」を表す記号が「k」である。

基本単位

量	名称	記号
長さ	メートル	m
質量	キログラム	kg
時間	秒	s
電流	アンペア	A
温度	ケルビン	K ＊

＊中学校ではセルシウス温度（記号℃）を使う。
273.15K＝0℃

倍数を表すおもな記号

倍数		名称	記号
1兆倍	（10¹²倍）	テラ	T
10億倍	（10⁹倍）	ギガ	G
100万倍	（10⁶倍）	メガ	M
1000倍	（10³倍）	キロ	k
100倍	（10²倍）	ヘクト	h
10倍	（10倍）	デカ	da
10分の1	（10⁻¹倍）	デシ	d
100分の1	（10⁻²倍）	センチ	c
1000分の1	（10⁻³倍）	ミリ	m
100万分の1	（10⁻⁶倍）	マイクロ	μ
10億分の1	（10⁻⁹倍）	ナノ	n

長さの単位

キロメートル	km
メートル	m
センチメートル	cm
ミリメートル	mm
マイクロメートル	μm
ナノメートル	nm

1km=1000m, 1m=100cm=1000mm,
1μm=10^{-6}m, 1nm=10^{-9}m

面積の単位

平方キロメートル	km^2
平方メートル	m^2
平方センチメートル	cm^2
平方ミリメートル	mm^2
ヘクタール	ha
アール	a

1km^2=1000000m^2,
1m^2=10000cm^2=1000000mm^2,
1ha=100a=10000m^2, 1a=100m^2

体積の単位

立方メートル	m^3
立方センチメートル	cm^3
リットル	L
デシリットル	dL
ミリリットル	mL

1m^3=1000000cm^3,
1L=10dL=1000mL=1000cm^3,
1cm^3=1mL

質量の単位

トン	t
キログラム	kg
グラム	g
ミリグラム	mg

1t=1000kg, 1kg=1000g, 1g=1000mg

密度の単位

グラム毎立方センチメートル	g/cm^3

時間の単位

時間	h
分	min
秒	s

1h=60min=3600s, 1min=60s

速さの単位

キロメートル毎時	km/h
メートル毎秒	m/s

1m/s=3600m/h=3.6km/h

1km^{2}は、
1(km)×1(km)=1000(m)×1000(m)=
1000000(m^2)
ということだよ。1000m^{2}とかん違いし
ないようにね。
体積も同じ考え方だよ。

振動数の単位

ヘルツ	Hz

振動数は，1秒間に振動する回数。

力の単位

ニュートン	N

1Nは，質量約100gの物体にはたらく重力の大きさ。

圧力の単位

パスカル	Pa
ニュートン毎平方メートル	N/m^2
ヘクトパスカル	hPa
気圧	気圧

$1Pa=1N/m^2$，$1hPa=100Pa$，
1気圧$=1013.25hPa$

仕事・エネルギーの単位

ジュール	J

仕事率の単位

ワット	W
キロワット	kW
ジュール毎秒	J/s

$1W=1J/s$，$1kW=1000W$

電流・電圧・抵抗の単位

アンペア	A
ミリアンペア	mA

$1A=1000mA$

ボルト	V
ミリボルト	mV

$1V=1000mV$

オーム	Ω

抵抗は電流の流れにくさのことで，

$抵抗R\,(Ω)=\dfrac{電圧V\,(V)}{電流I\,(A)}$ で求められる。

電力・電力量の単位

ワット	W
キロワット	kW

$1kW=1000W$

ジュール	J
ワット秒	Ws
ワット時	Wh
キロワット時	kWh

$1J=1Ws$，$1Wh=3600Ws=3600J$，
$1kWh=1000Wh$

熱量の単位

ジュール	J
カロリー	cal
キロカロリー	kcal

$1cal=4.2J$，$1kcal=1000cal$

物理 第1章 身近な物理現象

<table>
<tr>
<td rowspan="2">光の
反射・屈折</td>
<td>反射の法則</td>
<td>光が物体の表面で反射するとき，
入射角＝反射角
の関係が成り立つ。</td>
</tr>
<tr>
<td>光の屈折</td>
<td>・光が空気中から水中（ガラス中）へ進むとき
　入射角＞屈折角
・光が水中（ガラス中）から空気中へ進むとき
　入射角＜屈折角</td>
</tr>
<tr>
<td>凸レンズの
はたらき</td>
<td>凸レンズを
通る光の
進み方</td>
<td>
❶光軸に平行な光…凸レンズを通過後，焦点を通る。
❷凸レンズの中心を通る光…凸レンズを通過後，そのまま直進する。
❸焦点を通る光…凸レンズを通過後，光軸に平行に進む。
</td>
</tr>
<tr>
<td>音の性質</td>
<td>音の速さの
求め方</td>
<td>音の速さ〔m/s〕＝ $\dfrac{音源からの距離〔m〕}{時間〔s〕}$</td>
</tr>
<tr>
<td>力のはたらき</td>
<td>フックの法則</td>
<td>ばねののびは，ばねに加えた力の大きさに比例する。</td>
</tr>
<tr>
<td rowspan="4">圧力</td>
<td>圧力の求め方</td>
<td>圧力〔PaまたはN/m²〕＝ $\dfrac{面を垂直におす力〔N〕}{力がはたらく面積〔m²〕}$</td>
</tr>
<tr>
<td>水圧と深さ</td>
<td>深さが深いほど，水圧は大きくなる。</td>
</tr>
<tr>
<td>浮力の求め方</td>
<td>浮力〔N〕＝空気中での重さ〔N〕－水中での重さ〔N〕</td>
</tr>
<tr>
<td>アルキメデス
の原理</td>
<td>物体にはたらく浮力の大きさは，物体がおしのけた分の液体の重さに等しい。</td>
</tr>
</table>

回路と電流・電圧	直列回路の電流と電圧	❶流れる電流の大きさは，回路のどの点でも等しい。$I_1 = I_2 = I_3$ ❷各部分に加わる電圧の和は，全体に加わる電圧に等しい。$V = V_1 + V_2$
	並列回路の電流と電圧	❶枝分かれする前の電流は，枝分かれした後の電流の和と等しい。$I_1 = I_2 + I_3 = I_4$ ❷各部分に加わる電圧は，全体に加わる電圧に等しい。$V = V_1 = V_2$
電流・電圧と抵抗	オームの法則	電圧 V〔V〕＝抵抗 R〔Ω〕×電流 I〔A〕
	直列回路の全体の抵抗	全体の抵抗 R は，各部分の抵抗 $(R_1,\ R_2)$ の和。$R = R_1 + R_2$
	並列回路の全体の抵抗	全体の抵抗 R は，各部分の抵抗 $(R_1,\ R_2)$ の大きさより小さい。$R < R_1,\ R < R_2$ $\dfrac{1}{R} = \dfrac{1}{R_1} + \dfrac{1}{R_2}$
電気とそのエネルギー	電力の求め方	電力〔W〕＝電圧〔V〕×電流〔A〕
	電流による発熱量	電流による発熱量〔J〕＝電力〔W〕×時間〔s〕
		熱量〔J〕＝4.2×水の質量〔g〕×水の上昇温度〔℃〕
	電力量の求め方	電力量〔J〕＝電力〔W〕×時間〔s〕
		電力量〔Wh〕＝電力〔W〕×時間〔h〕
電流がつくる磁界	右ねじの法則（電流がつくる磁界）	ねじの進む向きに電流の向きを合わせると，ねじを回す向きが磁界の向きである。

242

電流が つくる磁界 （つづき）	右手の法則 （コイルにできる 磁界の向き）	右手の親指以外の4本の指で電流の向きにコイルをにぎったとき，開いた親指の向きがコイルの内側にできる磁界の向きになる。
磁界中の電流 が受ける力	フレミングの 左手の法則 （電流が磁界の中で 受ける力の向き）	左手の中指，人さし指，親指の3本をたがいに垂直になるように開き，中指を電流の向き，人さし指を磁界の向きに合わせると，親指の向きが電流が磁界から受ける力の向きになる。
	レンツの法則 （誘導電流の向き）	コイルに磁石を近づけたり遠ざけたりしたときに発生する誘導電流は，コイルの中の磁界が変化するのを妨げるような向きに流れる。

物理　第3章　運動とエネルギー

力のつり合い	2力のつり 合いの条件	❶2力の大きさは等しい。 ❷2力の向きは反対。 ❸同一直線（作用線）上にはたらく。
	力の合成	❶一直線上にある向きが同じ2力の合成…合力の大きさは2力の和で，向きは2力と同じ向き。 ❷一直線上にある向きが反対の2力の合成…合力の大きさは2力の差で，向きは大きいほうの力の向きと同じ。 ❸一直線上にない2力の合成…2力を2辺とする平行四辺形の対角線で表される。
	力の分解	分解しようとする力の矢印を対角線とし，与えられた2方向を2辺とする平行四辺形をかいたとき，平行四辺形の2辺が2つの分力を示す。
運動の速さ と向き	速さ（平均の速さ） の求め方	速さ[m/s] ＝ $\dfrac{物体が移動した距離[m]}{移動するのにかかった時間[s]}$
	作用・反作用 の法則	作用と反作用は，2つの物体間で同時にはたらき，大きさは等しく，向きは反対で一直線上ではたらく。
力と運動	慣性の法則	他の物体から力がはたらかないとき，またははたらいている力がつり合っているとき，静止している物体はいつまでも静止を続け，運動している物体はそのままの速さで等速直線運動を続ける。
	運動の法則	力を加えると物体の運動に変化・加速度が生じる。加速度は力の向きに生じ，その大きさは力の大きさに比例し，その物体の質量に反比例する。

	仕事の求め方	仕事〔J〕＝力の大きさ〔N〕×力の向きに動いた距離〔m〕
	仕事の求め方 （物体を引き上げる）	仕事〔J〕＝物体の重さ〔N〕×引き上げた距離〔m〕 （非常にゆっくり引くとき）
	仕事の求め方 （物体を床の上で引く）	仕事〔J〕＝摩擦力〔N〕×力の向きに動いた距離〔m〕
	仕事の原理	道具を使って物体に仕事をしても，直接手で物体に仕事をしても仕事の大きさは変わらない。
仕事と エネルギー	仕事率の 求め方	仕事率〔W〕＝$\dfrac{\text{仕事〔J〕}}{\text{仕事にかかった時間〔s〕}}$
	位置エネルギー の求め方	位置エネルギー〔J〕＝物体の重さ〔N〕×基準面からの高さ〔m〕
	運動エネルギー の求め方（発展）	運動エネルギー〔J〕＝ $\dfrac{1}{2}$×質量〔kg〕×速さ〔m/s〕×速さ〔m/s〕
	力学的 エネルギー	力学的エネルギー＝位置エネルギー＋運動エネルギー
	力学的エネルギー 保存の法則	位置エネルギーと運動エネルギーは互いに移り変わるが，その和はつねに一定に保たれる。
	エネルギー 保存の法則	いろいろなエネルギーが互いに移り変わっても，その総量はつねに一定に保たれる。

化学　第1章　身のまわりの物質

身のまわりの 物質とその性質	密度の求め方	物質の密度〔g/cm³〕＝$\dfrac{\text{物質の質量〔g〕}}{\text{物質の体積〔cm}^3\text{〕}}$
	溶液，溶質，溶媒 の質量の関係	溶液の質量〔g〕＝溶質の質量〔g〕＋溶媒の質量〔g〕
水溶液	質量パーセント 濃度の求め方	質量パーセント濃度〔％〕 ＝$\dfrac{\text{溶質の質量〔g〕}}{\text{溶液の質量〔g〕}}$×100 ＝$\dfrac{\text{溶質の質量〔g〕}}{\text{溶質の質量〔g〕＋溶媒の質量〔g〕}}$×100

化学　第2章　化学変化と原子・分子

化学変化と物質の質量	質量保存の法則	化学変化では，原子の組み合わせは変わるが，原子の種類と数は変わらないため，化学変化の前後で，その化学変化に関係している物質全体の質量は変化しない。
	定比例の法則	物質が化合や分解などの化学変化をするとき，それに関係する物質の質量の比はつねに一定である。

生物　第1章　植物の生活と種類

生物の観察	顕微鏡の倍率の求め方	顕微鏡の倍率＝接眼レンズの倍率×対物レンズの倍率

生物　第3章　生命の連続性

遺伝の規則性と遺伝子	分離の法則	生殖細胞ができるとき，対になっている染色体が半分になり，それぞれ別々の生殖細胞に分かれて入る（減数分裂）。このとき，遺伝子もそれぞれ半分に分かれて生殖細胞に入ること。
	顕性と潜性	顕性の形質をもつ純系の親と潜性の形質をもつ純系の親をかけ合わせると，子の代では顕性の形質だけが現れる。

地学　第2章　天気とその変化

気象の観測	湿度の求め方	$湿度〔\%〕 = \dfrac{1m^3の空気に含まれる水蒸気の質量〔g/m^3〕}{その空気と同じ気温での飽和水蒸気量〔g/m^3〕} \times 100$

地学　第3章　地球と宇宙

年周運動と公転	太陽の南中高度の求め方	・春分・秋分の南中高度＝90°－その地点の緯度 ・夏至の南中高度＝90°－（その地点の緯度－23.4°） ・冬至の南中高度＝90°－（その地点の緯度＋23.4°）

電流計の使い方

電流計のつなぎ方

・電流計は，回路のはかりたい部分に直列につなぐ。
・電流計の＋端子は電源の＋極側，－端子は電源の－極側につなぐ。

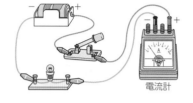

電流計

－端子の選び方

回路を流れる電流の大きさが予想できないときは，はじめに最も大きい5Aの端子につなぐ。針の振れが小さいときは，500mA，50mAの端子の順につなぎかえる。

－端子　＋端子

50mA　500mA　5A　＋D.C.

目もりの読み方

電流計の－端子に示してある数値(5A，500mA，50mA)は，それぞれの端子につないだときに測定できる最大の電流の値である。

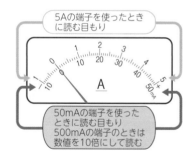

5Aの端子を使ったときに読む目もり

A

50mAの端子を使ったときに読む目もり
500mAの端子のときは数値を10倍にして読む

電流計を直接電源につないだり，回路に並列につないだりすると，電流計に大きな電流が流れて，こわれてしまうよ。

電圧計の使い方

電圧計のつなぎ方

・電圧計は，回路のはかりたい部分に並列につなぐ。

・電圧計の＋端子は電源の＋極側，－端子は電源の－極側につなぐ。

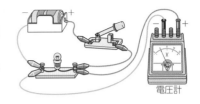

電圧計

－端子の選び方

電圧の大きさが予想できないときは，はじめに300Vの端子につなぐ。針の振れが小さすぎるときは，15V，3Vの端子の順につなぎかえる。

－端子 ＋端子

300V 15V 3V ＋D.C

目もりの読み方

電圧計の－端子に示してある数値（300V，15V，3V）は，それぞれの端子につないだときに測定できる最大の電圧の値である。

電圧計を直列につなぐと，回路に電流が流れないよ。

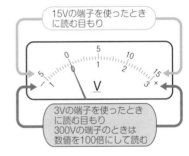

15Vの端子を使ったときに読む目もり

3Vの端子を使ったときに読む目もり
300Vの端子のときは数値を100倍にして読む

検流計の使い方

検流計は，「電流が流れているか」，「どちら向きの電流か」を知るために使う。

① 検流計を回路の調べたい部分に直列につなぐ。

② 検流計に電流が＋端子から流れこむと指針は右（＋）側に，－端子から流れこむと左（－）側に振れる。

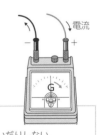

電流

・磁石に近づけたり，乾電池だけをつないだりしない。

・保管するときは，両方の端子を導線でつなぐ。

上皿てんびんの使い方

準備 水平なところに置き，指針が目もりの中央で左右に同じだけ振れるように，調節ねじで調節する。

針が左右に等しく振れていれば，上皿てんびんはつり合っているよ。針が止まるまで待たなくていいんだよ。

物質の質量をはかるとき

① 右ききの場合，はかりたいものを左の皿にのせ，右の皿にはそれより少し重いと思われる分銅をのせる。

② 分銅が重すぎたら，次に質量の小さい分銅にとりかえる。このようにしてつり合うように分銅をかえていく。

③ 針の振れが左右で等しくなったときがつり合ったときである。このときの分銅の質量を合計する。

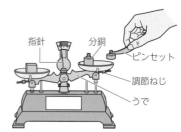
▲物質の質量をはかる(右ききの場合)

一定の質量の薬品をはかりとるとき

① 右ききの場合，左の皿に薬包紙とはかりとりたい質量の分銅をのせる。

② 右の皿に薬包紙をのせ，薬品を少量ずつのせてつり合わせる。

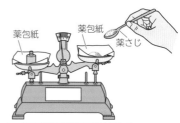
▲一定の質量の薬品をはかりとる(右ききの場合)

かたづけるとき

上皿てんびんのうでが動かないように，一方の皿をもう一方の皿に重ねておく。

分銅	質量の基準となるもの。直接手でさわると，さびたりして質量が変わってしまうので，ピンセットで持つ。
薬包紙	粉末の薬品などをはかりとるときに使う紙。上皿てんびんで薬包紙を使うときは，左右の皿にのせる。
薬さじ	粉末などの薬品をすくいとるための器具。

電子てんびんの使い方

準備　水平なところに置き，電源を入れる。

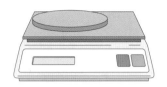

物質の質量をはかるとき
① 何ものせないときの表示が0.0g(0.00g)になるようにセットする。
② はかりたいものをのせて，数値を読みとる。

一定の質量の薬品をはかりとるとき
① 何ものせないときの表示が0.0g(0.00g)になるようにセットする。
② 薬包紙(容器)を置いて，もう一度0.0g(0.00g)になるようにセットする。
③ 薬品を少量ずつ，はかりとりたい質量になるまでのせていく。

メスシリンダーの使い方

準備　水平なところに置く。

液体の体積をはかるとき
① メスシリンダーに液体を入れる。
② 目の位置を液面と同じ高さにして，真横から目もりを読む。目もりは，液面の中央の平らな部分を読む。また，1目もりの10分の1まで目分量で読みとる。

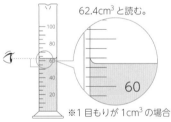

62.4cm³ と読む。

※1 目もりが 1cm³ の場合

▲液体の体積をはかる

固体の体積をはかるとき
① メスシリンダーに液体を入れ，目もりを読む。
② メスシリンダーの中に固体を静かに沈めて目もりを読みとる。このとき，①より増えた分の体積が固体の体積である。

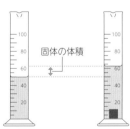

固体の体積

▲固体の体積をはかる

ガスバーナーの使い方

火のつけ方

①

開く　しめる
空気調節ねじ
ガス調節ねじ

上下2つのねじがしま
っているか確かめる。

②

元栓を開く(コックつきの
場合は,コックも開く)。

③

マッチに火をつけ,ガス調節ねじ
を少しずつ開いて点火する。

炎の調節のしかた

炎が大きく
なる。

ガス調節ねじを回し炎
の大きさを調節する。

ガス調節ねじをおさえながら,
空気調節ねじをゆるめて青色
の炎にする。

▲空気が適正なときの炎

▲空気不足のときの炎

火の消し方

① ガス調節ねじをおさえながら,空気調節ねじをしめる。

② ガス調節ねじをしめる。

③ 元栓をしめる(コックつきの場合は,コックを先にしめる)。

ろ過のしかた

準備

① ろ紙をろうとに入れる前に，下の図のように折る。

② 折ったろ紙を円すい形に開き，ろうとに入れる。ろ紙を水でぬらして，ろうとに密着させる。

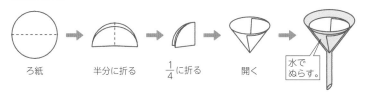

ろ紙　　半分に折る　　$\frac{1}{4}$に折る　　開く　　水でぬらす。

ろ過のしかた

　ろうとのあしのとがったほうをビーカーの壁につけ，液はガラス棒を使ってこぼさないように静かに注ぐ。

液はろ紙の8分目以上注がないようにしよう。

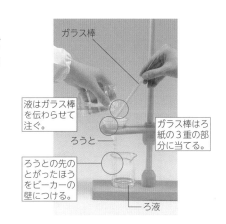

ガラス棒

液はガラス棒を伝わらせて注ぐ。

ろうと

ガラス棒はろ紙の3重の部分に当てる。

ろうとの先のとがったほうをビーカーの壁につける。

ろ液

ろ紙	細かい穴がある紙。粒の大きさによって混合物をこし分ける。穴より小さい粒はろ紙を通りぬけ，穴より大きい粒は穴を通れず，ろ紙上に残る。コーヒーフィルターなどに使われる。
ろうと	ろ過で使用する円すい状の器具。ろ過をするときは，液体が飛び散らないように，また，液がスムーズに下に流れるように，ろうとのあしのとがったほうをビーカーの壁につける。
ろ液	ろ紙を通った液体。

ルーペの使い方

- **観察するものが動かせるとき**
  観察するものを前後させて
  ピントを合わせる。

- **観察するものが動かせないとき**
  顔を前後させてピントを
  合わせる。

動かせ
ないもの

ルーペは目に近づ
けたまま使うよ。

顕微鏡の使い方

準備 直射日光が当たらない，明るく水
平なところに置く。

① 接眼レンズ→対物レンズの順にレ
ンズをつける。対物レンズは最も低倍
率のものにする。

② 反射鏡を調節して，視野全体を明る
くする。

③ プレパラートをステージにのせる。

④ 横から見ながら，対物レンズとプレ
パラートをできるだけ近づける。

⑤ 接眼レンズをのぞき，対物レンズと
プレパラートを遠ざけながら，ピント
を合わせる。

⑥ 対物レンズを高倍率にしたり，しぼ
りで明るさを調節したりして，観察し
やすいように調整する。

ステージ上下式顕微鏡

鏡筒
接眼レンズ
アーム
レボルバー
対物レンズ
ステージ
しぼり
調節ねじ
クリップ
反射鏡
鏡台

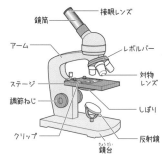

④　⑤　ステージ
上下式
の例

接眼レンズが「15×」，対物
レンズが「10」のとき，顕微
鏡の倍率は，15×10＝150
〔倍〕になるね。

顕微鏡の倍率と見え方

> 顕微鏡の倍率＝接眼レンズの倍率×対物レンズの倍率

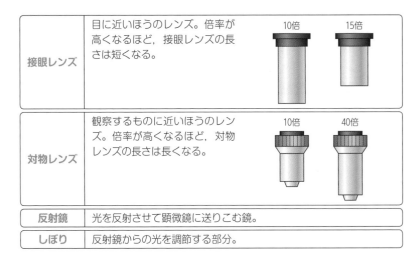

接眼レンズ	目に近いほうのレンズ。倍率が高くなるほど，接眼レンズの長さは短くなる。	10倍　15倍
対物レンズ	観察するものに近いほうのレンズ。倍率が高くなるほど，対物レンズの長さは長くなる。	10倍　40倍
反射鏡	光を反射させて顕微鏡に送りこむ鏡。	
しぼり	反射鏡からの光を調節する部分。	

プレパラートのつくり方

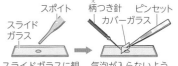

スポイト　柄つき針　ピンセット
スライドガラス　　カバーガラス

スライドガラスに観察するものをのせ，水を1滴落とす。

気泡が入らないように，ゆっくりかぶせる。

像の動かし方

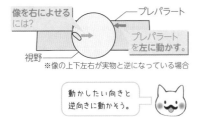

像を右によせるには?　　　　プレパラート

プレパラートを左に動かす。

視野

※像の上下左右が実物と逆になっている場合

動かしたい向きと逆向きに動かそう。

双眼実体顕微鏡の使い方

① 左右の鏡筒を動かし，接眼レンズの間隔を自分の目の間隔に合わせる。
② 観察するものをステージにのせ，粗動ねじをゆるめて鏡筒を上下させ，およそのピントを合わせる。
③ 右目でのぞきながら微動ねじを回し，ピントを合わせる。
④ 左目でのぞきながら視度調節リングを回し，ピントを合わせる。

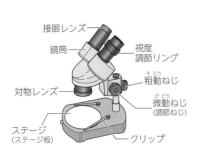

接眼レンズ
鏡筒
視度調節リング
対物レンズ
粗動ねじ
微動ねじ(調節ねじ)
ステージ(ステージ板)
クリップ

族

	1	2	3	4	5	6	7	8	9

周期

1
1 H 水素

2
3 Li 7 リチウム　　4 Be 9 ベリリウム

単体のときの状態（20℃）
原子番号…6 …気体 液体 固体
C……原子の記号
12……原子量（およその質量の比）
原子の名前……炭素
金属　非金属

3
11 Na 23 ナトリウム　　12 Mg 24 マグネシウム

4
19 K 39 カリウム　20 Ca 40 カルシウム　21 Sc 45 スカンジウム　22 Ti 48 チタン　23 V 51 バナジウム　24 Cr 52 クロム　25 Mn 55 マンガン　26 Fe 56 鉄　27 Co 59 コバルト

5
37 Rb 85 ルビジウム　38 Sr 88 ストロンチウム　39 Y 89 イットリウム　40 Zr 91 ジルコニウム　41 Nb 93 ニオブ　42 Mo 96 モリブデン　43 Tc (99) テクネチウム　44 Ru 101 ルテニウム　45 Rh 103 ロジウム

6
55 Cs 133 セシウム　56 Ba 137 バリウム　57～71 ランタノイド　72 Hf 178 ハフニウム　73 Ta 181 タンタル　74 W 184 タングステン　75 Re 186 レニウム　76 Os 190 オスミウム　77 Ir 192 イリジウム

7
87 Fr (223) フランシウム　88 Ra (226) ラジウム　89～103 アクチノイド　104 Rf (267) ラザホージウム　105 Db (268) ドブニウム　106 Sg (271) シーボーギウム　107 Bh (272) ボーリウム　108 Hs (277) ハッシウム　109 Mt (276) マイトネリウム

ランタノイド：57 La 139 ランタン　58 Ce 140 セリウム　59 Pr 141 プラセオジム　60 Nd 144 ネオジム　61 Pm (145) プロメチウム　62 Sm 150 サマリウム　63 Eu 152 ユウロピウム

アクチノイド：89 Ac (227) アクチニウム　90 Th 232 トリウム　91 Pa 231 プロトアクチニウム　92 U 238 ウラン　93 Np (237) ネプツニウム　94 Pu (239) プルトニウム　95 Am (243) アメリシウム

※原子量に（　）がついているものは，安定同位体が存在せず，天然で特定の同位体組成を示さないもの。

10	11	12	13	14	15	16	17	18	周期
								2 **He** 4 ヘリウム	1
			5 **B** 11 ホウ素	6 **C** 12 炭素	7 **N** 14 窒素	8 **O** 16 酸素	9 **F** 19 フッ素	10 **Ne** 20 ネオン	2
			13 **Al** 27 アルミニウム	14 **Si** 28 ケイ素	15 **P** 31 リン	16 **S** 32 硫黄	17 **Cl** 35 塩素	18 **Ar** 40 アルゴン	3
28 **Ni** 59 ニッケル	29 **Cu** 64 銅	30 **Zn** 65 亜鉛	31 **Ga** 70 ガリウム	32 **Ge** 73 ゲルマニウム	33 **As** 75 ヒ素	34 **Se** 79 セレン	35 **Br** 80 臭素	36 **Kr** 84 クリプトン	4
46 **Pd** 106 パラジウム	47 **Ag** 108 銀	48 **Cd** 112 カドミウム	49 **In** 115 インジウム	50 **Sn** 119 スズ	51 **Sb** 122 アンチモン	52 **Te** 128 テルル	53 **I** 127 ヨウ素	54 **Xe** 131 キセノン	5
78 **Pt** 195 白金	79 **Au** 197 金	80 **Hg** 201 水銀	81 **Tl** 204 タリウム	82 **Pb** 207 鉛	83 **Bi** 209 ビスマス	84 **Po** (210) ポロニウム	85 **At** (210) アスタチン	86 **Rn** (222) ラドン	6
110 **Ds** (281) ダームスタチウム	111 **Rg** (280) レントゲニウム	112 **Cn** (285) コペルニシウム	113 **Nh** (278) ニホニウム	114 **Fl** (289) フレロビウム	115 **Mc** (289) モスコビウム	116 **Lv** (293) リバモリウム	117 **Ts** (293) テネシン	118 **Og** (294) オガネソン	7

64 **Gd** 157 ガドリニウム	65 **Tb** 159 テルビウム	66 **Dy** 163 ジスプロシウム	67 **Ho** 165 ホルミウム	68 **Er** 167 エルビウム	69 **Tm** 169 ツリウム	70 **Yb** 173 イッテルビウム	71 **Lu** 175 ルテチウム
96 **Cm** (247) キュリウム	97 **Bk** (247) バークリウム	98 **Cf** (252) カリホルニウム	99 **Es** (252) アインスタイニウム	100 **Fm** (257) フェルミウム	101 **Md** (258) メンデレビウム	102 **No** (259) ノーベリウム	103 **Lr** (262) ローレンシウム

おもな物質

有…有機物　無…無機物　金…金属　非…非金属　単…単体　化…化合物

物質	化学式または原子の記号	分類	物質の値	性質
金	Au	無金単	密度19.32g/cm³ (20℃) 融点1064.4℃, 沸点2800℃	展性・延性は金属中で最も大きい。
銀	Ag	無金単	密度10.50g/cm³ (20℃) 融点961.93℃, 沸点2210℃	熱伝導性, 電気伝導性は金属中で最も大きい。展性・延性も大きい。
銅	Cu	無金単	密度8.96g/cm³ (20℃) 融点1083.4℃, 沸点2570℃	熱伝導性や電気伝導性が大きい。
鉄	Fe	無金単	密度7.87g/cm³ (20℃) 融点1540℃, 沸点2750℃	磁石につく。
鉛	Pb	無金単	密度11.35g/cm³ (20℃) 融点327.5℃, 沸点1740℃	白色の金属。
亜鉛	Zn	無金単	密度7.13g/cm³ (25℃) 融点419.6℃, 沸点907℃	青色を帯びた銀白色の金属。
アルミニウム	Al	無金単	密度2.70g/cm³ (20℃) 融点660.4℃, 沸点2470℃	軽い金属。展性・延性が大きく, 電気伝導性も大きい。
マグネシウム	Mg	無金単	密度1.74g/cm³ (20℃) 融点648.8, 沸点1090℃	銀白色の軽い金属。
水銀	Hg	無金単	密度13.5g/cm³ (20℃) 融点−38.8℃, 沸点356.6℃	常温では液体の唯一の金属。
炭素	C	無非単	密度2.25g/cm³ (黒鉛, 20℃) 密度3.52g/cm³ (ダイヤモンド, 25℃) 昇華点3370℃ (黒鉛)	黒鉛は電気伝導性がある。ダイヤモンドは天然の物質で最もかたい。

物質	化学式または原子の記号	分類	物質の値	性質
二酸化炭素	CO_2	無非化	密度0.00198g/cm^3 融点−56.6℃（5.2気圧） 昇華点−78.5℃ 溶解度0.87cm^3（水1cm^3，20℃）	無色，無臭の気体。水に少しとけ，空気より密度が大きい。
酸素	O_2	無非単	密度0.00143g/cm^3 融点−218.4℃，沸点−183.0℃ 溶解度0.033cm^3（水1cm^3，20℃）	無色，無臭の気体。水にとけにくい。空気よりやや密度が大きい。ほかの物質を燃やすはたらきがある（助燃性）。
水素	H_2	無非単	密度0.0000899g/cm^3 融点−259.1℃，沸点−252.9℃ 溶解度0.018cm^3（水1cm^3，20℃）	無色，無臭の気体。水にとけにくい。物質中で最も密度が小さい。
アンモニア	NH_3	無非化	密度0.00077g/cm^3 融点−77.7℃，沸点−33.4℃ 溶解度702cm^3（水1cm^3，20℃）	無色で刺激臭がある気体。水に非常によくとけ，空気より密度が小さい。
塩化アンモニウム	NH_4Cl	無非化	密度1.53g/cm^3（25℃）	無色の固体。
窒素	N_2	無非単	密度0.00125g/cm^3 融点−209.9℃，沸点−195.8℃ 溶解度0.016cm^3（水1cm^3，20℃）	無色，無臭の気体。水にとけにくい。空気よりわずかに密度が小さい。
二酸化硫黄	SO_2	無非化	密度0.00293g/cm^3 融点−75.5℃，沸点−10.1℃ 溶解度39cm^3（水1cm^3，20℃）	無色で刺激臭がある気体。水にとけやすく，空気より密度が大きい。
塩素	Cl_2	無非単	密度0.00321g/cm^3 融点−101.0℃，沸点−34.1℃ 溶解度2.30cm^3（水1cm^3，20℃）	黄緑色で刺激臭がある気体。水にとけやすく，空気より密度が大きい。
塩化水素	HCl	無非化	密度0.001639g/cm^3 融点−114.2℃，沸点−84.9℃ 溶解度442cm^3（水1cm^3，20℃）	無色で刺激臭がある気体。水に非常によくとけ，空気より密度が大きい。

（　）で特に指定がない場合，気体の密度の値は，0℃，1気圧のとき。

物質	化学式または原子の記号	分類	物質の値	性質
二酸化窒素	NO_2	無非化	融点−9.3℃, 沸点21.3℃	赤褐色で刺激臭がある気体。水にとけやすく, 空気より密度が大きい。
硫化水素	H_2S	無非化	密度0.001539g/cm³ 融点−85.5℃, 沸点−60.7℃ 溶解度2.58cm³(水1cm³, 20℃)	無色で, 腐卵臭がある気体。水にとけやすく, 空気より密度が大きい。
一酸化炭素	CO	無非化	密度0.00125g/cm³ 融点−205℃, 沸点−191.5℃ 溶解度0.023cm³(水1cm³, 20℃)	無色, 無臭の気体。水にとけにくい。空気よりわずかに密度が小さい。
メタン	CH_4	有非化	密度0.000717g/cm³ 融点−182.5℃, 沸点−161.5℃	無色, 無臭の気体。水にとけにくく, 空気より密度が小さい。
プロパン	C_3H_8	有非化	密度0.00202g/cm³ 融点−187.7℃, 沸点−42.1℃	無色, 無臭の気体。水にとけにくく, 空気より密度が大きい。
ヘリウム	He	無非単	密度0.00018g/cm³ 融点−272.2℃ (26気圧), 沸点−268.9℃ 溶解度0.0094cm³(水1cm³, 20℃)	無色, 無臭の気体。空気より密度が小さい。
ネオン	Ne	無非単	密度0.00090g/cm³, 融点−248.7℃, 沸点−246.0℃ 溶解度0.010cm³(水1cm³, 20℃)	無色, 無臭の気体。空気より密度が小さい。
アルゴン	Ar	無非単	密度0.00178g/cm³ 融点−189.2℃, 沸点−185.9℃ 溶解度0.035cm³(水1cm³, 20℃)	無色, 無臭の気体。空気より密度が大きい。
塩化ナトリウム	$NaCl$	無非化	密度2.17g/cm³(室温) 融点801℃, 沸点1413℃ 溶解度35.9g(水100g, 25℃)	無色の固体。
ホウ酸	H_3BO_3	無非化	溶解度3.65g(水100g, 10℃)	無色の固体。

( )で特に指定がない場合, 気体の密度の値は, 0℃, 1気圧のとき。

物質	化学式または原子の記号	分類	物質の値	性質
硫酸銅 （りゅうさんどう）	$CuSO_4$	無非化	融点200℃ 溶解度35.6g（結晶, 水100g, 20℃）	無色の固体。結晶に水を含むものは青色の固体で，化学式では$CuSO_4·5H_2O$と表す。
ミョウバン	$AlK(SO_4)_2$	無非化	密度1.75g/cm^3 融点92.5℃ 溶解度11.4g（結晶, 水100g, 20℃）	無色の固体。結晶に水を含むものは，化学式では$AlK(SO_4)_2·12H_2O$と表す。
硝酸カリウム （しょうさん）	KNO_3	無非化	密度2.11g/cm^3（室温） 融点333℃ 溶解度37.93g（水100g, 25℃）	無色の固体。
パルミチン酸	$CH_3(CH_2)_{14}COOH$	有非化	融点62.7℃	無色の固体。
ナフタレン	$C_{10}H_8$	有非化	密度1.16g/cm^3（室温） 融点80.5℃, 沸点218.0℃	無色の固体。昇華しやすい。
水	H_2O	無非化	密度1.00g/cm^3（室温） 融点0℃, 沸点100℃	無色の液体。4℃のとき最も密度が大きい。
エタノール	C_2H_5OH	有非化	密度0.79g/cm^3（室温） 融点−114.5℃, 沸点78.3℃	無色の液体。特有のにおいがある。
炭酸水素ナトリウム	$NaHCO_3$	無非化	密度2.21g/cm^3（室温） 溶解度10.3g（水100g, 25℃）	無色の固体。水に少しとける。
炭酸ナトリウム	Na_2CO_3	無非化	溶解度29.4g（水100g, 25℃）	無色の固体。水によくとける。
酸化銀	Ag_2O	無非化	密度7.22g/cm^3（25℃）	黒色の固体。
塩化銅	$CuCl_2$	無非化	融点620℃（塩化銅Ⅱ）, 430℃（塩化銅Ⅰ）	黄褐色の固体。結晶に水を含むものは青緑色の固体で，化学式では$CuCl_2·2H_2O$と表す。
硫黄 （いおう）	S	無非単	（斜方硫黄（しゃほう）） 密度2.07g/cm^3（20℃） 融点112.8℃, 沸点444.7℃	黄色い固体。いろいろな原子の結びつき方のものがある。

物質	化学式または原子の記号	分類	物質の値	性質
硫化鉄	FeS	無非化	密度4.6〜4.8g/cm^3（硫化鉄Ⅰ）	黒褐色の固体。
硫化銅	CuS	無非化	密度4.64g/cm^3（硫化銅Ⅱ）	黒色の固体。
酸化銅	CuO	無非化	融点1230℃	黒色の固体。
酸化マグネシウム	MgO	無非化	融点2830℃, 沸点3600℃	無色の固体。
硫酸	H$_2$SO$_4$	無非化	密度1.83g/cm^3（25℃）融点10.4℃	無色の液体。水溶液は強い酸性。
硝酸	HNO$_3$	無非化	密度1.50g/cm^3（25℃）融点−42℃, 沸点83℃	無色の液体。水溶液は強い酸性。
酢酸	CH$_3$COOH	有非化	密度1.05g/cm^3（室温）融点16.6℃, 沸点117.8℃	無色の液体。刺激臭がある。水溶液は弱い酸性。
クエン酸	C$_6$H$_8$O$_7$	有非化	融点153℃（無水物）	無色の固体。水溶液は酸性。
水酸化ナトリウム	NaOH	無非化	溶解度114g（水100g, 25℃）融点318.4℃, 沸点1390℃	無色の固体。水溶液は強いアルカリ性。
水酸化カリウム	KOH	無非化	融点360.4℃, 沸点1324℃	無色の固体。水溶液は強いアルカリ性。
水酸化バリウム	Ba(OH)$_2$	無非化	溶解度4.18g（水100g, 25℃）	無色の固体。水溶液は強いアルカリ性。
水酸化カルシウム	Ca(OH)$_2$	無非化	溶解度0.16g（水100g, 20℃）	無色の固体。水溶液はアルカリ性。
硫酸バリウム	BaSO$_4$	無非化	密度4.50g/cm^3	無色の固体。水にはほとんどとけない。
炭酸カルシウム	CaCO$_3$	無非化	密度2.72g/cm^3（室温）融点1339℃（102.5気圧）	無色の固体。水にとけにくい。
硝酸銀	AgNO$_3$	無非化	溶解度241g（水100g, 25℃）	無色の固体。

プラスチック

プラスチック名	略語	物質の値	性質
ポリエチレン テレフタラート	PET	密度1.30〜1.40g/cm³	透明で圧力に強い。
ポリエチレン	PE	密度0.92〜0.97g/cm³	油や薬品に強い。
ポリスチレン	PS	密度1.05〜1.07g/cm³	かたいが割れやすい。発泡ポリスチレンは断熱保温性がある。
ポリプロピレン	PP	密度0.89〜0.91g/cm³	熱に強い。
ポリ塩化ビニル	PVC	密度1.2〜1.6g/cm³	薬品に強い。燃えにくい。
メタクリル樹脂 （アクリル樹脂）	PMMA	密度1.16〜1.20g/cm³	透明で光沢がある。衝撃に強い。

物質の溶解度

温度〔℃〕	0	20	40	60	80	100
食塩（塩化ナトリウム）	35.7	35.8	36.3	37.1	38.0	39.3
ミョウバン（結晶）	5.6	11.4	23.8	57.4	321.6	−
ホウ酸	2.8	4.9	8.9	14.9	23.6	38.0
硝酸カリウム	13.3	31.6	63.9	109.2	168.8	244.8
硫酸銅（結晶）	23.7	35.6	53.5	80.4	127.7	210.8

物質の結晶

▶食塩（塩化ナトリウム）

▶ホウ酸

▶硫酸銅

▶ミョウバン

▶硝酸カリウム

▶尿素

©CORVET

試薬・指示薬	目的	試薬・指示薬の変化
石灰水	二酸化炭素の検出	二酸化炭素を通すと，白くにごる。
塩化コバルト紙	水の検出	水にふれると，青色からうすい赤(桃)色に変化する。
リトマス紙	酸・アルカリの検出	赤色リトマス紙と青色リトマス紙がある。アルカリ性では，赤色リトマス紙が青色に変化する。酸性では，青色リトマス紙が赤色に変化する。
BTB溶液	酸・アルカリの検出	酸性で黄色，中性で緑色，アルカリ性で青色を示す。
フェノールフタレイン溶液	アルカリの検出	アルカリ性で赤色を示す。酸性，中性では無色。
ムラサキキャベツ液	酸・アルカリの検出	酸性で赤色～赤紫色，中性で紫色，アルカリ性で青～緑色～黄色を示す。
ヨウ素液	デンプンの検出	デンプンがあると，青紫色に変化する。
酢酸オルセイン溶液	核の染色	細胞中の核や染色体を赤く染める。
酢酸カーミン溶液	核の染色	細胞中の核や染色体を赤く染める。
ベネジクト液	糖の検出	試験管に入れた溶液にベネジクト液を加えて加熱すると，糖を含んでいれば赤褐色を示す。しばらく放置しておくと，赤褐色の沈殿となる。（糖の量によっては，黄色～オレンジ色を示すことがある。）
硝酸銀水溶液	塩化物イオンの検出	塩化物イオンを含む水溶液に加えると，白色の沈殿ができる。

斜面を下る台車の運動を調べる実験

方法

① 角度20°の斜面上に台車を置き，ばね
　ばかりで台車にはたらく力をいろいろ
　な位置ではかる。

② 台車に紙テープをつけ，1秒間で50
　回打点する記録タイマーで斜面を下る
　台車の運動を記録する。

③ 記録テープを5打点ごとに切ってグ
　ラフ用紙にはりつける。

④ 斜面の角度を30°に変えて，①〜③を
　行う。

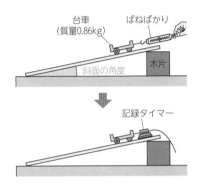

結果とわかったこと

・台車にはたらく斜面方向の力は，どの位
　置でも角度が20°のとき2.9N，30°の
　とき4.3Nであった。→斜面上の台車に
　は**斜面下向きの力**がはたらき，**大きさは
　どこでも同じ**である。斜面の角度が大き
　くなると，その力は**大きくなる**。

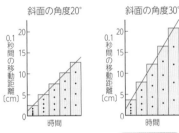

・テープを5打点ごとに切ってはると，右上の図のようになった。
　→斜面を下る台車の**速さは時間とともに大きくなる**。また，斜
　面の角度が大きいほど，速さの変化は**大きくなる**。

5打点間の時間
は0.1秒だね

結論

・斜面上の台車には，**斜面下向きに，一定の大きさの力**がはたらいている。

・斜面を下る台車は，**時間とともに速さが速くなる運動**をする。

・斜面の角度が**大きい**ほど台車にはたらく斜面下向きの力は**大きく**，速さの変化も**大きい**。

263

電力の大きさと水の上昇温度の関係を調べる実験

方法

① ポリエチレンのビーカーを3個用意し，それぞれ100gの水を入れて，そのときの水温をはかり記録する。

② 右の図のような回路をつくり，抵抗が3Ωの電熱線をビーカーに入れ，6.0Vの電圧を加えたときの電流の大きさをはかる。

③ ガラス棒でときどき水をかき混ぜながら，1分ごとに水温を記録し，5分間測定する。

④ 抵抗の値が6Ω，12Ωの電熱線についても，②，③の操作を行う。

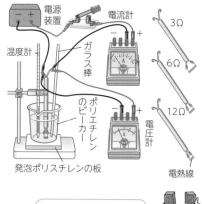

ビーカーや温度計に，電熱線がつかないようにしよう。

結果とわかったこと

・電力が一定のとき，水の上昇温度は，電流を流した時間に比例している。

・電流を流した時間が一定のとき，水の上昇温度は，電力の大きさに比例している。

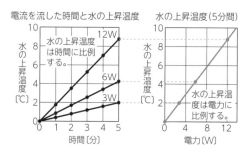

結論

・水の上昇温度は，電流を流した時間に比例する。

・水の上昇温度は，電力の大きさに比例する。

水とエタノールの混合物の蒸留

方法

① 右の図のような装置をつくり，水50cm³とエタノール50cm³の混合物を加熱する。

② 沸騰（ふっとう）が始まったら，出てきた液体を試験管Aに約5cm³とる。

③ さらに加熱を続け，フラスコ内の液体が3分の1くらいになったら，出てきた液体を試験管Bに約5cm³とる。

④ 試験管A，Bにとったそれぞれの液体を，次のようにして調べる。
   ⑦ においをかぐ。
   ⑦ 青色の塩化コバルト紙につける（水があると赤色に変化する）。
   ⑦ 液体にひたしたろ紙を蒸発皿におき，火をつける。

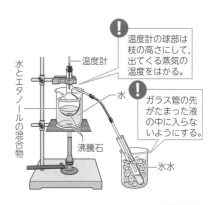

温度計の球部は枝の高さにして，出てくる蒸気の温度をはかる。

ガラス管の先がたまった液の中に入らないようにする。

水とエタノールの混合物

温度計

水

沸騰石

氷水

においをかぐときは，手であおぐようにしてかごう。

巻末資料 おもな実験

結果とわかったこと

	⑦におい	⑦塩化コバルト紙	⑦火をつけたとき
試験管Aの液体	エタノールのにおいがする。	赤色に変化	火がつく。
試験管Bの液体	少しエタノールのにおいがする。	赤色に変化	火がつかない。

・どちらの試験管にも水とエタノールが含まれているが，試験管Aの液体には**エタノール**が，試験管Bの液体には**水**が多く含まれている。
　→水とエタノールの混合物を蒸留（じょうりゅう）すると，はじめに沸点（ふってん）の低い**エタノール**が多く出て，あとから**沸点の高い水**が出てくる。

エタノールの沸点は約78℃，水の沸点は100℃だね。

結論

物質の沸点のちがいを利用して，混合物を分けることができる。

炭酸水素ナトリウムの分解

方法

① 炭酸水素ナトリウムを乾いた試験管に入れ、加熱する。

② 加熱後の物質の性質を調べる。

  ⑦ 集めた気体に石灰水を加えてよく振る。

  ④ 試験管の口付近についた液体に青色の塩化コバルト紙をつける。

  ⑨ 炭酸水素ナトリウムと試験管内に残った白色の固体を水にとかし、フェノールフタレイン溶液を加えて比べる。

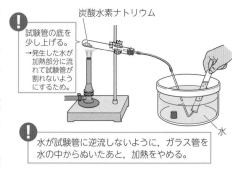

炭酸水素ナトリウム

！ 試験管の底を少し上げる。
→発生した水が加熱部分に流れて試験管が割れないようにするため。

水

！ 水が試験管に逆流しないように、ガラス管を水の中からぬいたあと、加熱をやめる。

結果とわかったこと

・⑦では、石灰水が白くにごった。

  →発生した気体は**二酸化炭素**である。

・④では、塩化コバルト紙が赤色に変化した。

  →試験管の口付近についた液体は**水**である。

・⑨では、次のようになった。

フェノールフタレイン溶液は無色で、アルカリ性の溶液では赤色に変化するよ。

	炭酸水素ナトリウム	加熱後に残った白色の固体
水へのとけ方	少しとける。	よくとける。
フェノールフタレイン溶液を加えたときのようす	うすい赤色 →弱いアルカリ性	濃い赤色 →強いアルカリ性

→加熱後に残った固体は、炭酸水素ナトリウムとは**ちがう物質**である。

結論

炭酸水素ナトリウムは、加熱によって**別の物質に変化した。**

（炭酸水素ナトリウム→炭酸ナトリウム＋二酸化炭素＋水）

水の電気分解

方法

① H字型ガラス管にうすい水酸化ナトリウム水溶液を満たし，電圧を加えて電流を流す。

> ⚠ 純粋な水は電流を通さないので，水酸化ナトリウムを加える。

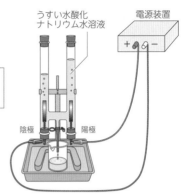

うすい水酸化ナトリウム水溶液　電源装置

陰極　陽極

② 気体の集まり方を調べる。

③ 発生した気体の性質を調べる。
  ⑦ 陰極側（－極側）の気体にマッチの火を近づける。
  ⑦ 陽極側（＋極側）の気体に火のついた線香を入れる。

巻末資料　おもな実験

結果とわかったこと

・発生した気体の体積の比は，**陰極：陽極＝2：1**になった。

・⑦では，気体がポッと音をたてて燃えた。
  →陰極側に集まった気体は**水素**である。

・⑦では，線香が炎を上げて燃えた。
  →陽極側に集まった気体は**酸素**である。

水素は燃える気体だね。酸素はものが燃えるのを助けるはたらき（助燃性）があるね。

結論

> 水に電流を流すと，**水素と酸素**に分解する。（水→水素＋酸素）
> このとき**陰極に水素，陽極に酸素**が，体積比2：1で発生する。

水に電流を流すことによって，水素と酸素という別の物質に分解したんだね。

鉄と硫黄の化学反応

方法

① 鉄粉7gと硫黄(いおう)の粉末4gをよく混ぜ合わせ，2本の試験管A，Bに半分ずつ分ける。

② 試験管Bに入れた混合物を加熱する。試験管内の混合物の上部が赤くなったら加熱をやめる。

③ 反応が終わって冷えたら，試験管AとBの物質の性質を調べる。

　⑦　磁石を近づけてみる。

　⑦　うすい塩酸を加える。

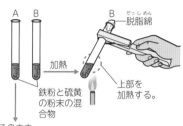

A　B

B　脱脂綿(だっしめん)

加熱

鉄粉と硫黄の粉末の混合物

上部を加熱する。

そのまま

有毒な気体が発生するので，強く吸いこまないようにしよう。

結果とわかったこと

・加熱をやめても反応は続いた。

　→反応によって多量の熱が出るため。

鉄と硫黄の化合は発熱反応だね。

・試験管Bは，反応後に黒い物質ができた。

	⑦磁石を近づける	⑦うすい塩酸を加える
試験管A（鉄と硫黄の混合物）	つく。	においのない気体（水素）が発生した。
試験管B（反応後の物質）	つかない。	くさった卵のようなにおいがする気体（硫化(りゅうか)水素）が発生した。

→反応後にできた物質は，もとの物質とは**ちがう物質**である。

結論

　鉄と硫黄を混ぜ合わせて加熱すると，反応して**発熱**し，もとの物質とは**ちがう物質**ができる。（鉄＋硫黄→硫化鉄）

酸化銅の還元

方法

① 酸化銅と炭素の粉末をよく混ぜてから試験管に入れる。

② 右の図のような装置で，混合物を加熱する。混合物や石灰水の変化を観察する。

③ 反応が終わって装置が冷えたら，試験管内の物質をとり出して金属製の薬さじでこすってみる。

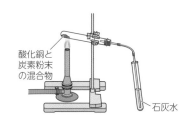

酸化銅と炭素粉末の混合物

石灰水

! 石灰水が逆流して試験管が割れないように，加熱をやめる前にガラス管を石灰水の中から抜く。また，空気中の酸素が試験管に入って物質と反応しないように，加熱をやめたらピンチコックでゴム管を閉じる。

結果とわかったこと

・反応中，出てきた気体によって石灰水が白くにごった。

 →**二酸化炭素**が発生した。

 →炭素が**酸化**されて二酸化炭素ができた。

・反応前の混合物は黒っぽい色をしていたが，反応によって赤っぽい色になった。

・反応後の試験管内の物質を薬さじでこすると，赤色の金属光沢が見られた。

 →**銅**ができた。

 →酸化銅が**還元**されて銅ができた。

結論

酸化銅と炭素の粉末を混ぜて加熱すると，**酸化銅は還元されて銅になる**。このとき，**炭素は酸化され，二酸化炭素が発生する**。（酸化銅＋炭素→銅＋二酸化炭素）

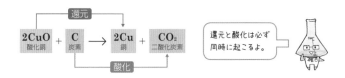

還元

$2CuO$ ＋ C → $2Cu$ ＋ CO_2
酸化銅　　炭素　　　銅　　二酸化炭素

酸化

還元と酸化は必ず同時に起こるよ。

銅の酸化

方法

① 銅の粉末を0.20gはかりとる。

② はかりとった銅の粉末をステンレス皿にのせ，よく加熱する。

③ よく冷えてから質量をはかり，再び加熱する。

④ ②，③の操作をくり返し，一定になった質量を記録する。

⑤ 銅の粉末の質量を変えて，②～④を行う。

ステンレス皿　　銅の粉末

すべての銅が酸素と化合したら，それ以上は化合しないよ。

結果とわかったこと

化合した酸素の質量は，酸化銅の質量－銅の質量で求められるね。

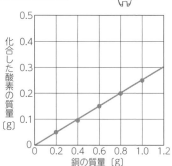

銅の質量〔g〕	0.20	0.40	0.60	0.80	1.00
酸化銅の質量〔g〕	0.25	0.49	0.75	1.00	1.25
化合した酸素の質量〔g〕	0.05	0.09	0.15	0.20	0.25

・銅の質量と，化学反応した酸素の質量の関係をグラフに表すと，右の図のように原点を通る直線になる。

→銅の質量と化学反応した酸素の質量は**比例**する。

（銅：化学反応した酸素＝4：1）

結論

銅が酸素と化学反応して酸化物(酸化銅)になるとき，銅と酸素は**決まった質量の割合**で反応する。

塩酸の電気分解

方法

① H字型ガラス管にうすい塩酸を満た
　し，電圧を加えて電流を流す。

② 気体が集まったら電源を切る。

③ 発生した気体の性質を調べる。

　⑦ 陰極側の気体にマッチの火を近づ
　　けてみる。

　① 陽極側の気体のにおいを調べる。ま
　　た，陽極側の液体を少量とり，赤イン
　　クで着色した水に入れる。

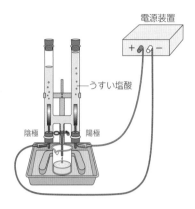

電源装置

うすい塩酸

陰極　　　陽極

結果とわかったこと

・⑦で，陰極側の気体にマッチの火を近づ
　けると，気体がポッと音をたてて燃えた。
　→**水素**が発生した。

・①で，陽極側の気体は，プールの消毒剤
　のような刺激臭がした。また，赤インク
　で着色した水に陽極付近の液体を入れ
　ると，赤インクの色が消えた。
　→**塩素**が発生した。

電気分解で発生する水素と
塩素の体積は同じだけど，塩
素は水にとけやすいため，集
まる体積は水素に比べてとて
も少なくなるよ。

結論

塩酸に電流を流すと，**陰極側に水素，陽極側に塩素**が発生する。
（塩酸→水素＋塩素）

塩酸中には，水素イオンH⁺と塩
化物イオンCl⁻があって，これ
らのイオンが電極で電子の受
け渡しをしているんだよ。

271

光合成のはたらきを調べる実験

方法

① ふ入りの葉の緑色の一部をアルミニウムはくでおおって一晩置く。

> ⚠ 一晩置くのは、葉のデンプンをなくすため。

A（緑色の部分）
B（ふの部分）
C（日光が当たらない部分）
アルミニウムはく
日光に十分当てる。

熱湯につけたあと、エタノールで脱色する。
エタノール
熱湯

② 翌日、葉を日光に十分に当てる。

③ つみとった葉を熱湯につけ、あたためたエタノールにつけたあと、水洗いする。

> ⚠ 反応を見やすくするため、葉を脱色する。エタノールは引火しやすいので、火で直接加熱しない。

> ふの部分は、葉緑体がないよ。

水洗いしたあと
ヨウ素液
ヨウ素液に入れる。

④ 葉をヨウ素液につけて、デンプンができているかどうかを調べる。

結果とわかったこと

葉	ヨウ素液
A（緑色の部分：葉緑体がある）	青紫色に変化
B（ふの部分：葉緑体がない）	変化なし
C（緑色で日光が当たらない部分）	変化なし

A→青紫色
B→変化なし
C→変化なし

→Aはデンプンができたので光合成が行われた。
B、Cはデンプンができなかったので光合成が行われなかった。

→AとBから、光合成には**葉緑体が必要**であることがわかる。

→AとCから、光合成には**日光が必要**であることがわかる。

> 光合成が行われるとデンプンができるね。

結論

> **葉緑体**がある部分に**日光**が当たると光合成が行われる。

だ液のはたらきを調べる実験

方法

① 2本の試験管を用意し，1本にはうすめただ液2cm³を入れ（A），もう1本には水2cm³を入れる（B）。

② A，Bの試験管にデンプン溶液を10cm³入れ，混ぜる。

③ ビーカーに約40℃の湯を入れ，A，Bの試験管を10分間あたためる。

> ⚠ 40℃の湯につけるのは，ヒトの体温と同じくらいにして調べるため。

④ A，Bの溶液を半分ずつ別の試験管（C，D）に入れ，A，Bにはヨウ素液を入れて反応を見る。C，Dにはベネジクト液を入れ，加熱して反応を見る。

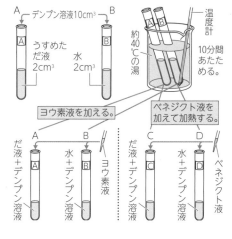

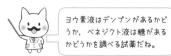

ヨウ素液はデンプンがあるかどうか，ベネジクト液は糖があるかどうかを調べる試薬だね。

結果

	だ液+デンプン溶液	水+デンプン溶液
ヨウ素液	A 変化なし	B 青紫色になった
ベネジクト液	C 赤褐色になった	D 変化なし

→デンプン溶液に**だ液**を入れた試験管では，**デンプンがなくなって糖ができた**。デンプン溶液に水を入れた試験管では，デンプンのまま変化しなかった。

結論

> **だ液によってデンプンが糖に分解された。**

太陽の1日の動きを調べる観察

方法

① 水平な台の上に厚紙を置き固定する。

② 厚紙に透明半球と同じ大きさの円を
かき，その中心に印をつける。

③ 円に合わせて透明半球を固定する。

④ 一定時間ごとに観測を行い，透明半球
上に印をつけ，時刻も記入する。

> ⚠ ペン先の影が円の中心にくるよう
> に，印をつける。

⑤ 観測後，透明半球上に記入した各点の
間の距離をはかる。各点をなめらかな線
で結び，透明半球のふちまで延長する。ま
た，太陽が最も高くなった位置を調べる。

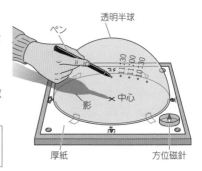

> 円の中心は観測者の位置，ペンで印をつけた位置は太陽の位置を表しているよ。

結果とわかったこと

観測時刻 →	10:30	11:00	11:30	12:00	12:30	13:00	13:30	14:00
記録した点 →	●	●	●	●	●	●	●	●
各点間の距離 → (mm)		12.5	12.0	13.0	12.5	12.0	12.5	13.0

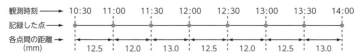

・一定時間に動いた距離がほぼ同じである。
　→太陽の動く速さは**一定**である。

・太陽高度が最も高くなるときは，**真南**に
きたときである。

> 印を結んだ線の延長と，透明半球のふちが交わる点が日の出と日の入りの位置になるよ。

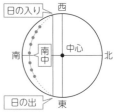

透明半球を上から見たところ

日の入り　西
南　中心　北
南中
日の出　東

結論

> ・太陽の動く速さは**一定**である。
> ・太陽が**南中**するとき，太陽高度が**最も高くなる**。

水蒸気が水に変わる温度（露点）を調べる実験

方法

① くみおきの水（室温と同じ温度になった水）を金属製のコップに $\frac{1}{3}$ くらい入れる。

② コップの中に入っている水の温度をはかって記録する。

③ コップの表面のようすを観察しながら氷水を入れて温度をはかることをくり返し行う。

> ！ 急激に水の温度が下がらないように，棒でかき混ぜながら氷水を少しずつ加える。

④ コップの表面に水滴がつき始めたら，氷水を入れるのをやめ，そのときのコップの水の温度をはかる。

⑤ 別の日や，ちがう場所でも同様に実験をする。

金属製のコップにくみおきの水を入れる

↓

氷水をかき混ぜながら入れ，水温を下げていく

↓

コップの表面に水滴がつき始めたときの温度を読みとる

金属は熱をよく伝えるので，コップの中の水とコップの表面付近の空気の温度が同じだと考えることができるね。

結果とわかったこと

→右の表をもとに，水滴がつき始めた温度から，空気に含まれている水蒸気の量がわかった。

→室温がちがったり，場所が変わったりすると，露点が変化することがわかった。

温度 （℃）	飽和水蒸気量 （g/m³）	温度 （℃）	飽和水蒸気量 （g/m³）
0	4.8	18	15.4
2	5.6	20	17.3
4	6.4	22	19.4
6	7.3	24	21.8
8	8.3	26	24.4
10	9.4	28	27.2
12	10.7	30	30.4
14	12.1	32	33.8
16	13.6	34	37.6

結論

・露点は，空気に含まれている水蒸気の量によって決まる。

おもな化学反応式・電離を表す式

反応など	化学反応式・電離を表す式
炭酸水素ナトリウムの 熱分解	$2NaHCO_3 \rightarrow Na_2CO_3 + CO_2 + H_2O$ 炭酸水素ナトリウム　　炭酸ナトリウム　二酸化炭素　　水
酸化銀の熱分解	$2Ag_2O \rightarrow 4Ag + O_2$ 酸化銀　　　　銀　　酸素
水の電気分解	$2H_2O \rightarrow 2H_2 + O_2$ 水　　　水素　　酸素
塩酸の電気分解	$2HCl \rightarrow H_2 + Cl_2$ 塩酸(塩化水素)　水素　　塩素
塩化銅の電気分解	$CuCl_2 \rightarrow Cu + Cl_2$ 塩化銅　　　銅　　塩素
鉄と硫黄の反応	$Fe + S \rightarrow FeS$ 鉄　硫黄　硫化鉄
銅と硫黄の反応	$Cu + S \rightarrow CuS$ 銅　硫黄　硫化銅
炭素と酸素の反応 (炭素の燃焼)	$C + O_2 \rightarrow CO_2$ 炭素　酸素　二酸化炭素
水素と酸素の反応 (水素の燃焼)	$2H_2 + O_2 \rightarrow 2H_2O$ 水素　　酸素　　水
銅と酸素の反応 (銅の酸化)	$2Cu + O_2 \rightarrow 2CuO$ 銅　　酸素　　酸化銅

反応など	化学反応式・電離を表す式
マグネシウムと酸素の反応 （マグネシウムの燃焼）	$2Mg + O_2 \rightarrow 2MgO$ マグネシウム　酸素　酸化マグネシウム
炭素による酸化銅の還元	$2CuO + C \rightarrow 2Cu + CO_2$ 酸化銅　炭素　銅　二酸化炭素
水素による酸化銅の還元	$CuO + H_2 \rightarrow Cu + H_2O$ 酸化銅　水素　銅　水
塩酸（塩化水素）の電離	$HCl \rightarrow H^+ + Cl^-$ 塩酸（塩化水素）　水素イオン　塩化物イオン
硫酸の電離	$H_2SO_4 \rightarrow 2H^+ + SO_4^{2-}$ 硫酸　水素イオン　硫酸イオン
水酸化ナトリウムの電離	$NaOH \rightarrow Na^+ + OH^-$ 水酸化ナトリウム　ナトリウムイオン　水酸化物イオン
水酸化バリウムの電離	$Ba(OH)_2 \rightarrow Ba^{2+} + 2OH^-$ 水酸化バリウム　バリウムイオン　水酸化物イオン
塩化ナトリウムの電離	$NaCl \rightarrow Na^+ + Cl^-$ 塩化ナトリウム　ナトリウムイオン　塩化物イオン
塩酸と水酸化ナトリウム 水溶液の中和	$HCl + NaOH \rightarrow NaCl + H_2O$ 塩酸（塩化水素）　水酸化ナトリウム　塩化ナトリウム　水
硫酸と水酸化バリウム 水溶液の中和	$H_2SO_4 + Ba(OH)_2 \rightarrow BaSO_4 + 2H_2O$ 硫酸　水酸化バリウム　硫酸バリウム　水

肺による呼吸

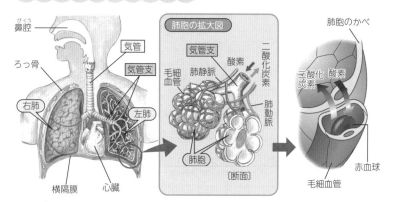

口や鼻からとりこまれた空気は、気管を通って肺に入る。気管は枝分かれし、気管支となり、その先端は肺胞につながる。

肺胞はうすい膜でできており、そのまわりを毛細血管がとり囲んでいる。

肺胞まで送られた酸素の一部は毛細血管の血液中へととりこまれる。一方、二酸化炭素は血液中から肺胞内に出される。

→たくさんの肺胞があることによって、空気にふれる表面積が大きくなるため、気体の交換を効率よく行うことができる。

外呼吸と内呼吸

→全身の細胞では、肺でとり入れた酸素を使って、養分からエネルギーをとり出している。このとき、二酸化炭素と水ができる。肺で行われる気体の交換を外呼吸というのに対し、細胞で行われる気体の交換を内呼吸という。

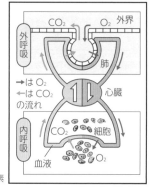

O₂→酸素
CO₂→二酸化炭素

消化と吸収の流れ

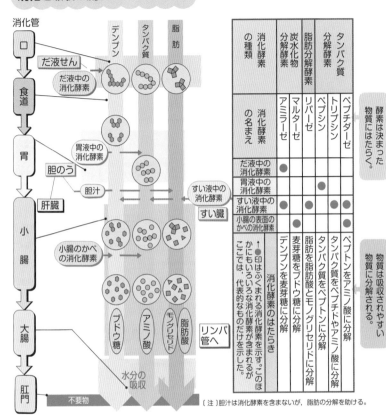

消化酵素の種類	炭水化物分解酵素		脂肪分解酵素	タンパク質分解酵素		
消化酵素の名まえ	アミラーゼ	マルターゼ	リパーゼ	ペプシン	トリプシン	ペプチダーゼ
だ液中の消化酵素	●					
胃液中の消化酵素				●		
すい液中の消化酵素	●		●		●	●
小腸の表面のかべの消化酵素		●				●
消化酵素のはたらき	デンプンを麦芽糖に分解	麦芽糖をブドウ糖に分解	脂肪を脂肪酸とモノグリセリドに分解	タンパク質をペプトンに分解	ペプトンをアミノ酸に分解	タンパク質をペプチドやアミノ酸に分解

↑●印はふくまれる消化酵素を示す。このほかにもいろいろな消化酵素が含まれるが，ここでは'代表的なものだけを示した。

酵素は決まった物質にはたらく。

物質は吸収されやすい物質に分解される。

〔注〕胆汁は消化酵素をふくまないが，脂肪の分解を助ける。

→食物は消化管を通過する間に，いくつかの種類の消化酵素によって分解され，毛細血管やリンパ管で吸収される。

小腸の内部のつくり

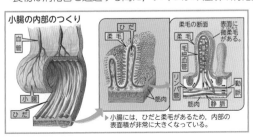

▶小腸には，ひだと柔毛があるため，内部の表面積が非常に大きくなっている。

動物の分類

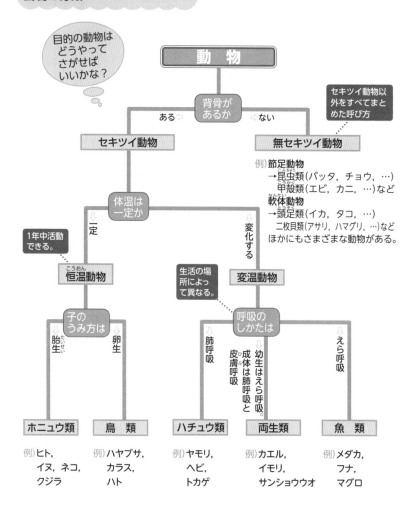

目的の動物は
どうやって
さがせば
いいかな？

動　物

背骨が
あるか

ある　　　　ない

セキツイ動物

無セキツイ動物

セキツイ動物以
外をすべてまと
めた呼び方

例)節足動物
　→昆虫類(バッタ，チョウ，…)
　　甲殻類(エビ，カニ，…)など
　軟体動物
　→頭足類(イカ，タコ，…)
　　二枚貝類(アサリ，ハマグリ，…)など
　ほかにもさまざまな動物がある。

体温は
一定か

一定　　　　変化する

1年中活動
できる。

恒温動物

生活の場
所によっ
て異なる。

変温動物

子の
うみ方は

胎生　　卵生

呼吸の
しかたは

肺呼吸　　成体は肺呼吸と皮膚呼吸／幼生はえら呼吸。　　えら呼吸

ホニュウ類	鳥　類	ハチュウ類	両生類	魚　類
例)ヒト，イヌ，ネコ，クジラ	例)ハヤブサ，カラス，ハト	例)ヤモリ，ヘビ，トカゲ	例)カエル，イモリ，サンショウウオ	例)メダカ，フナ，マグロ

セキツイ動物のなかま

	セキツイ動物				
背骨	ある	ある	ある	ある	ある
呼吸器官	えら	えら(幼生) 肺と皮膚(成体)	肺	肺	肺
子の うまれ方	卵生	卵生	卵生	卵生	胎生
からだ の表面	うろこ	粘液で しめっている	かたい こうらやうろこ	羽毛	毛
体温	変温	変温	変温	恒温	恒温
分類	魚類 フナ, カツオ, ナマズ, メダカ, サメなど	両生類 カエル, イモリ, サンショウウオ など	ハチュウ類 トカゲ, ワニ, カメ, ヘビ, ヤモリなど	鳥類 ハト, スズメ, ニワトリ, ペン ギンなど	ホニュウ類 ヒト, サル, イヌ, ネコ, イルカなど

■子のうま
れる場所　　●子は水中でうまれる　　●子は陸上でうまれる

無セキツイ動物のなかま

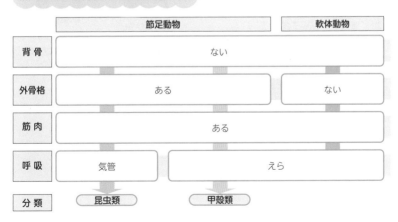

	節足動物		軟体動物
背骨	ない		
外骨格	ある		ない
筋肉	ある		
呼吸	気管	えら	
分類	昆虫類	甲殻類	

植物の分類

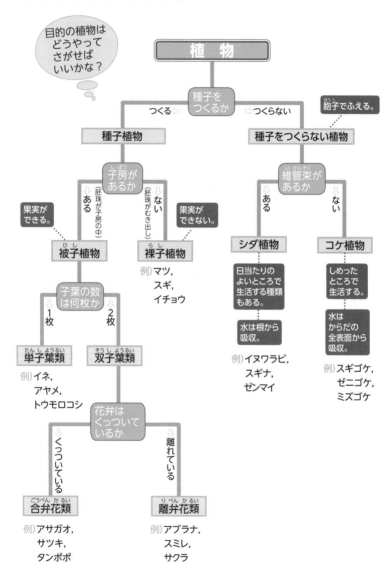

目的の植物は
どうやって
さがせば
いいかな？

植　物

種子を
つくるか

つくる　　　　　⇨つくらない

種子植物　　　　　種子をつくらない植物

胞子でふえる。

子房が
あるか

維管束が
あるか

(胚珠が子房の中)
ある

ない
(胚珠がむき出し)

ある

ない

果実が
できる。

果実が
できない。

被子植物

裸子植物

例)マツ,
スギ,
イチョウ

シダ植物

コケ植物

日当たりの
よいところで
生活する種類
もある。

しめった
ところで
生活する。

水は根から
吸収。

水は
からだの
全表面から
吸収。

子葉の数
は何枚か

1
枚

2
枚

例)イヌワラビ,
スギナ,
ゼンマイ

例)スギゴケ,
ゼニゴケ,
ミズゴケ

単子葉類

双子葉類

例)イネ,
アヤメ,
トウモロコシ

花弁は
くっついて
いるか

くっついている

離れている

合弁花類

離弁花類

例)アサガオ,
サツキ,
タンポポ

例)アブラナ,
スミレ,
サクラ

被子植物と裸子植物

被子植物
胚珠が子房に
包まれている

花粉
やく
めしべ
おしべ
胚珠
子房
花弁
がく

裸子植物
胚珠がむき出し

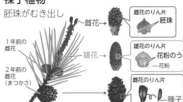

1年前の
雌花

2年前の
雌花
(まつかさ)

雌花 →
雄花 →

雌花のりん片　**胚珠**
雄花のりん片　花粉のう
　　　　　　　花粉
雌花のりん片　種子

単子葉類と双子葉類

	子葉	葉	根	茎	花弁	
単子葉類	1枚	平行脈	ひげ根	維管束が散らばっている		
双子葉類	2枚	網状脈	主根と側根 主根 側根	維管束が輪に並んでいる	くっついている →合弁花類	離れている →離弁花類

シダ植物とコケ植物

シダ植物
・葉・茎・根の区別
　がある
・維管束がある

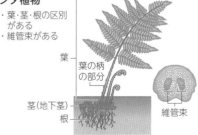

葉
葉の柄
の部分
茎(地下茎)
根
維管束

▲イヌワラビ

コケ植物
・葉・茎・根の区別がない
・維管束がない

仮根
水を吸収する
はたらきは弱い。
雌株　　　　　　　雄株

▲ゼニゴケ

遺伝

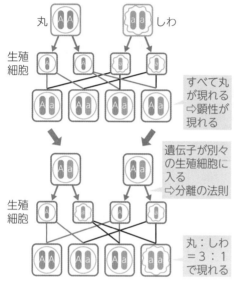

◀**遺伝のしくみ**
親の形質は，遺伝子によって子に受け継がれる。メンデルはエンドウの対立形質から，遺伝の基本的な規則性を発見した。遺伝(学)の基礎は，19世紀後半のメンデルから始まったといえる。

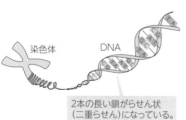

▲**DNAの構造**
染色体はDNAという化学物質からできていることが，20世紀に入るとわかってきた。その構造が二重らせんであり(ワトソンとクリックが発見)，DNAが細胞分裂のさいに，DNAのつながりを正確に複製する仕組みや，DNAがもつ遺伝情報からタンパク質を合成する仕組みなどがわかってきた。

▲**染色体・DNA・遺伝子の関係**
染色体を巻物にたとえると，DNAはその巻物の紙(記録するメディア)であり，遺伝子はそこに記録された文字情報となる。

284

生命の進化と分類

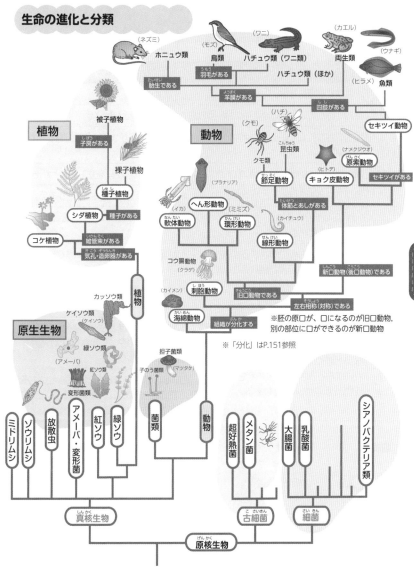

（ネズミ）ホニュウ類
（モズ）鳥類
（ワニ）ハチュウ類（ワニ類）
（カエル）両生類
（ウナギ）
（ヒラメ）魚類

羽毛がある
ハチュウ類（ほか）
胎生である
羊膜がある
四肢がある
セキツイ動物

植物
被子植物
子房がある
裸子植物
種子植物
シダ植物　種子がある
コケ植物
維管束がある
気孔・造卵器がある

動物
（クモ）クモ類
（ハチ）昆虫類
節定動物
体節とあしがある
（ナメクジウオ）原索動物
（ヒトデ）キョク皮動物
セキツイがある
（イカ）軟体動物
（プラナリア）へん形動物
（ミミズ）環形動物
（カイチュウ）線形動物
新口動物（後口動物）である

（クラゲ）コウ腸動物
刺胞動物
旧口動物である
左右相称（対称）である
（カイメン）海綿動物
組織が分化する

原生生物
カッソウ類
ケイソウ類（ケイソウ）
緑ソウ類（アメーバ）
紅ソウ類
変形菌類
担子菌類（マツタケ）
子のう菌類
植物
菌類
動物

※胚の原口が、口になるのが旧口動物、
別の部位に口ができるのが新口動物

※「分化」はP.151参照

ミドリムシ
ゾウリムシ
放散虫
アメーバ・変形菌
紅ソウ
緑ソウ
菌類
動物
超好熱菌
メタン菌
大腸菌
乳酸菌
シアノバクテリア類

真核生物
古細菌
細菌
原核生物

生物の世界は3ドメイン（細菌，古細菌，真核生物）に分けられることが，全生物の系統の遺伝子を調べて
わかった。〔➡p.98〕3ドメインの中で最も生物の多様性〔P.151〕があるのが「細菌」である。

震度	ゆれに対する人の感じ方や屋内・屋外のようす	
0	人はゆれを感じない。	
1	屋内で静かにしている人の中には,ゆれをわずかに感じる人がいる。	
2	屋内で静かにしている人の大半がゆれを感じる。つり下がっている電灯などがわずかにゆれる。	
3	屋内にいる人のほとんどがゆれを感じる。棚にある食器類が音を立てることがある。	
4	歩いている人のほとんどがゆれを感じる。座りの悪い置物が倒れることがある。	
5弱	大半の人が恐怖を覚え,ものにつかまりたいと感じる。棚にある食器類,書棚の本が落ちることがある。	
5強	大半の人が,ものにつかまらないと歩くことが難しいなど,行動に支障を感じる。固定していない家具が倒れることがある。	
6弱	立っていることが困難になる。ドアが開かなくなることがある。壁のタイルや窓ガラスが破損,落下することがある。	
6強	立っていることができず,はわないと動くことができない。ゆれにほんろうされ,動くこともできず,飛ばされることもある。	固定していない家具のほとんどが移動し,倒れるものが多くなる。壁のタイルや窓ガラスが破損,落下する建物が多くなる。
7		固定していない家具のほとんどが移動したり倒れたりし,飛ぶこともある。補強されているブロック塀も破損するものがある。

震度1 　　　　　震度3 　　　　　震度4 　　　　　震度5強

巻末資料 津波の発生・災害の記録

津波の発生

→日本列島付近では，大陸プレートの下に海洋プレートが沈みこんでいる。海洋プレートが沈みこむと，引きこまれた大陸プレートの反発が起こり，大きな地震が発生する。このとき，海底が隆起したり沈降したりすることによって海面が変動し，大きな波となって沿岸におしよせる。

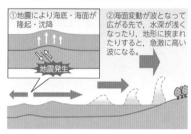

①地震により海底・海面が隆起・沈降
②海面変動が波となって広がる先で，水深が浅くなったり，地形に挟まれたりすると，急激に高い波になる。

地震発生

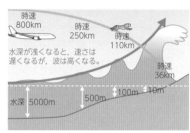

時速800km　時速250km　時速110km　時速36km

水深が浅くなると，速さは遅くなるが，波は高くなる。

水深5000m　500m　100m　10m

⇨津波は海が深いほど速く伝わる性質がある。沿岸に向かうにつれ，海の深さは浅くなり，伝わる速さは遅くなるが，あとからくる津波が前の津波に追いつくため，波の高さが大きくなる。

過去25年に起きたおもな地震

地震名	年月日	マグニチュード	最大震度
熊本地震	2016年4月14・16日	6.5/7.3	7
東北地方太平洋沖地震	2011年3月11日	9.0	7
岩手・宮城内陸地震	2008年6月14日	7.2	6強
福岡県西方沖地震	2005年3月20日	7.0	6弱
新潟県中越地震	2004年10月23日	6.8	7
十勝沖地震	2003年9月26日	8.0	6弱
兵庫県南部地震	1995年1月17日	7.3	7

堆積岩

	堆積岩	岩石をつくるもの	特徴
粒の大きさで分類	れき岩	直径2mm以上の粒（れき）	粒は丸みを帯びている。
	砂岩	直径 $\frac{1}{16}$ (0.06)〜2mmの粒（砂）	
	泥岩	直径 $\frac{1}{16}$ (0.06) mm以下の粒（泥や粘土）	
岩石をつくる物質で分類	凝灰岩	火山灰や軽石などの火山噴出物	粒は角ばっているものが多い。
	石灰岩	石灰質（炭酸カルシウム）のからをもつ生物の死がいや海水中の石灰分	うすい塩酸をかけると二酸化炭素が発生する。
	チャート	ケイ酸質（二酸化ケイ素）のからをもつ生物の死がいや海水中の二酸化ケイ素	とてもかたい。

鉱物

	鉱物	結晶の形	色	割れ方
無色鉱物	セキエイ	不規則	無色, 白色	割れ口は不規則
	チョウ石	柱状・短冊状	白色, うす桃色	割れ口は平ら
有色鉱物	クロウンモ	板状・六角形	黒色〜褐色	板状にうすくはがれやすい
	カクセン石	細長い柱状	こい緑色〜黒色	柱状に割れやすい
	キ石	短い柱状	緑色〜褐色	柱状, または四角い小片状
	カンラン石	丸みのある四角形	うす緑色, 黄色	割れ口は不規則

マグマの性質と火山の形・火成岩の分類

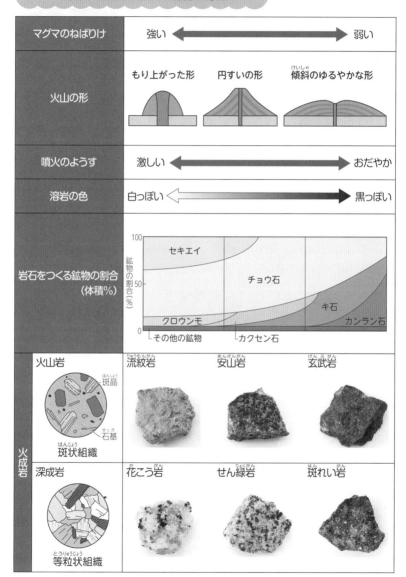

マグマのねばりけ	強い ⟵⟶ 弱い
火山の形	もり上がった形　円すいの形　傾斜のゆるやかな形
噴火のようす	激しい ⟵⟶ おだやか
溶岩の色	白っぽい ⟵⟶ 黒っぽい
岩石をつくる鉱物の割合（体積%）	セキエイ　チョウ石　キ石　クロウンモ　カンラン石　その他の鉱物　カクセン石

火成岩

火山岩
斑晶
石基
斑状組織

流紋岩　安山岩　玄武岩

深成岩
等粒状組織

花こう岩　せん緑岩　斑れい岩

289

断層

→地層に力がはたらいて，地層が切れてずれたことによってできた食いちがい。力のはたらく向きによって正断層や逆断層，横ずれ断層などがある。

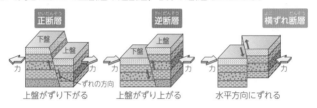

しゅう曲

→地層に力がはたらいて押し曲げられたもの。

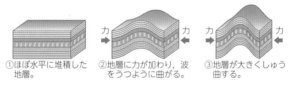

①ほぼ水平に堆積した地層。 ②地層に力が加わり，波をうつように曲がる。 ③地層が大きくしゅう曲する。

隆起

→土地が海水面に対して，相対的に上がること。

⇨海面の高さは変わらず，陸地そのものが上がる場合と，陸地の高さは変わらず，海面の高さが下がる場合がある。 (例)海岸段丘，河岸段丘

沈降

→土地が海水面に対して，相対的に下がること。

⇨海面の高さは変わらず，陸地そのものが下がる場合と，陸地の高さは変わらず，海面の高さが上がる場合がある。 (例)リアス海岸

地質時代とおもな示準化石

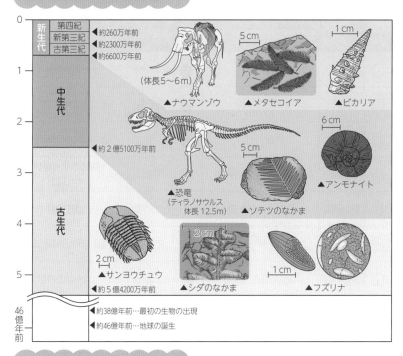

おもな示相化石

示相化石となる生物	推定できる生活環境
サンゴ	あたたかく, 浅い海
アサリ, ハマグリ, カキ	岸に近い浅い海
ホタテガイ	水温の低い浅い海
シジミ	湖や, 海水と淡水の混じる河口付近
ブナ, シイ	温帯で, やや寒冷な地域の陸地

天気記号

天気記号	天気	天気現象の例	天気記号	天気	天気現象の例
○	快晴	雲量0～1	●	にわか雨	一過性の雨
①	晴れ	雲量2～8	◓	みぞれ	雨と雪が同時に降る
◎	くもり	雲量9～10	✳	雪	層状の雲から降る雪
∞	煙霧	乾いた微粒子が浮遊	✳ッ	雪強し	1時間の降水量が3mm以上
Ⓢ	ちり煙霧	ちりや砂が浮遊	✳ニ	にわか雪	一過性の雪
⊖	砂じん嵐	ちりや砂を吹き上げる	△	あられ	直径2～5mmの氷の粒
⊕	地ふぶき	積雪を吹き上げる	▲	ひょう	直径5mm以上の氷の粒
◉	霧	視程*1km未満	◒	雷	雷鳴と雷光がある
●キ	霧雨	濃い層雲から降る雨	◒ッ	雷強し	強い雷鳴と雷光
●	雨	層状の雲から降る雨	⊗	天気不明	天気が不明
●ッ	雨強し	1時間の降水量が15mm以上			

*視程…水平方向での見通せる距離

風力階級表

風力	記号	風速〔m/s〕	説明（陸上）
0	○	0〜0.3未満	静かで，煙がまっすぐにのぼる。
1	○	0.3〜1.6未満	煙がなびくので，風があるのがわかる。
2	○	1.6〜3.4未満	顔に風を感じる。木の葉が動く。
3	○	3.4〜5.5未満	木の葉や細い小枝がたえず動く。軽い旗が開く。
4	○	5.5〜8.0未満	砂ぼこりが立ち，紙片が舞い上がる。小枝が動く。
5	○	8.0〜10.8未満	葉のある低木がゆれ始める。池や沼に波が立つ。
6	○	10.8〜13.9未満	大きい枝が動き，電線が鳴る。傘をさしにくい。
7	○	13.9〜17.2未満	樹木全体がゆれる。風に向かっては歩きにくい。
8	○	17.2〜20.8未満	小枝が折れる。風に向かっては歩けない。
9	○	20.8〜24.5未満	煙突が倒れたり，かわらがはがれたりする。
10	○	24.5〜28.5未満	樹木が根こそぎになる。人家に大損害が起こる。
11	○	28.5〜32.7未満	広い範囲の破壊をともなう。めったに起こらない。
12	○	32.7以上	

天気図記号の例

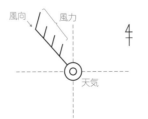

（例）
天気：くもり
風向：北西の風
風力：4

風向　　風力

天気

風向は，風がふいてくる方位を16方位で表すよ。

293

日本付近で発生する高さ	名前	特徴
上層雲 (5000～13000m)	巻雲 (けんうん)	すじ雲ともいう。空の高いところに細いすじのようになった雲。よく晴れた日に現れるが，雲の量が増えると2～3日後に雨が降ることが多い。
	巻積雲 (けんせきうん)	うろこ雲，いわし雲ともいう。高積雲よりも小さなかたまりが規則的に並ぶ雲。すぐに消えると晴れることが多いが，巻層雲に変わって厚くなると，やがて雨になることが多い。
	巻層雲 (けんそううん)	うす雲ともいう。ベールのような白っぽい雲。太陽のまわりに日がさ，月のまわりに月がさが見られる。このあとしだいに雲が厚くなると，雨になることが多い。
中層雲 (2000～7000m)	高積雲	ひつじ雲ともいう。ひつじの群れのようなかたまり状の雲。巻積雲よりもかたまりが大きい。この雲がすぐに消えたときは晴れることが多いが，厚くなると雨になることが多い。
	高層雲	おぼろ雲ともいう。灰色がかったくもりガラスのような層状の雲。この後に乱層雲が現れて，雨になることが多い。
	乱層雲	あま雲ともいう。雲の底面が暗く，不規則な形の雲。太陽や月を完全にかくす厚い雲で，雨や雪を降らせる。
下層雲 (地表～2000m)	層雲	きり雲ともいう。霧状の一様な雲で，霧雨を降らせたり，雲の底面が地上付近に達することがある。
	層積雲 (そうせきうん)	うね雲ともいう。灰色か白色の雲。高積雲よりもひとつひとつの雲が大きく，底は丸みがあり，層状である。くもりの日によく見られる。
	積雲	わた雲ともいう。こぶのように盛り上がったかたまり状の雲。雲の底面は平らなことが多い。形が変わらなければ晴れが続く。発達すると積乱雲になる。
	積乱雲 (せきらんうん)	入道雲，かみなり雲ともいう。積雲の発達したもので，垂直に発達したかたまり状の雲。大雨や落雷，ひょうの原因となる。

※積雲，積乱雲の雲底は下層にあるが，雲頂は中・
　上層まで達していることが多い。また，乱層雲は
　上層から下層まで広がっていることもある。

「積」はかたまり状の雲，「層」は層状の雲，「乱」は雨や雪を降らせる雲を表しているよ。

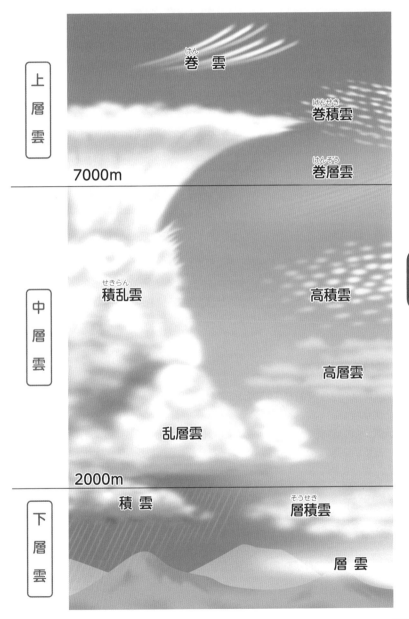

上層雲

巻雲（けんうん）

巻積雲（けんせきうん）

7000m

巻層雲（けんそううん）

中層雲

積乱雲（せきらんうん）

高積雲

高層雲

乱層雲

2000m

下層雲

積雲

層積雲（そうせき）

層雲

冬の天気

気圧配置…大陸側に高気圧(シベリア高気圧),太平洋側に低気圧があり,西高東低の気圧配置となる。等圧線が南北にのびる。

天気…北西の季節風がふく。日本海側では雪,太平洋側では乾燥した晴れの日が多い。

▲冬の天気図

春・秋の天気

気圧配置…移動性高気圧と低気圧が交互にやってくる。

天気…移動性高気圧と低気圧の影響で,不安定で変わりやすい。

▲春・秋の天気図

つゆの天気

気圧配置…停滞前線(梅雨前線)が日本付近に停滞する。

天気…くもりや雨の日が多い。南の水蒸気を含んだ空気が前線に運ばれ,大量の雨が降ることもある。

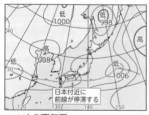

▲つゆの天気図

夏の天気

気圧配置…大陸側に低気圧,太平洋側に高気圧(太平洋高気圧)があり,南高北低の気圧配置となる。

天気…南東の季節風がふく。蒸し暑い日が続く。

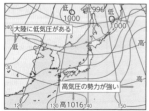

▲夏の天気図

	直径 (地球=1)	質量 (地球=1)	密度 〔g/cm³〕	衛星の数	太陽からの 平均距離 〔億km〕	公転周期 〔年〕	自転周期 〔日〕
太陽 こうせい (恒星)	109	332946	1.41	—	—	—	25.38
水星 すいせい (惑星)	0.38	0.055	5.43	0	0.579	0.2409	58.65
金星 (惑星)	0.95	0.815	5.24	0	1.082	0.6152	243.02
地球 (惑星)	1.00	1.000	5.52	1	1.496	1.000	0.997
月 えいせい (衛星)	0.27	0.012	3.34	—	1.50	27.3日	27.3
火星 (惑星)	0.53	0.107	3.93	2	2.279	1.8809	1.026
木星 (惑星)	11.2	317.83	1.33	60以上	7.783	11.862	0.414
土星 (惑星)	9.4	95.16	0.69	60以上	14.294	29.458	0.444
天王星 てんのうせい (惑星)	4.0	14.54	1.27	27	28.750	84.022	0.718
海王星 かいおうせい (惑星)	3.9	17.15	1.64	13	45.044	164.774	0.671

※地球の直径…約12756km, 地球の質量…約5.972×10²⁴kg

▲太陽
(NASA ESA)

▲火星
(NASA JPLMain
SpaceScience Systems)

▲木星
(NASA JPLMain
SpaceScience Systems)

▲土星
(NASA)

月の満ち欠け

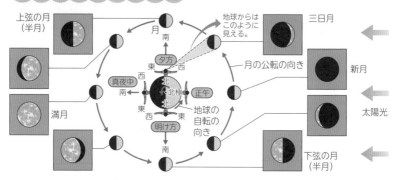

→月は自ら光を出さず，太陽の光を反射して光っている。このため，月の光って見える部分が変化し，月は満ち欠けして見える。

日食

→太陽・月・地球がこの順で一直線上に並んだときに起こる。
⇨新月のときに起こる場合がある。

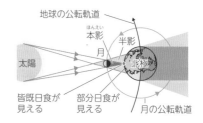

月食

→太陽・地球・月がこの順で一直線上に並んだときに起こる。
⇨満月のときに起こる場合がある。

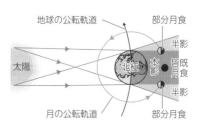

金星の見え方

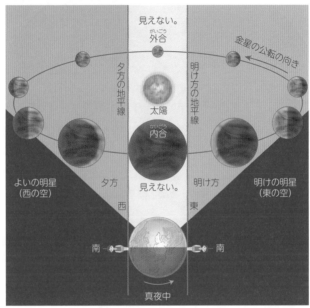

(絵：田島直人)

→金星も月と同じように満ち欠けをする。

→見かけの大きさが変化するのは，地球と金星の距離が変化するためである。

金星が真夜中に見えない理由

→金星が地球の内側を公転しているからである。

金星

地球

地球の真夜中は
常に公転軌道の外
側を向いているから
金星は見えないね。

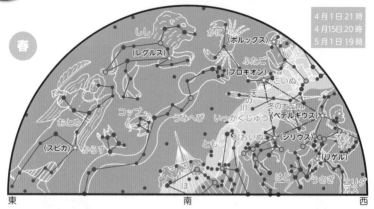

春の代表的な星座はしし座。？マークを裏返したように星が並び，青白色の１等星レグルスがある。また，おとめ座の１等星スピカが青白く輝いている。スピカは「春の大三角」をつくる星の１つである。

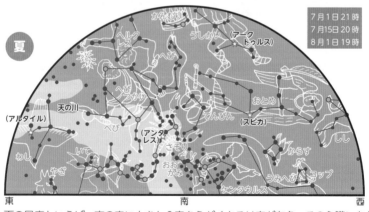

夏の星座といえば，南の空に大きなＳ字をえがくさそり座が有名。その心臓にあたる部分にアンタレスという赤色の１等星が輝いている。「夏の大三角」をつくるわし座のアルタイルが東からのぼっている。いて座は，太陽系が属する銀河系の中心方向にあり，その付近には恒星が密集して明るく見える天の川がある。

図の見方　1等星以上の明るい星にはその名前を示している。また，1等星以上…☆，
2等星…○，3等星…●，4等星以下…● で表している。

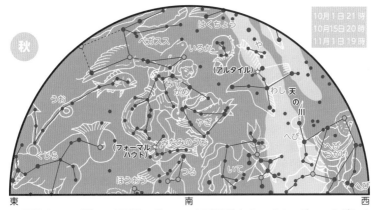

　天頂付近には，「秋の四辺形（ペガススの大四辺形）」をつくるペガスス座がある。
南の空の低いところには秋の1つ星といわれる，みなみのうお座のフォーマルハウト
が白く輝いている。

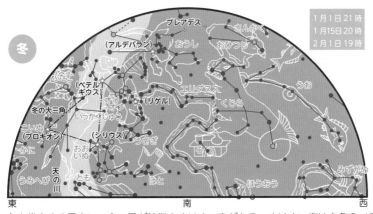

　冬を代表する星座に，3つ星が特徴のオリオン座がある。オリオン座は赤色のベテ
ルギウス，青白色のリゲルという2つの1等星をもっている。ベテルギウスは，おお
いぬ座の1等星シリウス，こいぬ座の1等星プロキオンと「冬の大三角」をつくる。
シリウスは全天で最も明るい星である。

さくいん

★見出し語と本文中の重要語句を50音順に掲載しています。
★見出し語は太いゴシック体で太く，本文中の重要語句は細く示しています。
★マークの意味　物＝物理，化＝化学，生＝生物，地＝地学です。

さくいん

さくいん

さくいん

さくいん

313

さくいん

さくいん

317

さくいん

さくいん

さくいん

編集デスク	小谷千里，寺田千恵
編集協力	㈱プラウ21，須郷和恵，上浪春海，木村紳一，佐藤成美，長谷川千穂，㈱アポロ企画，㈱ダブルウイング，㈱バンティアン，㈲マイプラン
特別協力	全教研・吉田浩司
カバーイラスト	坂木浩子
イラスト	松村有希子，青橙舎
図版	㈱アート工房
写真提供	写真付近に出典を記載，©CORVET は，CORVET PHOTO AGENCY その他：編集部
DTP	マウスワークス，四国写研
デザイン	山口秀昭（Studio Flavor）

この本は下記のように環境に配慮して製作しました。
・製版フィルムを使用しないCTP方式で印刷しました。
・環境に配慮した紙を使用しています。

中学理科用語をひとつひとつわかりやすく。新装版

明治時代
（1868～）

1897 電子の存在確認（トムソン：イギリス）▼26ページ

1895 X線の発見（レントゲン：ドイツ）▼25ページ

1877 蓄音機の発明（エジソン：アメリカ）

1876 電話機の発明（ベル：アメリカ）

1869 周期律の発表（メンデレーエフ：ロシア）▼68ページ

1866 **ダイナマイト**の発明（ノーベル：スウェーデン）

1865 メンデルの法則の発表（メンデル：オーストリア）▼150ページ

1859 **進化論**の発表（ダーウィン：イギリス）▼152ページ

1840 ジュールの法則の発見（ジュール：イギリス）▼24ページ

1834 レンツの法則の発見（レンツ：ロシア）▼29ページ

1831 電磁誘導の法則を発見（ファラデー：イギリス）▼28ページ

1826 オームの法則の発見（オーム：ドイツ）▼22ページ

1820 右ねじの法則の発見（アンペール：フランス）▼27ページ

1811 気体に関する分子の考え方を発表（アボガドロ：イタリア）▼72ページ

1803 近代的な原子の考え方を発表（ドルトン：イギリス）▼68ページ

1800 電池の発明（ボルタ：イタリア）▼89ページ

1867 大政奉還

1863 リンカーンが奴隷解放宣言

1861 アメリカ南北戦争

1853 ペリー来航（浦賀）

1840 アヘン戦争

1825 異国船打払令

1821 伊能忠敬の日本地図が完成

1789 フランス革命

科学年表

西暦	1500年	1600年	1700年
日本の時代		江戸時代	

科学や技術の発展

※中学理科に関係する発明・発見・できごとを中心にとり上げ、参考となるページを記してあります。

1583 **振り子の等時性を発見**（ガリレイ・イタリア）

1590 **顕微鏡の発明**（ヤンセン・オランダ） ▼94ページ

1604 **落体の法則の発見**（ガリレイ・イタリア）

1608 **天体望遠鏡の発明**（リッペルスハイ・オランダ） ▼213ページ

1619 **惑星の運動の解明**（ケプラー・ドイツ） ▼222ページ

1632 **地動説**（天文対話）**を発表**（ガリレイ・イタリア） ▼189ページ

1643 **大気圧の測定**（トリチェリ・イタリア）

1653 **パスカルの原理**（パスカル・フランス） ▼32ページ

1660 **フックの法則の発見**（フック・イギリス） ▼16ページ

1687 **運動の法則の発見**（ニュートン・イギリス）

1705 **ハレーすい星の発見**（ハレー・イギリス）

1735 **生物の分類の基礎を確立**（リンネ・スウェーデン） ▼98ページ

社会のでき事

1543 日本に鉄砲が伝来

1603 江戸幕府

1600年代 イギリスではマニュファクチャ時代

1639頃 鎖国完成

1682 フランスではベルサイユ宮殿が完成

このころ産業革命

1775 アメリカ独立革命

大正時代(1912〜)	昭和時代(1926〜)	平成時代(1989〜)

1903 動力つき**飛行機**で飛行（ライト兄弟・アメリカ）

1905 **特殊相対性理論**の発表（アインシュタイン・ドイツ）

1911 原子核の発見（ラザフォード・ニュージーランド・イギリス）

1912 大陸移動説の発表（ウェゲナー・ドイツ）▼183ページ

1913 原子の構造の研究（ボーア・デンマーク）▼80ページ

1935 **ナイロン**の発明（カロザース・アメリカ）

1946 **ビッグバン理論**の発表（ガモフ・アメリカ）▼230ページ

1953 **DNA**の二重らせん構造を解明（ワトソン・アメリカ／クリック・イギリス）▼148ページ

1957 **人工衛星**の打ち上げに成功／スプートニク1号（ロシア）

1961 初の有人**宇宙飛行**／ボストーク1号（ロシア）

1969 人類が初めて**月に着陸**／アポロ11号（アメリカ）

1981 スペースシャトルの打ち上げ（アメリカ）

1987 宇宙ニュートリノの検出に成功（小柴昌俊・日本）

2003 **ヒトゲノム**計画によるヒトゲノム解読完了 ▼148ページ

2007 iPS細胞の作成（山中伸弥・日本）

2008 緑色蛍光タンパク質（GFP）の発見と開発※1（下村脩・日本）

2014 青色発光ダイオードの発明※1（赤崎勇、天野浩、中村修二※2・日本）

2015 寄生虫によって起こる感染症の治療法の発見※1（大村智・日本）

2016 オートファジーの解明※1（大隅良典・日本）

1901 スウェーデンでノーベル賞制定

1909 ピアリー（アメリカ）が北極に到達

1911 アムンゼン（ノルウェー）が南極に到達

1914 第一次世界大戦

1929 世界恐慌

1939 第二次世界大戦

1964 新幹線の開通

1964 東京オリンピック

1990年代 インターネットの普及

2011 東北地方太平洋沖地震（東日本大震災）が発生

2013 富士山が世界文化遺産に登録される

2016 113番元素の名称がニホニウムとなることが正式決定した

※1：説明はノーベル賞の受賞理由で、年はその受賞年。
※2：後にアメリカ国籍を取得。